Advanced Mathematics

高等数学

主　　编　陈　琳　朱贵凤
副 主 编　房小栋
编写人员　陈　琳　朱贵凤　房小栋
　　　　　陈学菲　郭宇琪

复旦大学出版社

内容简介

本教材以高职高专院校学生学习高等数学课程的实际为基础,按照"以应用为目的,以够用为度"的原则,针对学生所学专业和课时情况编写而成.全书共6个项目,包括函数与极限、一元函数微分学、一元函数积分学、常微分方程、多元函数微积分、数学文化初步等内容.教材以项目排列,用任务分解,将数学理论融入实践操作;每个项目有知识图谱,有应用实例,有知识拓展,有数学文化,有能力素养,有思政育人,让学生能够学以致用、满足高等职业教育技能型人才培养的需求;不过分强调严密论证、研究过程,让学生体悟数学思想方法、提高逻辑思维能力、了解数学之美;包含项目广泛,适合多个专业学生学习,也方便师生根据实际需要取舍.本教材体例新颖,内容全面,突出实践,可以作为高职高专院校理工类专业的高等数学教材或参考书,也可作为知识拓展和更新的自学用书.

参考答案

前　言

本教材是根据《高职高专教育高等数学课程教学基本要求》以及"十四五"职业教育规划教材的要求,专注于人才培养目标,在内容构建上巧妙融入数学文化的元素,以够用为原则,体例新颖,内容全面,突出实践,更适合高等职业教育技能型人才培养的需求,是一本具有数学教育类新形态特点的教材.其特点如下.

以项目式排列、任务式分解,将数学理论融入实践操作中,每个项目开头都有"知识图谱""能力与素养"这两个元素,并配有"想一想"的问题,项目训练最后的"知识拓展"都是与思政有关的内容,与前面相呼应;在每个项目中穿插介绍数学的实用性例子,让学生练习掌握、互相探讨,真正达到学以致用的目的;不过分强调严密论证、研究过程,让学生体会高等数学的思想方法,提高学生的逻辑思维能力,明确学习目的;教材包含的项目广泛,可以适合各个专业学生学习,也可以根据需要进行取舍;将更广泛的知识以"知识拓展"的形式体现在每个项目的最后,让学生体会高等数学的思想方法;将数学文化作为一个项目让学生了解数学美,提高学生学习高等数学的兴趣.

本教材由教学经验丰富的老教师和中青年教师共同完成.其中,项目一由郭宇琪编写,项目二由陈学菲编写,项目三由房小栋编写,项目四由朱贵凤编写,项目五、项目六由陈琳编写.本教材在编写过程中得到了各位教师所在院校领导的大力支持,同时也得到了复旦大学出版社的鼎力支持,在此表示衷心感谢!

由于编者能力有限,教材中难免出现不妥之处,恳请广大读者批评指正.

编　者

2024 年 12 月

目 录

前言 ··· 1

项目一　函数与极限 ··· 1
- 任务一　理解函数的概念 ·· 3
- 任务二　理解函数的极限 ·· 14
- 任务三　掌握极限运算法则 ·· 19
- 任务四　掌握重要极限与无穷小比较 ······································ 23
- 任务五　理解连续函数 ··· 29
- 项目一模拟题 ·· 35

项目二　一元函数微分学 ··· 37
- 任务一　理解导数的概念 ··· 39
- 任务二　掌握函数的求导法则 ··· 44
- 任务三　掌握隐函数及由参数方程所确定的函数的导数 ·· 51
- 任务四　掌握高阶导数 ··· 56
- 任务五　理解函数的微分 ··· 58
- 任务六　理解微分中值定理 ·· 62
- 任务七　掌握洛必达法则 ··· 66
- 任务八　掌握函数的单调性与极值 ·· 69
- 任务九　掌握曲线的凹凸性与拐点以及绘图 ···························· 77
- 项目二模拟题 ·· 83

项目三　一元函数积分学 ··· 86
- 任务一　理解不定积分的概念与性质 ······································ 88
- 任务二　掌握不定积分的换元积分法 ······································ 92
- 任务三　掌握不定积分的分部积分法 ······································ 97
- 任务四　理解定积分的概念与性质 ·· 100
- 任务五　掌握微积分基本公式 ··· 105
- 任务六　掌握定积分的换元积分法和分部积分法 ······················ 108
- 任务七　认识广义积分 ··· 111

任务八　掌握定积分的几何应用 …………………………………… 114
　　　项目三模拟题 ………………………………………………………… 119

项目四　常微分方程 …………………………………………………… 121
　　　任务一　理解微分方程的概念 ………………………………………… 122
　　　任务二　掌握一阶微分方程 …………………………………………… 125
　　　任务三　掌握二阶常系数线性微分方程 ……………………………… 132
　　　项目四模拟题 ………………………………………………………… 139

项目五　多元函数微积分 ……………………………………………… 141
　　　任务一　理解空间直角坐标系 ………………………………………… 142
　　　任务二　掌握空间向量及其运算 ……………………………………… 144
　　　任务三　掌握空间平面、直线、曲面及其方程 ……………………… 150
　　　任务四　理解多元函数的概念 ………………………………………… 158
　　　任务五　掌握多元函数的偏导数与全微分 …………………………… 162
　　　任务六　掌握多元函数的极值和最值 ………………………………… 169
　　　任务七　掌握二重积分 ………………………………………………… 175
　　　项目五模拟题 ………………………………………………………… 183

项目六　数学文化初步 ………………………………………………… 186
　　　任务一　了解数学是什么 ……………………………………………… 187
　　　任务二　了解数学之美 ………………………………………………… 190
　　　任务三　了解数学素养 ………………………………………………… 194
　　　任务四　掌握趣味数学 ………………………………………………… 196
　　　项目六模拟题 ………………………………………………………… 199

参考文献 ………………………………………………………………… 200

项目一

函数与极限

知识图谱

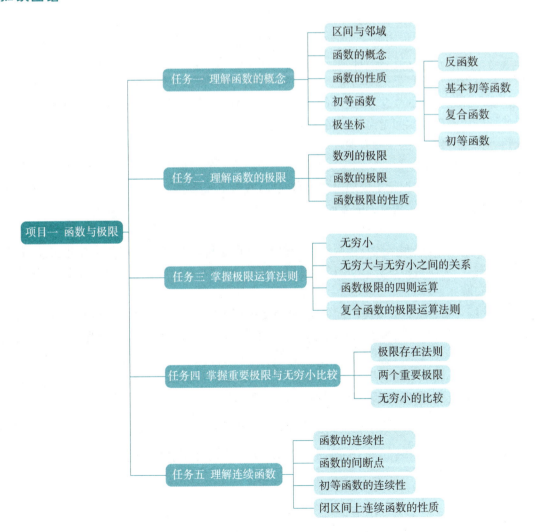

能力与素养

中文数学书使用的"函数"一词是转译词,源于我国清代数学家李善兰在翻译《代数学》(1859 年)一书时,把"function"译成"函数". 在中国古代,"函"字与"含"字通用,都有"包含"的意思. 李善兰给出的定义是"凡式中含天,为天之函数". 中国古代用天、地、人、物 4 个字来表示 4 个不同的未知数或变量. 这个定义的含义是"凡是公式中含有变量 x,则该式叫作 x 的函数". 所以"函数"是指公式里含有变量. 我们所说的方程的确切定义是指含有未知数的等式. 但是"方程"一词在我国早期的数学专著《九章算术》中,是指包含多个未知量的联立一次方程,即所说的线性方程组.

早在古希腊时期,人类已经开始讨论"无穷"、"极限"以及"无穷分割"等概念,这些都是微积分的中心思想. 虽然这些讨论从现代的观点来看有很多漏洞,有时现代人甚至觉得这些讨论的论证和结论都很荒谬,但不可否认这些讨论是人类微积分发展的第一步.

例如,公元前 5 世纪,古希腊的德谟克利特提出原子论,他认为宇宙万物是由极细的原子构成的. 在中国《庄子·天下篇》中的"一尺之棰,日取其半,万世不竭",亦指零是无穷小量. 这些都是早期人类对无穷、极限等概念的原始描述.

其他关于无穷、极限的论述,还包括芝诺几个著名的悖论:其中一个悖论是说一个人永远都追不上一只乌龟,因为当那个人追到乌龟的出发点时,乌龟已经向前爬行了一小段路,当他再追完这一小段,乌龟又已经再向前爬行了一小段路. 芝诺说这样一追一赶地永远重复下去,任何人都总追不上一只最慢的乌龟——当然,从现代的观点看,芝诺所言实在荒谬,他混淆了"无限"和"无限可分"的概念. 人追乌龟经过的那段路纵然无限可分,其长度却是有限的;所以人仍然可以用有限的时间走完这段路. 然而这些荒谬的论述让人类开启了对无穷、极限等概念的探讨,对后来微积分的发展有深远的历史意义.

到了 16 世纪,荷兰数学家斯泰文在考察三角形重心的过程中,改进了古希腊人的穷竭法,他借助几何直观、大胆地运用极限思想思考问题,放弃了归缪法的证明,在无意中"指出了把极限方法发展成为一个实用概念的方向".

在实际生活中,用到函数与极限的例子很多,如电子科学中的波形函数、股票走势图、企业的生产利润、个人所得税计算、汽车租赁费用计算等. 通过学习,利用函数与极限相关知识解决一个实际问题.

案例 1 某商城对会员提供优惠,会员消费可打 8 折,但每年需缴纳会员费 500 元,写出会员一年内消费的钱与实际受惠的钱之间的函数关系,并说明一年内至少消费多少才能真正受惠?

解 设某会员一年内消费 x 元,实际受惠 y 元. 根据已知,其消费时受惠 $0.2x$ 元,但因缴纳了 500 元会员费,所以实际受惠 $(0.2x - 500)$ 元,故

$$y = 0.2x - 500,$$

可以求出当 $x \leqslant 2500$ 时,$y \leqslant 0$,即:消费 2500 元以下时并不会真正受惠,必须消费 2500 元以上才能真正受惠.

想一想 函数 $y = f(x)$,其中,x 称为自变量,y 称为因变量. 那么我们是否可以把 y 定义为人生目标,x 就代表我们为此所做的不懈努力?

任务一　理解函数的概念

一、区间与邻域

1. 区间

一个变量能取得的全部数值的集合,称为这个变量的变化范围或变域.今后我们常遇到的变域是区间,所谓变量 x 的区间就是介于两实数 a 与 b 之间的一切实数,在数轴上就是从 a 到 b 的线段,a 与 b 称为区间的端点.当 $a<b$ 时,a 称为左端点,b 称为右端点.

(1) 闭区间:满足不等式 $a \leqslant x \leqslant b$ 的所有实数 x 的集合,称为以 a,b 为端点的闭区间,记为 $[a,b]$,如图 1-1 所示,即
$$[a,b]=\{x \mid a \leqslant x \leqslant b\}.$$

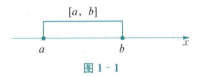

图 1-1

(2) 开区间:满足不等式 $a<x<b$ 的所有实数 x 的集合,称为以 a,b 为端点的开区间,记为 (a,b),如图 1-2 所示,即
$$(a,b)=\{x \mid a<x<b\}.$$

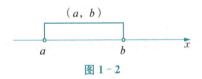

图 1-2

(3) 半开半闭区间:满足不等式 $a<x \leqslant b$(或 $a \leqslant x<b$)的所有实数 x 的集合,称为以 a,b 为端点的半开半闭区间,记为 $(a,b]$ 或 $[a,b)$,分别如图 1-3 和图 1-4 所示,即
$$(a,b]=\{x \mid a<x \leqslant b\},$$
$$[a,b)=\{x \mid a \leqslant x<b\}.$$

图 1-3　　　　图 1-4

以上这些区间都称为有限区间,有限区间右端点 b 与左端点 a 的差 $b-a$,称为区间的长

度.此外还有所谓的无限区间,引进记号"$+\infty$"(读作正无穷大)及"$-\infty$"(读作负无穷大),则无限区间的半开或开区间表示如下:

$$(-\infty, b) = \{x \mid x < b\},$$
$$[a, +\infty) = \{x \mid x \geqslant a\}.$$

它们在数轴上的表现是长度为无限的半直线,如图 1-5 所示.

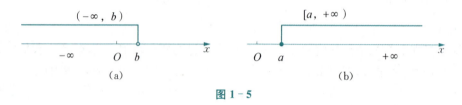

图 1-5

全体实数的集合 **R** 也记为

$$(-\infty, +\infty) = \{x \mid -\infty < x < +\infty\}.$$

2. 邻域

设 δ 是一个正数,对于数轴上一点 x_0,我们把以点 x_0 为中心、长度为 2δ 的开区间 $(x_0 - \delta, x_0 + \delta)$ 称为点 x_0 的 δ 邻域,如图 1-6 所示,可用不等式 $|x - x_0| < \delta$ 表示,记为 $U(x_0, \delta)$. 正数 δ 称为这个邻域的半径. 若在点 x_0 的邻域内去掉点 x_0, 其余部分称为 x_0 的去心邻域,可用不等式 $0 < |x - x_0| < \delta$ 表示,记为 $\overset{\circ}{U}(x_0, \delta)$.

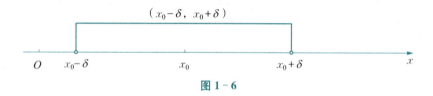

图 1-6

为了方便后续的学习,给出以下常用的数集符号,如表 1-1 所示.

表 1-1

符号	表示集合
R	实数集
Z	整数集
N	自然数集(包含 0)
N$_+$	正整数集
Q	有理数集

二、函数的概念

1. 函数的概念

引例 1 在真空自由落体中,物体下落的距离 s 与所用的时间 t 有下述关系:

$$s = \frac{1}{2}gt^2, \quad 0 \leqslant t \leqslant \sqrt{\frac{2h}{g}},$$

其中,常数 g 是重力加速度,h 是起始点到地面的距离.

引例 2 设正方形的边长为 x,面积为 A,则 A 依赖于 x 的变化而变化,两者的依赖关系可表示成 $A = x^2$.

当 x 在区间 $(0, +\infty)$ 内任取一个数值时,都有一个确定的实数值与它对应,则 A 是 x 的函数.

定义 设 D 是实数集 $\mathbf{R}$ 的非空子集,则从 D 到 $\mathbf{R}$ 的对应关系 f 称为定义在 D 上的函数,记作

$$y = f(x), \quad x \in D,$$

其中,x 称为自变量,y 称为因变量,D 为函数 f 的定义域,集合 $R_f = \{y \mid y = f(x), x \in D\}$ 称为函数 f 的值域.

在平面直角坐标系下,点集

$$\{(x, y) \mid y = f(x), x \in D\}$$

称为函数 $y = f(x), x \in D$ 的图像,如图 1-7 所示.

下面举几个例子.

确定函数定义域的方法是:若给定函数表达式,则使该表达式有意义的自变量全体为其定义域;若是实际问题,则使实际问题成立的自变量的全体为其定义域.

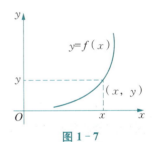

图 1-7

例 1 求函数 $y = \sqrt{x-1}$ 的定义域和值域.

【解】 定义域 $x - 1 \geqslant 0$,即 $D = [1, +\infty)$.
值域 $R_f = [0, +\infty)$.

例 2 求绝对值函数

$$y = |x| = \begin{cases} x, & x > 0, \\ 0, & x = 0, \\ -x, & x < 0 \end{cases}$$

的定义域和值域.

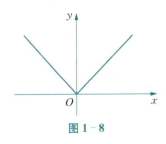

图 1-8

【解】 定义域 $D = (-\infty, +\infty)$,值域 $R_f = [0, +\infty)$,图像如图 1-8 所示.

例 3 设某种电子产品每台售价 900 元,成本为 600 元.厂家为鼓励销售商大量采购,采用以下优惠策略:若订购超过 100 台,每多定 1 台,每台售价降低 1 元,但最低价为 750 元/台.

(1) 将每台实际售价 p 元表示为订购量 x 的函数;

(2) 将利润 P 表示为订购量 x 的函数.

【解】 (1) 当 $x \leqslant 100$ 时,售价为 900 元/台;当 $100 < x < 250$ 时,售价为 $[900 - (x - 100)]$ 元/台;当 $x \geqslant 250$ 时,售价为 750 元/台.于是,实际售价 p 与订购量 x 的函数关系为

$$p = \begin{cases} 900, & x \leqslant 100, \\ 900-(x-100), & 100 < x < 250, \\ 750, & x \geqslant 250. \end{cases}$$

(2) 利润 P 与订购量 x 的函数关系为 $P=(p-600)x=\begin{cases} 300x, & x \leqslant 100, \\ -x^2+400x, & 100 < x < 250, \\ 150x, & x \geqslant 250. \end{cases}$

例 4 确定函数的表达式.

(1) 设 $f(x) = x^2 + 3x - \dfrac{1}{x^2} + \dfrac{2}{x}$,求 $f\left(\dfrac{1}{x}\right)$;

(2) 设 $f(x-1) = \dfrac{x+3}{(x+1)^2}$,求 $f(x)$.

【解】 (1) $f\left(\dfrac{1}{x}\right) = \left(\dfrac{1}{x}\right)^2 + 3 \cdot \dfrac{1}{x} - x^2 + 2x = \dfrac{1}{x^2} + \dfrac{3}{x} - x^2 + 2x.$

(2) 令 $x-1=t$,则 $x=t+1$,即

$$f(t) = \dfrac{(t+1)+3}{(t+1+1)^2} = \dfrac{t+4}{(t+2)^2},$$

所以

$$f(x) = \dfrac{x+4}{(x+2)^2}.$$

函数的定义域和对应法则是函数的两个要素,也就是说,**只有当两个函数的定义域和对应法则完全相同时,两个函数才是相同的**. 例如,函数 $y = |x|$ 与 $y = \sqrt{x^2}$ 是相同的函数,函数 $y = \lg x^2$ 与 $y = 2\lg x$ 是两个不同的函数,因为二者的定义域不同.

例 5 下列各对函数是否相同?为什么?

(1) $f(x) = \dfrac{x(x-1)}{x}$ 与 $g(x) = x-1$; (2) $f(x) = x$ 与 $p(x) = \sqrt{x^2}$.

【解】 (1) 不相同. 因为定义域不同,$f(x)$ 的定义域为 $(-\infty, 0) \cup (0, +\infty)$,而 $g(x)$ 定义域为 $(-\infty, +\infty)$.

(2) 不相同. 因为对应关系不同,当 $x=-1$ 时,$f(-1)=-1$,而 $p(-1)=1$.

2. 函数的表示方法

表示函数的主要方法有解析法、图像法和列表法 3 种.

解析法 解析法又称公式法. 用数学表达式表示变量之间的对应关系,这种表示函数的方法称为解析法. 解析法是函数的精确描述,是最常用的方法,在微积分中起着重要的作用. 函数可能只需要一个数学表达式表示,有时也可能需要用多个数学表达式表示,这样的函数则称为分段函数.

图像法 图像法又称图示法. 用平面直角坐标系中的曲线或点来表示自变量和因变量之间的对应关系,这种表示函数的方法称为图像法. 图像法表示函数具有直观性,是研究函数必不可少的工具.

列表法 列表法又称表格法. 用自变量的一些数值与相应变量的对应数值列出表格来表示变量之间的对应关系,这种表示函数的方法称为列表法. 函数的列表法便于表示直接由试验

或观察方法建立起来的对应关系,如某地 5 月 1—10 日每天的最高气温,如表 1-2 所示.

表 1-2

日期(5月__日)	1	2	3	4	5	6	7	8	9	10
最高气温/℃	18	19	20	16	15	14	16	17	18	20

三、函数的性质

1. 有界性

设函数 $f(x)$ 的定义域为 D. 若存在数 M,使得对任意 $x \in D$,都有
$$|f(x)| \leqslant M,$$
则称函数 $f(x)$ 在 D 上有界. 如果这样的 M 不存在,就称函数 $f(x)$ 在 D 上无界.

例如,$y = \sin x$ 在 $(-\infty, +\infty)$ 上有界,$y = e^x$ 在 $(-\infty, +\infty)$ 上无界.

2. 单调性

设函数 $f(x)$ 的定义域为 D. 若对于 D 上任意两点 x_1, x_2,当 $x_1 < x_2$ 时,恒有
$$f(x_1) < f(x_2),$$
则称函数 $f(x)$ 在 D 上是单调增加的;若
$$f(x_1) > f(x_2),$$
则称函数 $f(x)$ 在 D 上是单调减少的.

3. 奇偶性

设函数 $f(x)$ 的定义域 D 关于原点对称. 若对于任意 $x \in D$,都有
$$f(-x) = f(x),$$
则称函数 $f(x)$ 为偶函数;若对于任意 $x \in D$,都有
$$f(-x) = -f(x),$$
则称函数 $f(x)$ 为奇函数.

偶函数的图像关于 y 轴对称,奇函数的图像关于原点对称.

4. 周期性

设函数 $f(x)$ 的定义域为 D. 若存在一个正数 T,使得对任意 $x \in D$,有 $(x+T) \in D$,且 $f(x+T) = f(x)$ 恒成立,则称 $f(x)$ 为周期函数,T 称为 $f(x)$ 的周期.

周期函数的周期通常是指最小正周期,即为使上式成立的最小正数.

例如,函数 $\sin x, \cos x$ 都是以 2π 为周期、函数 $\tan x$ 是以 π 为周期的周期函数.

四、初等函数

1. 反函数

在函数定义中,若 f 是从 D 到 R_f 的一一映射,则它的逆映射 f^{-1} 称为函数的反函数,记作 $x = f^{-1}(y)$. 显然,f^{-1} 的定义域为 R_f,值域为 D.

例如,函数 $y = x^3, x \in \mathbf{R}$ 是一一映射,所以它的反函数存在,其反函数为 $x = y^{\frac{1}{3}}, y \in \mathbf{R}$,

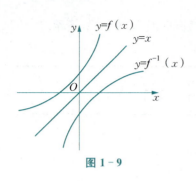

图 1-9

函数与其反函数表示的是一条曲线. 但是, 习惯上写为 $y = x^{\frac{1}{3}}, x \in \mathbf{R}$.

一般地, 函数 $y = f(x), x \in D$ 的反函数记作 $y = f^{-1}(x)$. 把函数 $y = f(x)$ 和它的反函数 $y = f^{-1}(x)$ 的图像画在同一坐标平面上, 这两个图像关于直线 $y = x$ 对称, 如图 1-9 所示.

2. 基本初等函数

基本初等函数包含下列 6 类函数.

(1) 常数函数: $y = C$ (C 为常数).

(2) 幂函数: $y = x^{\alpha}$ (α 为任意实数).

(3) 指数函数: $y = a^x$ ($a > 0, a \neq 1$).

(4) 对数函数: $y = \log_a x$ ($a > 0, a \neq 1$).

(5) 三角函数: $y = \sin x$, $y = \cos x$; $y = \tan x$, $y = \cot x$; $y = \sec x$, $y = \csc x$.

(6) 反三角函数: $y = \arcsin x$, $y = \arccos x$; $y = \arctan x$, $y = \text{arccot} \, x$.

以上函数统称为基本初等函数, 它们的图像与性质如表 1-3 所示.

表 1-3

项目	函数	定义域与值域	图像	特性
幂函数	$y = x$	$x \in (-\infty, +\infty)$ $y \in (-\infty, +\infty)$		奇函数 单调增加
	$y = x^2$	$x \in (-\infty, +\infty)$ $y \in [0, +\infty)$		偶函数 在 $(-\infty, 0)$ 内单调减少 在 $(0, +\infty)$ 内单调增加
	$y = x^3$	$x \in (-\infty, +\infty)$ $y \in (-\infty, +\infty)$		奇函数 单调增加

续表

项目	函数	定义域与值域	图像	特性
	$y = x^{-1}$	$x \in (-\infty, 0) \cup (0, +\infty)$ $y \in (-\infty, 0) \cup (0, +\infty)$		奇函数 在$(-\infty, 0)$和$(0, +\infty)$内分别单调减少
	$x = x^{\frac{1}{2}}$	$x \in [0, +\infty)$ $y \in [0, +\infty)$		单调增加
指数函数	$y = a^x$ $(a > 1)$	$x \in (-\infty, +\infty)$ $y \in (0, +\infty)$		单调增加
	$y = a^x$ $(0 < a < 1)$	$x \in (-\infty, +\infty)$ $y \in (0, +\infty)$		单调减少
对数函数	$y = \log_a x$ $(a > 1)$	$x \in (0, +\infty)$ $y \in (-\infty, +\infty)$		单调增加
	$y = \log_a x$ $(0 < a < 1)$	$x \in (0, +\infty)$ $y \in (-\infty, +\infty)$		单调减少

续表

项目	函数	定义域与值域	图像	特性
三角函数	$y=\sin x$	$x\in(-\infty,+\infty)$ $y\in[-1,1]$		奇函数,周期 2π,有界,在 $\left(2k\pi-\dfrac{\pi}{2},2k\pi+\dfrac{\pi}{2}\right)$ 内单调增加,在 $\left(2k\pi+\dfrac{\pi}{2},2k\pi+\dfrac{3\pi}{2}\right)$ 内单调减少
	$y=\cos x$	$x\in(-\infty,+\infty)$ $y\in[-1,1]$		偶函数,周期 2π,有界,在 $(2k\pi,2k\pi+\pi)$ 内单调减少,在 $(2k\pi+\pi,2k\pi+2\pi)$ 内单调增加
	$y=\tan x$	$x\neq k\pi+\dfrac{\pi}{2}(k\in\mathbf{Z})$ $y\in(-\infty,+\infty)$		奇函数,周期 π,在 $\left(k\pi-\dfrac{\pi}{2},k\pi+\dfrac{\pi}{2}\right)$ 内单调增加
	$y=\cot x$	$x\neq k\pi(k\in\mathbf{Z})$ $y\in(-\infty,+\infty)$		奇函数,周期 π,在 $(k\pi,k\pi+\pi)$ 内单调减少
反三角函数	$y=\arcsin x$	$x\in[-1,1]$ $y\in\left[-\dfrac{\pi}{2},\dfrac{\pi}{2}\right]$		奇函数,单调增加,有界

续表

项目	函数	定义域与值域	图像	特性
	$y = \arccos x$	$x \in [-1, 1]$ $y \in [0, \pi]$		单调减少,有界
	$y = \arctan x$	$x \in (-\infty, +\infty)$ $y \in \left(-\dfrac{\pi}{2}, \dfrac{\pi}{2}\right)$		奇函数,单调增加,有界
	$y = \operatorname{arccot} x$	$x \in (-\infty, +\infty)$ $y \in (0, \pi)$		单调减少,有界

3. 复合函数

设函数 $y = f(u)$ 的定义域为 D_1,$u = g(x)$ 在 D 上有定义,且 $g(D) \subset D_1$,则由

$$y = f[g(x)], \quad x \in D$$

确定的函数称为由函数 $y = f(u)$ 和 $u = g(x)$ 构成的复合函数,它的定义域为 D,变量 u 称为中间变量.

不是任何两个函数都能构成复合函数,如 $y = \arcsin u$,$u = x^2 + 3$ 就不能构成复合函数. 若 $u = \varphi(x)$ 的定义域为 D,复合函数 $y = f[\varphi(x)]$ 的定义域为 D_1,则 $D_1 \subseteq D$.

例如,函数 $y = \sin^2 x$ 是由函数 $y = u^2$ 和 $u = \sin x$ 复合而成的函数,其定义域 $D_1 = (-\infty, +\infty)$ 就是 $u = \sin x$ 的定义域 D;函数 $y = \sqrt{1 - x^2}$ 由函数 $y = \sqrt{u}$ 和 $u = 1 - x^2$ 复合而成,其定义域 $D_1 = [-1, 1]$,它是 $u = 1 - x^2$ 的定义域 $D = (-\infty, +\infty)$ 的一部分.

两个及多个函数构成复合函数的过程叫作函数的复合运算.

例6 写出下列复合函数的复合过程和定义域.

(1) $y = e^{x^2}$; (2) $y = \arcsin(\ln x)$.

【解】 (1) $y = e^{x^2}$ 由 $y = e^u$,$u = x^2$ 复合而成. 定义域为 $x \in \mathbf{R}$.

(2) $y = \arcsin(\ln x)$ 由 $y = \arcsin u$ 和 $u = \ln x$ 复合而成.

确定它的定义域时,应求解不等式 $-1 \leqslant \ln x \leqslant 1$. 解得 $\dfrac{1}{e} \leqslant x \leqslant e$,即定义域为 $\left[\dfrac{1}{e}, e\right]$.

两个以上的函数经过复合也可以构成一个函数.例如,$y=\ln u$,$u=\sqrt{v}$,$v=x^2+2$,则 $y=\ln\sqrt{x^2+2}$,这里的 u,v 均为中间变量.

4. 初等函数

由基本初等函数经过有限次四则运算和有限次的复合步骤所构成,并能用一个式子表示的函数叫作初等函数.分段函数一般不是初等函数.

由于定义中规定了"用一个式子表示",一般的分段函数就不是初等函数,但也并不是所有的分段函数都不是初等函数.只要能转化为用一个式子表示,它仍是一个初等函数.

例如,分段函数 $y=\begin{cases} x, & x\geqslant 0, \\ -x, & x<0 \end{cases}$,能化为 $y=\sqrt{x^2}$,它是由 $y=\sqrt{u}$,$u=x^2$ 复合而成的,所以这个分段函数是一个初等函数.

五、极坐标

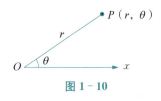

图 1-10

在平面上定义由一点和一条定轴所确定的坐标系称为极坐标系,其中,定点称为极点,定轴称为极轴,如图 1-10 所示.极坐标系中的点 P 用有序数对 (r,θ) 表示,其中,r 表示点 P 到极点 O 的距离,θ 表示射线 OP 与极轴的正向夹角.这里有

$$r\geqslant 0,\ 0\leqslant\theta<2\pi,$$

其中,r 称为极径,θ 称为极角.

若取极点作为原点、极轴作为 x 轴,建立直角坐标系,可以得到极坐标系与直角坐标系的关系为

$$x=r\cos\theta,\ y=r\sin\theta$$

或

$$r=\sqrt{x^2+y^2},\ \tan\theta=\frac{y}{x},$$

建立 r 与 θ 关系的等式称为极坐标方程,如 $r=1$ 表示圆心在极点、半径为 1 的圆.

利用上述式子,可以将直角坐标方程和极坐标方程进行互化.

例 7 将极坐标方程

$$r=2\cos\theta$$

化为直角坐标方程,并说明它表示什么曲线.

【解】 在方程两边同乘以 r,得

$$r^2=2r\cos\theta.$$

由上述公式可得

$$x^2+y^2=2x,$$
$$(x-1)^2+y^2=1,$$

所以它表示圆心为 $(1,0)$、半径为 1 的圆.

下面给出 3 个特殊曲线的极坐标方程.

（1）心形线（外摆线的一种，如图 1-11 所示），极坐标方程为

$$r = a(1 + \cos\theta),$$

化为直角方程

$$x^2 + y^2 - ax = a\sqrt{x^2 + y^2}.$$

（2）双纽线（如图 1-12 所示），极坐标方程为

$$r^2 = a^2 \cos 2\theta,$$

化为直角方程

$$(x^2 + y^2)^2 = a^2(x^2 - y^2).$$

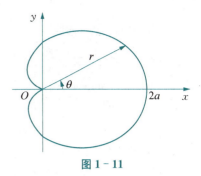

图 1-11

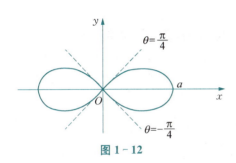

图 1-12

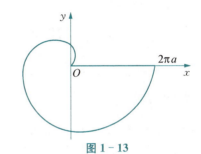

图 1-13

（3）阿基米得螺线（如图 1-13 所示），极坐标方程为

$$r = a\theta.$$

任务训练 1-1

1. 求下列函数的定义域.

(1) $y = \dfrac{1}{x^2 - 3x + 2}$；

(2) $y = \lg \dfrac{1+x}{1-x}$；

(3) $f(x) = \sqrt{\dfrac{x^2 - 4}{x - 2}}$；

(4) $y = \dfrac{1}{1 - x^2} + \sqrt{x + 2}$；

(5) $y = \dfrac{\ln(3 - x)}{\sqrt{|x| - 1}}$；

(6) $y = \sqrt{\lg \dfrac{5x - x^2}{4}}$.

2. 已知 $f(\sin x) = \cos 2x$，求 $f(x)$.

3. 作出函数

$$y = \begin{cases} x - 1, & x \geqslant 0, \\ x^2 + 1, & x < 0 \end{cases}$$

的图像，并求出 $f(-1), f(0), f(3)$.

4. 判断函数奇偶性.

(1) $f(x) = \dfrac{e^{-x}-1}{e^{-x}+1}$;

(2) $y = x\sin x$;

(3) $y = \sin x \cos x$;

(4) $y = 1 + \cot x$.

5. 将方程 $x^2 + y^2 - 2Rx = 0$ 化为参数方程 $(R > 0)$.

6. 将参数方程 $\begin{cases} x = t + \dfrac{1}{t}, \\ y = t - \dfrac{1}{t} \end{cases}$ (t 作为参数) 化为普通方程.

7. 将 $r = \dfrac{3}{1 - 2\cos\theta}$ 化为直角坐标方程.

任务二　理解函数的极限

一、数列的极限

引例 1　极限思想在我国古代很早就有记载.《庄子·天下篇》中说道:"一尺之棰,日取其半,万世不竭."它的意思是:有一根 1 尺长的木棍,如果一个人每天取它的一半,那么他永远也取不完.当天数无限增大时,对应的截取量 $\dfrac{1}{2^n}$ 就无限接近于 0,但又永远不等于 0.

引例 2　早在公元 263 年,我国古代数学家刘徽在《九章算术注》中创立了"割圆术".用现代语言来描述:假设一个圆的半径为 1 尺,在圆中内接一个正六边形,此后每次将正多边形的边数增加 1 倍,从而算出内接正十二边、正二十四边、正四十八边等多边形的面积,这样当边数越多时,这个多边形的面积就与圆的面积越接近.刘徽利用圆内接正多边形的面积来推算圆的面积,进而计算出圆周率的这一思想就是极限思想,他也被誉为中国历史上第一个将极限思想运用于数学计算的人.

分析　由于已知正多边形的面积,因此考虑先作内接正六边形,把它的面积记为 A_1;再作内接正十二边形,其面积记为 A_2,如图 1-14 所示;再作内接正二十四边形,其面积记为 A_3;继续作下去,每次内接正多边形的边数加倍……一般地,把内接正 $6 \times 2^{n-1}$ 边形的面积记为 $A_n (n = 1, 2, 3, \cdots)$,这样就得到一系列内接正多边形的面积为

$$A_1, A_2, A_3, \cdots, A_n, \cdots,$$

它们构成一列有次序的数. n 越大,内接正多边形的面积与圆的面积差别就越小,从而以 A_n 作为圆的面积的近似值也就越精确.

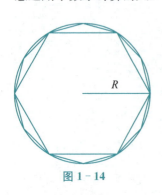

图 1-14

总结发现,无论 n 取得如何大,只要 n 一经取定, A_n 终究只是多边形的面积,而不是圆的面积.因此,进一步设想当 n 无限增大(记为 $n \to \infty$,读作 n 趋于无穷大),即内接正多边形的边数无限增加,在这个过程中, A_n 也无限接近于某一确定的数值,这个确定的数值就是圆的面

积,在数学上称为上面这列有次序的数(即数列)$A_1, A_2, A_3, \cdots, A_n, \cdots$当$n \to \infty$时的极限.

将上述方法抽象化、精确化,可以引入数列及数列极限的概念.

首先,按照一定规律排列而成的一列数

$$u_1, u_2, u_3, \cdots, u_n, \cdots$$

称为数列,记为$\{u_n\}$.数列中的每一个数称为数列的项,u_n称为数列的通项或一般项.

函数概念刻画了变量之间的关系,而极限概念着重刻画变量的变化趋势,并且极限也是学习微积分的基础和工具.

观察下列数列中n无限增大时的变化趋势.

(1) $\dfrac{1}{2}, \dfrac{1}{4}, \dfrac{1}{8}, \dfrac{1}{16}, \cdots, \dfrac{1}{2^n}, \cdots$;

(2) $2, \dfrac{1}{2}, \dfrac{4}{3}, \dfrac{3}{4}, \cdots, \dfrac{n+(-1)^{n-1}}{n}, \cdots$;

(3) $3, 3, 3, \cdots, 3, \cdots$;

(4) $-2, -4, -6, -8, \cdots, -2n, \cdots$.

为了清楚起见,把各个数列的几项分别在数轴上表示出来,分别如图 1-15、图 1-16、图 1-17 和图 1-18 所示.

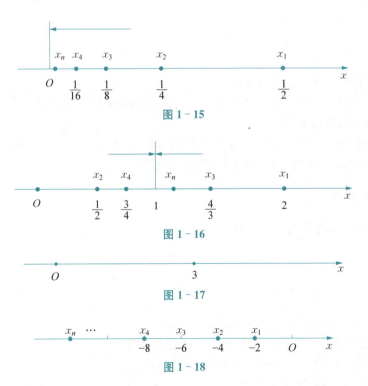

图 1-15

图 1-16

图 1-17

图 1-18

由图 1-15 可以看出,当n无限增大时,数列$x_n = \dfrac{1}{2^n}$的点逐渐密集在$x = 0$的右侧,即数列x_n无限接近于 0;由图 1-16 可以看出,当n无限增大时,数列$x_n = \dfrac{n+(-1)^{n-1}}{n}$的点逐渐

密集在 $x=1$ 的附近,即数列无限接近于 1;很显然,由图 1-17 可以看出,当 n 无限增大时,第三个数列 $x_n=3$ 无限接近于 3;由图 1-18 可以看出,当 n 无限增大时,第四个数列 $x_n=-2n$ 不能无限接近于一个确定的常数.

归纳这 4 种情形,有下面的定义.

定义 1 设数列 $\{u_n\}$,a 为常数,当 n 无限增大时,数列 $\{u_n\}$ 无限接近于 a,则称常数 a 为数列 $\{u_n\}$ 的极限,或称数列 $\{u_n\}$ 收敛于 a,记作

$$\lim_{n\to\infty} u_n = a \text{ 或 } u_n \to a(n\to\infty).$$

当 n 无限增大时,数列 $\{u_n\}$ 不能无限接近一个确定的常数,就称数列 $\{u_n\}$ 发散.

因此,数列(1)的极限是 0,可记为 $\lim\limits_{n\to\infty}\dfrac{1}{2^n}=0$;

数列(2)的极限是 1,可记为 $\lim\limits_{n\to\infty}\dfrac{n+(-1)^{n-1}}{n}=1$;

数列(3)的极限为 3,可记为 $\lim\limits_{n\to\infty} 3=3$;

数列(4)没有极限,为发散的.

例 1 观察下列数列的变化趋势,写出它们的极限.

(1) $x_n=\dfrac{1}{n}$; (2) $x_n=\dfrac{1}{3^n}$.

【解】 借助于数轴容易看出:

(1) $\lim\limits_{n\to\infty}\dfrac{1}{n}=0$; (2) $\lim\limits_{n\to\infty}\dfrac{1}{3^n}=0$.

注意:不是任何数列都是有极限的.

例如,对于数列 $x_n=2^n$,当 n 无限增大时,x_n 也无限增大,不能无限接近于一个确定的常数,所以这个数列没有极限.

又如,对于数列 $x_n=(-1)^{n-1}$,当 n 无限增大时,x_n 在 1 与 -1 两个数值来回跳动,不能无限接近于一个确定的常数,所以这个数列也没有极限.

二、函数的极限

1. 自变量趋于无穷大时函数的极限

例如,函数

$$y=1+\dfrac{1}{x}$$

当 $|x|$ 无限增大时,y 无限接近于 1,如图 1-19 所示.

定义 2 设函数 $f(x)$ 在 $|x|$ 大于某一正数时有定义,a 是一个常数,若当 $|x|$ 无限增大时,对应的函数值 $f(x)$ 无限接近于 a,则称常数 a 为函数 $f(x)$ 当 $x\to\infty$ 时的极限,记作

$$\lim_{x\to\infty} f(x)=a \text{ 或 } f(x)\to a(x\to\infty).$$

若 x 只是趋近于正无穷大(或负无穷大),则有单侧极限

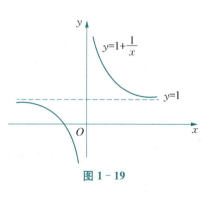

图 1-19

$$\lim_{x \to +\infty} f(x) = a \text{ 或 } \lim_{x \to -\infty} f(x) = a.$$

$\lim_{x \to \infty} f(x) = a$ 的几何意义:作直线 $y = a - \varepsilon$ 和 $y = a + \varepsilon$,则总存在 $X > 0$,使得当 $|x| > X$ 时,函数 $y = f(x)$ 的图形总介于这两条直线之间,如图 1-20 所示.

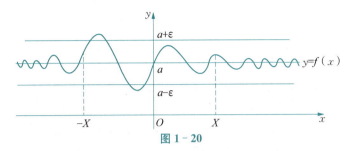

图 1-20

若 $\lim_{x \to \infty} f(x) = a$,则称直线 $y = a$ 是曲线 $y = f(x)$ 的水平渐近线.

2. 自变量趋于某个确定值时函数的极限

考察函数

$$y = 2x - 1$$

的图像如图 1-21 所示. 当 $x \to \dfrac{1}{2}$ 时,$f(x)$ 无限接近于 0.

再如,函数

$$y = \frac{x^2 - 1}{x - 1}$$

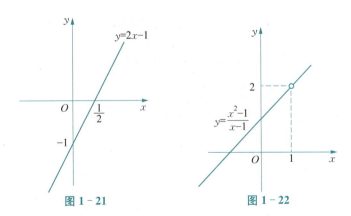

图 1-21 图 1-22

的图像如图 1-22 所示. 当 $x \to 1$ 时,$f(x)$ 无限接近于 2.

定义3 设函数 $f(x)$ 在 x_0 的某个去心邻域内有定义,a 是一个常数,当 x 无限接近于 x_0 时,相应的函数值 $f(x)$ 无限接近于 a,则称常数 a 是函数 $f(x)$ 当 $x \to x_0$ 时的极限,记作

$$\lim_{x \to x_0} f(x) = a \text{ 或 } f(x) \to a (x \to x_0).$$

例如,

$$\lim_{x \to x_0} C = C (C \text{ 是常数}), \lim_{x \to x_0} x = x_0.$$

若 x 仅仅从 x_0 的左边无限接近于 x_0，对应的函数值无限接近于确定的常数 a，则称常数 a 为 $f(x)$ 在 $x \to x_0$ 时的左极限，记作

$$\lim_{x \to x_0^-} f(x) = a \text{ 或 } f(x-0) = a.$$

同理，有右极限

$$\lim_{x \to x_0^+} f(x) = a \text{ 或 } f(x+0) = a.$$

定理 极限存在的充分必要条件是左极限、右极限都存在且相等.

例 2 设函数 $f(x) = \begin{cases} x-1, & x<0, \\ 0, & x=0, \\ x+1, & x>0, \end{cases}$ 求 $\lim\limits_{x \to 0^-} f(x), \lim\limits_{x \to 0^+} f(x), \lim\limits_{x \to 0} f(x)$.

【解】 $\lim\limits_{x \to 0^-} f(x) = \lim\limits_{x \to 0^-} (x-1) = -1, \lim\limits_{x \to 0^+} f(x) = \lim\limits_{x \to 0^+} (x+1) = 1.$
由于左极限与右极限不相等，因此 $\lim\limits_{x \to 0} f(x)$ 不存在.

例 3 设函数 $f(x) = |x| = \begin{cases} -x, & x<0, \\ 0, & x=0, \\ x, & x>0, \end{cases}$ 求 $\lim\limits_{x \to 0^-} f(x), \lim\limits_{x \to 0^+} f(x), \lim\limits_{x \to 0} f(x)$.

【解】 $\lim\limits_{x \to 0^-} f(x) = \lim\limits_{x \to 0^-} (-x) = 0, \lim\limits_{x \to 0^+} f(x) = \lim\limits_{x \to 0^+} x = 0$，所以

$$\lim_{x \to 0} f(x) = 0.$$

三、函数极限的性质

性质 1 （唯一性） 若 $\lim\limits_{x \to x_0} f(x)$ 存在，则极限值唯一.

性质 2 （局部有界性） 若 $\lim\limits_{x \to x_0} f(x)$ 存在，则存在某一正数 δ，对任意 $x \in \overset{\circ}{U}(x_0, \delta)$，有 $|f(x)| \leqslant M$，M 为某一确定的正常数.

性质 3 （局部保号性） 若 $\lim\limits_{x \to x_0} f(x) = a$，且 $a > 0$（或 $a < 0$），则存在 x_0 的某一去心邻域 $\overset{\circ}{U}(x_0, \delta)$. 当 $x \in \overset{\circ}{U}(x_0, \delta)$ 时，有 $f(x) > 0$ 或 $f(x) < 0$.

任务训练 1-2

1. 观察下列数列的变化趋势，哪些收敛、哪些发散？

   (1) $x_n = \dfrac{1}{2^n}$；

   (2) $x_n = (-1)^n \dfrac{1}{n}$；

   (3) $x_n = (-1)^n \cdot n$；

   (4) $x_n = \cos \dfrac{n\pi}{2}$.

2. $f(x)$ 在 $x = x_0$ 处有定义是当 $x \to x_0$ 时 $f(x)$ 有极限的（　　）.
   A. 必要条件　　　B. 充分条件　　　C. 充要条件　　　D. 无关条件

3. 计算下列函数的极限.

(1) $\lim\limits_{n\to\infty}\sqrt[n]{2}$;   (2) $\lim\limits_{x\to+\infty}e^x$;

(3) $\lim\limits_{x\to-\infty}e^x$;   (4) $\lim\limits_{x\to\frac{\pi}{2}}\sin x$;

(5) $\lim\limits_{x\to+\infty}\arctan x$.

4. 设函数 $f(x)=\begin{cases}x+4, & x<1,\\ 2x+3, & x\geqslant 1,\end{cases}$ 问 $\lim\limits_{x\to 1^-}f(x)$ 与 $\lim\limits_{x\to 1^+}f(x), \lim\limits_{x\to 1}f(x)$ 是否存在?

5. 设函数 $f(x)=\begin{cases}e^x+1, & x>0,\\ 2x+b, & x\leqslant 0,\end{cases}$ 要使极限 $\lim\limits_{x\to 0}f(x)$ 存在,b 应取何值?

6. 设函数 $f(x)=\dfrac{|x|}{x}$,求 $\lim\limits_{x\to 0^-}f(x)$,$\lim\limits_{x\to 0^+}f(x)$,$\lim\limits_{x\to 0}f(x)$.

7. 一只球从 100 米高空落下,每次弹回的高度为上次高度的 $\dfrac{2}{3}$. 照此运动下去,试求小球第 n 次弹回的高度.

任务三　掌握极限运算法则

一、无穷小

引例 1 （电容器放电）　在电容器放电时,其电压随时间的增加而逐渐减小,并无限趋近于 0.

引例 2 （洗涤效果）　在用洗衣机清洗衣物时,清洗次数越多,衣物上残留的污渍就越少,当清洗次数无限增大时,衣物上的污渍量就会无限趋近于 0.（为了保护身体健康,健康专家建议尽量减少洗涤剂的用量.）

对许多事物进行定量分析时,经常会遇到变量趋近于 0 的情形. 为此作出如下定义.

1. 无穷小的定义

定义 1　若在自变量 x 的某个变化过程中,函数 $f(x)$ 以 0 为极限,则称函数 $f(x)$ 是此变化过程的无穷小.

例如,当 $x\to\infty$ 时,函数 $\dfrac{1}{x}$,$\dfrac{1}{x^2}$,$\dfrac{1}{x^3}$ 等都是无穷小;当 $x\to+\infty$ 时,函数 $\dfrac{1}{\sqrt{x}}$,2^{-x},$\dfrac{1}{\ln x}$ 等也是无穷小;当 $x\to 0$ 时,函数 $\sin x$,$\ln(1-x)$ 等也都是无穷小.

注意:不能把无穷小与绝对值很小的常数混为一谈. 无穷小是以 0 为极限的函数,而绝对值很小的常数,不管它有多么小(如 10^{-100}),其极限仍是这个常数本身,0 是可以作为无穷小的唯一常数,因为 0 的极限仍是 0. 此外,无穷小还必须与自变量的某一变化过程(如 $x\to x_0$,$x\to\infty$ 等)相关联. 一个函数在自变量的某一变化过程中为无穷小,在另一个变化过程中不一定还是无穷小. 例如,函数 $f(x)=x^2$,当 $x\to 0$ 时为无穷小,而当 $x\to 1$ 时就不是无穷小了.

无穷小有以下 3 个基本性质.

性质 1　有限个无穷小的代数和为无穷小.

性质 2　有界函数与无穷小的乘积为无穷小.

推论 常数与无穷小的乘积为无穷小.

性质 3 有限个无穷小的乘积为无穷小.

例 1 求 $\lim\limits_{x \to 0}(x^2 + \sin x)$.

【解】 函数 $y = x^2$ 及 $y = \sin x$ 都是当 $x \to 0$ 时的无穷小,由性质 1 得 $\lim\limits_{x \to 0}(x^2 + \sin x) = 0$.

例 2 求 $\lim\limits_{x \to \infty} \dfrac{\cos x}{x}$.

【解】 当 $x \to \infty$ 时,函数 $\cos x$ 的极限不存在,对函数变形得

$$\frac{\cos x}{x} = \frac{1}{x} \cdot \cos x.$$

当 $x \to \infty$ 时,$\dfrac{1}{x}$ 为无穷小,$|\cos x| \leqslant 1$ 为有界函数,由性质 2 得

$$\lim_{x \to \infty} \frac{\cos x}{x} = \lim_{x \to \infty} \left(\frac{1}{x} \cdot \cos x\right) = 0.$$

2. 无穷大

定义 2 若在自变量 x 的某一变化过程中,对应的函数 $f(x)$ 的绝对值 $|f(x)|$ 无限增大,则称函数 $f(x)$ 在此变化过程为无穷大,记作

$$\lim f(x) = \infty.$$

例如,当 $x \to +\infty$ 时,$a^x (a > 1)$,$\ln x$ 都是无穷大;当 $x \to 0$ 时,$\dfrac{1}{x}$,$\dfrac{1}{\sqrt[3]{x}}$ 等也都是无穷大.

例 3 讨论自变量 x 在怎样的变化过程中,下列函数为无穷大.

(1) $y = \dfrac{1}{x-1}$; (2) $y = 2x - 1$;

(3) $y = 2^x$; (4) $y = \left(\dfrac{1}{4}\right)^x$.

【解】 (1) 因为 $y = \dfrac{1}{x-1}$,所以 $x \to 1$ 时,$y = \dfrac{1}{x-1}$ 为无穷大.

(2) 因为 $y = 2x - 1$,所以 $x \to \infty$ 时,$y = 2x - 1$ 为无穷大.

(3) 因为 $y = 2^x$,所以 $x \to +\infty$ 时,$y = 2^x$ 为无穷大.

(4) 因为 $y = \left(\dfrac{1}{4}\right)^x$,所以 $x \to -\infty$ 时,$y = \left(\dfrac{1}{4}\right)^x$ 为无穷大.

二、无穷大与无穷小之间的关系

定理 1 如果函数 $f(x)$ 在自变量的某一变化过程中为无穷大,则在同一变化过程中 $\dfrac{1}{f(x)}$ 为无穷小;反之,在自变量的某一变化过程中,如果 $f(x)[f(x) \neq 0]$ 为无穷小,则在同一变化过程中 $\dfrac{1}{f(x)}$ 为无穷大.

三、函数极限的四则运算

定理 2 设 $\lim f(x) = A$,$\lim g(x) = B$,则

(1) $\lim[f(x)\pm g(x)] = \lim f(x) \pm \lim g(x) = A\pm B$;

(2) $\lim[f(x)\cdot g(x)] = \lim f(x) \lim g(x) = AB$;

(3) $\lim\dfrac{f(x)}{g(x)} = \dfrac{\lim f(x)}{\lim g(x)} = \dfrac{A}{B}(B\neq 0)$.

【证】 这里只给出定理 2(1) 的证明,(2) 和 (3) 类似可证.

因为 $\lim f(x) = A$,$\lim g(x) = B$,由定理①有

$$f(x) = A + \alpha, \quad g(x) = B + \beta,$$

其中,α,β 均为无穷小. 从而有

$$f(x) + g(x) = (A+\alpha) + (B+\beta) = (A+B) + (\alpha+\beta),$$

而 $\alpha + \beta$ 为无穷小,$A+B$ 为常数,故

$$\lim[f(x) + g(x)] = A + B = \lim f(x) + \lim g(x).$$

推论 若 $\lim f(x) = A$,C 为常数,则

(1) $\lim[Cf(x)] = CA$;

(2) $\lim[f(x)]^n = [\lim f(x)]^n = A^n$.

例 4 求 $\lim\limits_{x\to 1}(2x^2 - x + 1)$.

【解】 由极限运算法则得

$$\lim_{x\to 1}(2x^2 - x + 1) = 2(\lim_{x\to 1} x)^2 - \lim_{x\to 1} x + \lim_{x\to 1} 1 = 2\times 1^2 - 1 + 1 = 2.$$

一般地,有

$$\lim_{x\to x_0}(a_0 x^n + a_1 x^{n-1} + \cdots + a_n) = a_0 x_0^n + a_1 x_0^{n-1} + \cdots + a_n.$$

例 5 求 $\lim\limits_{x\to 2}\dfrac{x-2}{x^2-4}$.

【解】 当 $x\to 2$ 时,分母的极限为 0,故不能直接用极限的运算法则. 但由极限定义可知,当 $x\to 2$ 时的极限与函数在 $x=2$ 处有无定义没有关系,因此可以先化简再求极限.

$$\lim_{x\to 2}\dfrac{x-2}{x^2-4} = \lim_{x\to 2}\dfrac{x-2}{(x-2)(x+2)} = \lim_{x\to 2}\dfrac{1}{x+2} = \dfrac{1}{2+2} = \dfrac{1}{4}.$$

例 6 求 $\lim\limits_{x\to 0}\dfrac{\sqrt{1+x}-1}{x}$.

【解】 当 $x\to 0$ 时,分子、分母的极限均为 0,不能直接使用商的运算法则. 可先分子有理化,约去零因子 x,再用法则求极限.

$$\lim_{x\to 0}\dfrac{\sqrt{1+x}-1}{x} = \lim_{x\to 0}\dfrac{(\sqrt{1+x}-1)(\sqrt{1+x}+1)}{x(\sqrt{1+x}+1)} = \lim_{x\to 0}\dfrac{1}{\sqrt{1+x}+1} = \dfrac{1}{2}.$$

像例 5、例 6 那样,先通过对分子、分母进行因式分解或其他恒等变形(如分子或分母有理

---

① 定理:在自变量的同一变化过程中,函数 $f(x)$ 具有极限 A 的充分必要条件是 $f(x) = A + \alpha$,其中,α 是无穷小.

化、三角恒等变形等),消去致零因子,再求极限.这种方法在求一些 $\frac{0}{0}$ 型极限时常常用到.

例 7 求 $\lim\limits_{x \to 0} \frac{1-\cos 2x}{\sin x}$.

【解】 $\lim\limits_{x \to 0} \frac{1-\cos 2x}{\sin x} = \lim\limits_{x \to 0} \frac{2\sin^2 x}{\sin x} = \lim\limits_{x \to 0} 2\sin x = 0.$

例 8 求 $\lim\limits_{x \to 1} \left(\frac{1}{1-x} - \frac{3}{1-x^3} \right).$

【解】 当 $x \to 1$ 时, $\frac{1}{1-x}$ 和 $\frac{3}{1-x^3}$ 的极限都不存在,因此也不能直接用极限的运算法则. 先将函数进行恒等变形,当 $x \neq 1$ 时,

$$\frac{1}{1-x} - \frac{3}{1-x^3} = \frac{(x-1)(x+2)}{1-x^3} = -\frac{x+2}{x^2+x+1},$$

所以

$$\lim\limits_{x \to 1} \left(\frac{1}{1-x} - \frac{3}{1-x^3} \right) = \lim\limits_{x \to 1} \left(-\frac{x+2}{x^2+x+1} \right) = -1.$$

例 9 求 $\lim\limits_{x \to \infty} \frac{3x^2-x+1}{4x^2+x-9}.$

【解】 当 $x \to \infty$ 时,分子、分母极限都不存在,将函数的分子、分母同除以 x^2 后,再计算极限.

$$\lim\limits_{x \to \infty} \frac{3x^2-x+1}{4x^2+x-9} = \lim\limits_{x \to \infty} \frac{3 - \frac{1}{x} + \frac{1}{x^2}}{4 + \frac{1}{x} - \frac{9}{x^2}} = \frac{3}{4}.$$

一般地,有

$$\lim\limits_{x \to \infty} \frac{a_0 x^n + a_1 x^{n-1} + \cdots + a_n}{b_0 x^m + b_1 x^{m-1} + \cdots + b_m} = \lim\limits_{x \to \infty} \frac{a_0 + a_1 \times \frac{1}{x} + \cdots + a_n \times \frac{1}{x^n}}{b_0 + b_1 \times \frac{1}{x} + \cdots + b_n \times \frac{1}{x^m}} = \begin{cases} \frac{a_0}{b_0}, & m = n, \\ 0, & m > n, \\ \infty, & m < n. \end{cases}$$

其中, $a_0 \neq 0, b_0 \neq 0, m, n$ 为正整数.

例 10 计算 $\lim\limits_{x \to \infty} \frac{x^3+x-1}{2x^3+x^2+4}.$

【解】 因分子、分母的最高次都是 3,所以根据例 9 的结论得

$$\lim\limits_{x \to \infty} \frac{x^3+x-1}{2x^3+x^2+4} = \frac{1}{2}.$$

四、复合函数的极限运算法则

定理 3 设函数 $y = f[g(x)]$ 是由函数 $y = f(u)$ 与 $u = g(x)$ 复合而成, $\lim\limits_{u \to u_0} f(u) = a$,

$\lim\limits_{x \to x_0} g(x) = u_0$,且存在 $\delta_0 > 0$,当 $x \in \overset{\circ}{U}(x_0, \delta_0)$ 时,有 $g(x) \neq u_0$,则有

$$\lim_{x \to x_0} f[g(x)] = \lim_{u \to u_0} f(u) = a.$$

证明从略.

任务训练 1-3

1. 下列函数在自变量怎样变化时是无穷大和无穷小?

   (1) $3 + \dfrac{1}{x}$;

   (2) $4\ln x$.

2. 下列函数中,哪些是无穷大? 哪些是无穷小?

   (1) $\left(\dfrac{1}{3}\right)^x$,当 $x \to +\infty$ 时;

   (2) $\dfrac{2}{x^2 + 2}$,当 $x \to \infty$ 时;

   (3) $3\sin x$,当 $x \to 0$ 时;

   (4) $\dfrac{x-1}{x^2-1}$,当 $x \to 1$ 时.

3. 求下列极限.

   (1) $\lim\limits_{x \to 2} \dfrac{x^2 - 4}{x^4 + x^2 + 1}$;

   (2) $\lim\limits_{x \to 0} \left(1 - \dfrac{2}{x-3}\right)$;

   (3) $\lim\limits_{x \to 1} \dfrac{x^2 - 1}{2x^2 - x - 1}$;

   (4) $\lim\limits_{x \to 0} \dfrac{4x^3 + 1}{x^2 - 2x + 1}$;

   (5) $\lim\limits_{x \to \infty} \dfrac{\sin x}{x + 1}$;

   (6) $\lim\limits_{x \to \infty} \dfrac{(2x-1)^{30}(3x-2)^{20}}{(2x+1)^{50}}$;

   (7) $\lim\limits_{n \to \infty} \left[\dfrac{1}{1 \times 2} + \dfrac{1}{2 \times 3} + \cdots + \dfrac{1}{n \times (n+1)}\right]$;

   (8) $\lim\limits_{n \to \infty} \left(\dfrac{1 + 2 + \cdots + n}{n + 2} - \dfrac{n}{2}\right)$;

   (9) $\lim\limits_{x \to 1} \dfrac{\sqrt{x} - 1}{x^2 - 3x + 2}$.

4. 若 $\lim\limits_{x \to 3} \dfrac{x^2 - 2x + k}{x - 3} = 4$,求 k 的值.

任务四 掌握重要极限与无穷小比较

一、极限存在准则

计算一个函数的极限,除了可利用极限的定义和运算法则外,还经常要用到本次任务讨论的两个重要极限. 在给出这两个重要极限之前,先引入判断极限存在的两个重要准则.

准则 1(夹逼准则) 设函数 $f(x), g(x), h(x)$ 在 x_0 的某邻域(x_0 可以除外)内满足条件

$$g(x) \leqslant f(x) \leqslant h(x),$$

且有极限

$$\lim_{x \to x_0} g(x) = \lim_{x \to x_0} h(x) = A,$$

则有

$$\lim_{x \to x_0} f(x) = A.$$

上述准则当 $x \to \infty$ 时也成立.

准则 2 单调有界数列必有极限.

二、两个重要极限

1. 重要极限 I $\lim\limits_{x \to 0} \dfrac{\sin x}{x} = 1$

【证】 因为 $\dfrac{\sin(-x)}{-x} = \dfrac{\sin x}{x}$,所以当 x 改变符号时,$\dfrac{\sin x}{x}$ 值不变,故只证 $x \to 0^+$ 的情形.

如图 1-23 所示,在单位圆中,

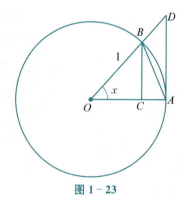

图 1-23

$$\angle AOB = x \left(0 < x < \dfrac{\pi}{2} \right), \quad BC = \sin x, \quad AD = \tan x.$$

因为

$$S_{\triangle AOB} < S_{\text{扇形} AOB} < S_{\triangle AOD},$$

所以

$$\dfrac{1}{2} \sin x < \dfrac{1}{2} x < \dfrac{1}{2} \tan x,$$

即

$$1 < \dfrac{x}{\sin x} < \dfrac{1}{\cos x},$$

故

$$\cos x < \dfrac{\sin x}{x} < 1.$$

由夹逼准则,得

$$\lim_{x \to 0} \frac{\sin x}{x} = 1.$$

利用这一极限公式,可以求一些三角函数式的极限.

例 1 求 $\lim\limits_{x \to 0} \frac{\tan x}{x}$.

【解】 $\lim\limits_{x \to 0} \frac{\tan x}{x} = \lim\limits_{x \to 0} \left(\frac{\sin x}{x} \cdot \frac{1}{\cos x} \right) = \lim\limits_{x \to 0} \frac{\sin x}{x} \cdot \lim\limits_{x \to 0} \frac{1}{\cos x} = 1.$

例 2 求 $\lim\limits_{x \to 0} \frac{\sin 3x}{x}$.

【解】 $\lim\limits_{x \to 0} \frac{\sin 3x}{x} = \lim\limits_{x \to 0} \left(3 \cdot \frac{\sin 3x}{3x} \right) = 3 \lim\limits_{t \to 0} \frac{\sin t}{t} = 3.$

一般地,有 $\lim\limits_{x \to 0} \frac{\sin kx}{x} = k$($k$ 为实数).

例 3 求 $\lim\limits_{x \to 0} \frac{\sin \alpha x}{\beta x}$($\alpha$,$\beta$ 为非零常数).

【解】 $\lim\limits_{x \to 0} \frac{\sin \alpha x}{\beta x} = \lim\limits_{x \to 0} \left(\frac{\alpha}{\beta} \cdot \frac{\sin \alpha x}{\alpha x} \right).$

令 $u = \alpha x$,当 $x \to 0$ 时,$u \to 0$,所以

$$\lim_{x \to 0} \frac{\sin \alpha x}{\beta x} = \lim_{u \to 0} \left(\frac{\alpha}{\beta} \cdot \frac{\sin u}{u} \right) = \frac{\alpha}{\beta}.$$

一般地,若 $\lim\limits_{\substack{x \to 0 \\ (x \to \infty)}} \varphi(x) = 0$,则 $\lim\limits_{\substack{x \to 0 \\ (x \to \infty)}} \frac{\sin[\varphi(x)]}{\varphi(x)} = 1.$

例 4 求 $\lim\limits_{x \to 0} \frac{1 - \cos 2x}{x^2}$.

【解】 $\lim\limits_{x \to 0} \frac{1 - \cos 2x}{x^2} = \lim\limits_{x \to 0} \frac{2\sin^2 x}{x^2} = 2\lim\limits_{x \to 0} \frac{\sin^2 x}{x^2} = 2\left(\lim\limits_{x \to 0} \frac{\sin x}{x} \right)^2 = 2.$

例 5 求 $\lim\limits_{x \to \infty} x \sin \frac{1}{x}$.

【解】 $\lim\limits_{x \to \infty} x \sin \frac{1}{x} = \lim\limits_{x \to \infty} \frac{\sin \frac{1}{x}}{\frac{1}{x}} = 1.$

例 6 求 $\lim\limits_{x \to 0} \frac{\arcsin x}{2x}$.

【解】 令 $\arcsin x = u$,则 $x = \sin u$. 当 $x \to 0$ 时,$u \to 0$,于是,

$$\lim_{x \to 0} \frac{\arcsin x}{2x} = \lim_{u \to 0} \frac{u}{2\sin u} = \frac{1}{2} \lim_{u \to 0} \frac{u}{\sin u} = \frac{1}{2}.$$

为了灵活地使用这一重要极限,可以采用更一般的形式,

$$\lim_{\varphi(x) \to 0} \frac{\sin \varphi(x)}{\varphi(x)} = 1.$$

2. 重要极限 II $\lim\limits_{x\to\infty}\left(1+\dfrac{1}{x}\right)^x = e$

我们先从如何计算 $\lim\limits_{n\to\infty}\left(1+\dfrac{1}{n}\right)^n = e$ 展开研究.

【证】 先证 $\lim\limits_{n\to\infty}\left(1+\dfrac{1}{n}\right)^n$ 的存在性.

设 $u_n = \left(1+\dfrac{1}{n}\right)^n$，由二项式定理，得

$$u_n = \left(1+\dfrac{1}{n}\right)^n = 1+1+\dfrac{n(n-1)}{2!}\cdot\dfrac{1}{n^2}+\cdots+\dfrac{n(n-1)\times\cdots\times 1}{n!}\cdot\dfrac{1}{n^n}$$

$$= 1+1+\dfrac{1}{2!}\left(1-\dfrac{1}{n}\right)+\dfrac{1}{3!}\left(1-\dfrac{1}{n}\right)\left(1-\dfrac{2}{n}\right)+\cdots+\dfrac{1}{n!}\left(1-\dfrac{1}{n}\right)\cdots\left(1-\dfrac{n-1}{n}\right),$$

$$u_{n+1} = 1+1+\dfrac{1}{2!}\left(1-\dfrac{1}{n+1}\right)+\dfrac{1}{3!}\left(1-\dfrac{1}{n+1}\right)\left(1-\dfrac{2}{n+1}\right)+\cdots+\dfrac{1}{n!}\left(1-\dfrac{1}{n+1}\right)\cdots$$

$$\left(1-\dfrac{n-1}{n+1}\right)+\dfrac{1}{(n+1)!}\left(1-\dfrac{1}{n+1}\right)\cdots\left(1-\dfrac{n}{n+1}\right).$$

比较 u_n 和 u_{n+1} 的对应项，可得

$$u_n < u_{n+1}.$$

再证有界性.

$$u_n < 1+1+\dfrac{1}{2!}+\dfrac{1}{3!}+\cdots+\dfrac{1}{n!} < 1+1+\dfrac{1}{2}+\dfrac{1}{2^2}+\cdots+\dfrac{1}{2^{n-1}} < 3,$$

由准则 2 可知 $\lim\limits_{n\to\infty}\left(1+\dfrac{1}{n}\right)^n$ 存在，其值为 2.718 281 828 459 045…，是一个无理数，用 e 表示，即

$$\lim\limits_{n\to\infty}\left(1+\dfrac{1}{n}\right)^n = e.$$

可以证明，当实数 $x\to\infty$ 时，有

$$\lim\limits_{x\to\infty}\left(1+\dfrac{1}{x}\right)^x = e$$

或

$$\lim\limits_{x\to 0}(1+x)^{\frac{1}{x}} = e.$$

例 7 求 $\lim\limits_{x\to\infty}\left(1+\dfrac{3}{x}\right)^x$.

【解】 $\lim\limits_{x\to\infty}\left(1+\dfrac{3}{x}\right)^x = \lim\limits_{x\to\infty}\left[\left(1+\dfrac{1}{\frac{x}{3}}\right)^{\frac{x}{3}}\right]^3 = e^3.$

例 8 求 $\lim\limits_{x\to\infty}\left(1+\dfrac{a}{x}\right)^{bx}$.

【解】 $\lim\limits_{x\to\infty}\left(1+\dfrac{a}{x}\right)^{bx}=\lim\limits_{x\to\infty}\left[\left(1+\dfrac{1}{\frac{x}{a}}\right)^{\frac{x}{a}ab}\right]=e^{ab}.$

为了灵活使用,更一般的形式为
$$\lim_{\varphi(x)\to\infty}\left[1+\dfrac{1}{\varphi(x)}\right]^{\varphi(x)}=e.$$

例9 求 $\lim\limits_{x\to 0}(1-2x)^{\frac{3}{x}}$.

【解】 $\lim\limits_{x\to 0}(1-2x)^{\frac{3}{x}}=\lim\limits_{x\to 0}\{[1+(-2x)]^{\frac{1}{-2x}}\}^{-6}.$

令 $t=-2x$,则当 $x\to 0$ 时,有 $t\to 0$,所以
$$\lim_{x\to 0}(1-2x)^{\frac{3}{x}}=\lim_{t\to 0}[(1+t)^{\frac{1}{t}}]^{-6}=e^{-6}.$$

例10 求 $\lim\limits_{x\to\infty}\left(\dfrac{x+3}{x+1}\right)^x$.

【解】 $\lim\limits_{x\to\infty}\left(\dfrac{x+3}{x+1}\right)^x=\lim\limits_{x\to\infty}\left(1+\dfrac{2}{x+1}\right)^{(x+1)-1}=\lim\limits_{x\to\infty}\left(1+\dfrac{2}{x+1}\right)^{x+1}\left(1+\dfrac{2}{x+1}\right)^{-1}$

$\qquad=\lim\limits_{x\to\infty}\left(1+\dfrac{2}{x+1}\right)^{\frac{x+1}{2}\cdot 2}\cdot\lim\limits_{x\to\infty}\left(1+\dfrac{2}{x+1}\right)^{-1}=e^2.$

三、无穷小的比较

现在已经知道有限个无穷小的和、差、积仍然是无穷小,但是,关于两个无穷小的商却会出现不同的情况.

观察极限
$$\lim_{x\to 0}\dfrac{x^2}{x}=0,\quad \lim_{x\to 0}\dfrac{\sin x}{x}=1,\quad \lim_{x\to 0}\dfrac{3x}{x^2}=\infty,$$

在上述函数中,分子、分母在 $x\to 0$ 时,都是无穷小,但不同分式的极限各不相同,这实际上反映了不同的无穷小趋于 0 的"快慢"程度.下面以 $x\to x_0$ 为例,给出无穷小阶的概念.

定义 设 $\lim\limits_{x\to x_0}\alpha(x)=0$,$\lim\limits_{x\to x_0}\beta(x)=0$,且 $\alpha(x)\neq 0$.

(1) 若 $\lim\limits_{x\to x_0}\dfrac{\beta(x)}{\alpha(x)}=0$,则称 $\beta(x)$ 是比 $\alpha(x)$ 高阶的无穷小,记作 $\beta=o(\alpha)$;

(2) 若 $\lim\limits_{x\to x_0}\dfrac{\beta(x)}{\alpha(x)}=\infty$,则称 $\beta(x)$ 是比 $\alpha(x)$ 低阶的无穷小;

(3) 若 $\lim\limits_{x\to x_0}\dfrac{\beta(x)}{\alpha(x)}=k(k\neq 0)$,则称 $\beta(x)$ 是 $\alpha(x)$ 同阶的无穷小;

(4) 若 $\lim\limits_{x\to x_0}\dfrac{\beta(x)}{\alpha(x)}=1$,则称 $\beta(x)$ 与 $\alpha(x)$ 是等价无穷小,记作 $\beta\sim\alpha$.

例如,当 $x\to 0$ 时,$\sin x\sim x$,$x^2=o(3x)$,$1-\cos x$ 与 x^2 是同阶无穷小.

定理 在自变量的同一变化过程中,设 $\alpha\sim\alpha'$,$\beta\sim\beta'$,且 $\lim\dfrac{\beta'}{\alpha'}$ 存在或为 ∞,则

$$\lim \frac{\beta}{\alpha} = \lim \frac{\beta'}{\alpha'}.$$

【证】 $\lim \dfrac{\beta}{\alpha} = \lim\left(\dfrac{\beta}{\beta'} \cdot \dfrac{\beta'}{\alpha'} \cdot \dfrac{\alpha'}{\alpha}\right) = \lim \dfrac{\beta}{\beta'} \cdot \lim \dfrac{\beta'}{\alpha'} \cdot \lim \dfrac{\alpha'}{\alpha} = \lim \dfrac{\beta'}{\alpha'}.$

定理通常称为无穷小的等价代换,要求记住一些常用的等价无穷小.

当 $x \to 0$ 时,$\sin x \sim x$,$\tan x \sim x$,$1-\cos x \sim \dfrac{1}{2}x^2$,$\sqrt{1+x}-1 \sim \dfrac{1}{2}x$,$\sqrt[n]{1+x}-1 \sim \dfrac{1}{n}x$,$\arcsin x \sim x$,$\arctan x \sim x$,$\ln(1+x) \sim x$,$e^x - 1 \sim x$,$a^x - 1 \sim x\ln a\,(a > 0, a \neq 1).$

例 11 求 $\lim\limits_{x \to 0} \dfrac{\sin 2x}{\tan x}$.

【解】 因为当 $x \to 0$ 时,$\sin 2x \sim 2x$,$\tan x \sim x$,所以

$$\lim_{x \to 0} \frac{\sin 2x}{\tan x} = \lim_{x \to 0} \frac{2x}{x} = 2.$$

例 12 求 $\lim\limits_{x \to 0} \dfrac{1 - \cos x}{x \sin x}$.

【解】 $\lim\limits_{x \to 0} \dfrac{1 - \cos x}{x \sin x} = \lim\limits_{x \to 0} \dfrac{\dfrac{1}{2}x^2}{x^2} = \dfrac{1}{2}.$

例 13 求 $\lim\limits_{x \to 0} \dfrac{(x+2)\sin x}{\arcsin 2x}$.

【解】 由于当 $x \to 0$ 时,$\sin x$ 和 $\arcsin 2x$ 均为无穷小量,且 $\sin x \sim x$,$\arcsin 2x \sim 2x$,因此用等价无穷小代换,得

$$\lim_{x \to 0} \frac{(x+2)\sin x}{\arcsin 2x} = \lim_{x \to 0} \frac{(x+2)x}{2x} = \lim_{x \to 0} \frac{x+2}{2} = 1.$$

例 14 求 $\lim\limits_{x \to 0} \dfrac{\tan x - \sin x}{x^3}$.

【解】 $\lim\limits_{x \to 0} \dfrac{\tan x - \sin x}{x^3} = \lim\limits_{x \to 0} \dfrac{\tan x \cdot (1 - \cos x)}{x^3} = \lim\limits_{x \to 0} \dfrac{x \cdot \dfrac{1}{2}x^2}{x^3} = \dfrac{1}{2}.$

注意:这里对于原式分子中的 $\tan x$,$\sin x$ 不能直接用 x 代换.用等价无穷小代换计算极限时,只能对函数的因子或整体进行无穷小代换,对于代数和中的无穷小,一般情况下不要作等价无穷小代换.

任务训练 1−4

1. 计算下列极限.

(1) $\lim\limits_{x \to 0} \dfrac{\sin 5x^2}{(\tan 2x)^2}$;

(2) $\lim\limits_{x \to 0} \dfrac{1 - \cos x}{x^3 + 2x^2}$;

(3) $\lim\limits_{x \to 0} \dfrac{\sin x}{x^2 + 2x}$;

(4) $\lim\limits_{x \to 0} \dfrac{x - \sin x}{x + \sin x}$;

(5) $\lim\limits_{x\to+\infty} 2^x \sin\dfrac{1}{2^x}$;

(6) $\lim\limits_{x\to 0} \dfrac{\ln^2(1+x)}{1-\cos x}$;

(7) $\lim\limits_{x\to 0}(1+2x)^{\frac{1}{x}}$;

(8) $\lim\limits_{x\to\infty}\left(1+\dfrac{3}{2x}\right)^{-4x}$;

(9) $\lim\limits_{x\to+\infty}\left(\dfrac{x}{x+1}\right)^x$;

(10) $\lim\limits_{x\to\frac{\pi}{2}}(1+\cos x)^{-\sec x}$;

(11) $\lim\limits_{x\to 0}\dfrac{1-\cos 2x}{x\sin x}$.

2. 比较下列两个无穷小.

(1) 当 $x\to 0$ 时，$2x-x^2$ 与 x^2-x^3；

(2) 当 $x\to 1$ 时，$1-x$ 与 $\ln x$.

任务五　理解连续函数

一、函数的连续性

自然界中有许多现象是连续变化的，如气温的变化、植物的生长、金属棒受热时其长度的增长等. 就气温的变化来说，当时间变化很微小时，气温的变化也很微小，这些现象反映在数学上就是函数的连续性.

引例（植物的生长高度）　植物的生长高度 h 是时间 t 的函数 $h(t)$，而且 h 随着 t 的变化而连续变化，事实上，当时间 t 的变化很微小时，植物的生长高度 h 的变化也很微小，即：当 $\Delta t\to 0$ 时，$\Delta h\to 0$.

定义1　设变量 u 从它的初值 u_1 变到终值 u_2，则终值与初值的差 u_2-u_1 称为变量 u 的增量，记作 $\Delta u=u_2-u_1$.

增量 Δu 既可以是正数，也可以是负数.

设函数 $y=f(x)$ 在点 x_0 的某邻域内有定义，当自变量 x 在该邻域内由点 x_0 到 $x_0+\Delta x$ 时，函数 y 相应地从 $f(x_0)$ 变化到 $f(x_0+\Delta x)$，则函数 y 的增量为

$$\Delta y=f(x_0+\Delta x)-f(x_0).$$

这种关系的几何解释如图 1-24 所示，由图 1-24 可以直观地看到：当 $\Delta x\to 0$ 时，$\Delta y\to 0$，这就是函数的连续性.

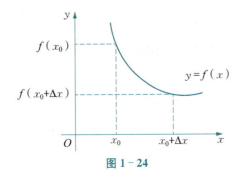

图 1-24

定义2 设函数 $y=f(x)$ 在点 x_0 的某邻域内有定义,若

$$\lim_{\Delta x \to 0}\Delta y=\lim_{\Delta x \to 0}[f(x_0+\Delta x)-f(x_0)]=0,$$

则称函数 $y=f(x)$ 在点 x_0 处连续,x_0 称为 $f(x)$ 的一个连续点.

例1 证明函数 $f(x)=x^2$ 在点 $x_0=1$ 处连续.

【解】 给定 x 的一个增量 Δx,得到函数的增量

$$\Delta y=(1+\Delta x)^2-1^2=2\Delta x+(\Delta x)^2.$$

于是,

$$\lim_{\Delta x \to 0}\Delta y=\lim_{\Delta x \to 0}[2\Delta x+(\Delta x)^2]=0.$$

因此函数 $f(x)=x^2$ 在点 $x_0=1$ 处连续.

在定义中,令 $x=x_0+\Delta x$,则

$$\lim_{x \to x_0}f(x)=f(x_0),$$

于是得到连续性的另一定义.

定义3 设函数 $y=f(x)$ 在点 x_0 的某邻域内有定义,若

$$\lim_{x \to x_0}f(x)=f(x_0),$$

则称函数 $y=f(x)$ 在点 x_0 处连续.

由上述定义可知,如果函数 $y=f(x)$ 在点 x_0 处连续,需满足以下3个条件.

(1) $f(x)$ 在点 x_0 处有定义;

(2) $\lim\limits_{x \to x_0}f(x)$ 存在;

(3) $\lim\limits_{x \to x_0}f(x)=f(x_0)$.

若3个条件中有一个不满足,则函数 $f(x)$ 在点 x_0 处不连续.

定义4 若 $\lim\limits_{x \to x_0^-}f(x)=f(x_0)$,则称函数 $f(x)$ 在点 x_0 处左连续;若 $\lim\limits_{x \to x_0^+}f(x)=f(x_0)$,则称函数 $f(x)$ 在点 x_0 处右连续.

显然,函数 $f(x)$ 在点 x_0 处连续的充分必要条件是 $f(x)$ 在点 x_0 处既左连续又右连续.

若函数 $f(x)$ 在区间 I 内的每一个点都连续,则称函数 $y=f(x)$ 是区间 I 上的连续函数.

对定义在闭区间 $[a,b]$ 上的函数 $f(x)$,若在开区间 (a,b) 内每一个点都连续,且左端点右连续,右端点左连续,则称 $f(x)$ 在闭区间 $[a,b]$ 上连续.

多项式函数 $P(x)=a_0x^n+a_1x^{n-1}+\cdots+a_n$ 和有理分式函数 $f(x)=\dfrac{P(x)}{Q(x)}$,$P(x)$,$Q(x)$ 都是多项式 $[Q(x)\neq 0]$,在其定义域内都是连续函数.

例2 证明 $y=\sin x$ 在 $(-\infty,+\infty)$ 内连续.

【证】 设 x 是 $(-\infty,+\infty)$ 内任意一点,给定 x 的增量 Δx,则

$$\Delta y=\sin(x+\Delta x)-\sin x=2\sin\frac{\Delta x}{2}\cdot\cos\left(x+\frac{\Delta x}{2}\right).$$

由于

$$\left|\cos\left(x+\frac{\Delta x}{2}\right)\right|\leqslant 1,\quad \left|2\sin\frac{\Delta x}{2}\right|\leqslant 2\left|\frac{\Delta x}{2}\right|=|\Delta x|,$$

因此
$$0\leqslant|\Delta y|\leqslant|\Delta x|.$$

由夹逼准则,得
$$\lim_{\Delta x\to 0}\Delta y=0.$$

由 x 的任意性可知,函数 $y=\sin x$ 在 $(-\infty,+\infty)$ 内连续.

例 3 判断函数 $y=\begin{cases}\dfrac{\sin x}{x}, & x\neq 0\\ 1, & x=0\end{cases}$ 在点 $x=0$ 处的连续性.

【解】 因为 $f(x)$ 在点 0 处有定义,且 $f(0)=1$,而 $\lim\limits_{x\to 0}\dfrac{\sin x}{x}=1$,所以 $\lim\limits_{x\to 0}\dfrac{\sin x}{x}=f(0)$. 由定义可知,函数 $y=\begin{cases}\dfrac{\sin x}{x}, & x\neq 0,\\ 1, & x=0\end{cases}$ 在点 $x=0$ 处连续.

二、函数的间断点

定义 5 如果函数 $f(x)$ 在点 x_0 的某邻域内有定义,但在点 x_0 处不连续,则称函数 $f(x)$ 在点 x_0 处间断,点 x_0 称为函数 $f(x)$ 的间断点.

由定义 5 可知,有下列情形之一者必为间断点.
(1) $f(x)$ 在点 x_0 处无定义;
(2) $f(x)$ 在点 x_0 处有定义,但 $\lim\limits_{x\to x_0}f(x)$ 不存在;
(3) $f(x)$ 在点 x_0 处有定义,$\lim\limits_{x\to x_0}f(x)$ 也存在,但 $\lim\limits_{x\to x_0}f(x)\neq f(x_0)$.

例 4 已知 $f(x)=\begin{cases}2x, & x\leqslant 1,\\ x-1, & x>1,\end{cases}$ 判断点 $x=1$ 是不是函数 $f(x)$ 的间断点.

【解】 因为
$$\lim_{x\to 1^-}f(x)=\lim_{x\to 1^-}2x=2,\ \lim_{x\to 1^+}f(x)=\lim_{x\to 1^+}(x-1)=0,$$

即
$$\lim_{x\to 1^-}f(x)\neq\lim_{x\to 1^+}f(x),$$

所以函数在 $x=1$ 处极限不存在,$x=1$ 是函数 $f(x)$ 的间断点. 像这样左极限和右极限都存在但不相等的间断点称为跳跃间断点.

例 5 设 $f(x)=\dfrac{\sin x}{x}$,讨论 $f(x)$ 在点 $x=0$ 处的连续性.

【解】 函数 $f(x)$ 在点 $x=0$ 处无定义,所以 $f(x)$ 在点 $x=0$ 处间断,但
$$\lim_{x\to 0}\frac{\sin x}{x}=1.$$

若补充定义,令 $f(0)=1$,则函数 $f(x)$ 在点 $x=0$ 处连续.像这样极限存在的间断点称为可去间断点.

例 6 指出函数 $f(x)=\dfrac{1}{x-1}$ 的间断点.

【解】 函数 $f(x)=\dfrac{1}{x-1}$ 在点 $x=1$ 处无定义,所以函数在点 $x=1$ 处间断.

通常把间断点分为两类:把左右极限都存在的间断点称为第一类间断点,其余间断点都称为第二类间断点.

三、初等函数的连续性

连续函数有如下定理.

定理 1 设函数 $f(x)$,$g(x)$ 在点 x_0 处连续,则 $f(x) \pm g(x)$,$f(x) \cdot g(x)$,$\dfrac{f(x)}{g(x)}(g(x) \neq 0)$ 在点 x_0 处都连续.

定理 2 设函数 $y=f(x)$ 在某区间 I_x 上单调增加(单调减少)且连续,则其反函数 $x=f^{-1}(y)$ 在相应的区间 I_y 上也单调增加(单调减少).

定理 3 若函数 $u=\varphi(x)$ 在点 x_0 处连续,且 $u_0=\varphi(x_0)$,而 $y=f(u)$ 在对应点 u_0 处连续,则复合函数 $y=f[\varphi(x)]$ 在点 x_0 处连续,即

$$\lim_{x \to x_0} f[\varphi(x)] = f[\lim_{x \to x_0} \varphi(x)].$$

由上述定理可以得出如下结论.
(1) 基本初等函数在其定义域内都是连续函数;
(2) 一切初等函数在其定义区间内都是连续函数.

例 7 求 $\lim\limits_{x \to \sqrt{3}} \dfrac{x^2-3}{x^4+1}$.

【解】 因为函数 $f(x)=\dfrac{x^2-3}{x^4+1}$ 是初等函数,$x=\sqrt{3}$ 属于其定义区间,所以

$$\lim_{x \to \sqrt{3}} \dfrac{x^2-3}{x^4+1} = \dfrac{(\sqrt{3})^2-3}{(\sqrt{3})^4+1} = 0.$$

例 8 求 $\lim\limits_{x \to 0} \dfrac{\ln(1+x)}{x}$.

【解】 $\lim\limits_{x \to 0} \dfrac{\ln(1+x)}{x} = \lim\limits_{x \to 0} \ln(1+x)^{\frac{1}{x}} = \ln \lim\limits_{x \to 0}(1+x)^{\frac{1}{x}} = \ln \mathrm{e} = 1.$

上述结果可写为 $\ln(1+x) \sim x$(当 $x \to 0$ 时).

例 9 求 $\lim\limits_{x \to 0} \dfrac{\mathrm{e}^x-1}{x}$.

【解】 令 $\mathrm{e}^x-1=t$,则 $x=\ln(1+t)$,且当 $x \to 0$ 时 $t \to 0$,得到

$$\lim_{x \to 0} \dfrac{\mathrm{e}^x-1}{x} = \lim_{t \to 0} \dfrac{t}{\ln(1+t)} = \lim_{t \to 0} \dfrac{1}{\ln(1+t)^{\frac{1}{t}}} = \dfrac{1}{\ln \lim\limits_{t \to 0}(1+t)^{\frac{1}{t}}} = \dfrac{1}{\ln \mathrm{e}} = 1.$$

例 10 求 $\lim\limits_{x \to 0}(1+2x)^{\frac{3}{\sin x}}$.

【解】 $\lim\limits_{x \to 0}(1+2x)^{\frac{3}{\sin x}} = \lim\limits_{x \to 0}[(1+2x)^{\frac{1}{2x}}]^{\frac{6x}{\sin x}} = e^{\lim\limits_{x \to 0}\frac{6x}{\sin x}} = e^6$.

四、闭区间上连续函数的性质

1. 最大值和最小值

对于区间 I 上有定义的函数 $f(x)$，若有 $x_0 \in I$，使得对于任意 $x \in I$，都有

$$f(x) \leqslant f(x_0) \text{ 或 } f(x) \geqslant f(x_0),$$

则称 $f(x_0)$ 是函数 $f(x)$ 在区间 I 上的最大值或最小值.

定理 4 在闭区间上连续的函数在该区间上有界，且一定能取得它的最大值和最小值.

如图 1-25 所示，$f(x)$ 在闭区间 $[a,b]$ 上连续，存在 $\xi_1, \xi_2 \in [a,b]$，使得 $f(\xi_1), f(\xi_2)$ 分别在区间 $[a,b]$ 上取得最小值 m 和最大值 M. 若 $K = \max\{|M|, |m|\}$，则

$$|f(x)| \leqslant K.$$

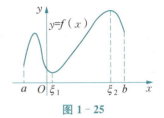

图 1-25

例如，$f(x) = \sin x$ 在 $\left[-\dfrac{\pi}{2}, \dfrac{\pi}{2}\right]$ 上连续，$f\left(-\dfrac{\pi}{2}\right) = -1$ 是函数的最小值，$f\left(\dfrac{\pi}{2}\right) = 1$ 是函数的最大值.

2. 介值定理

若存在 x_0，使得 $f(x_0) = 0$，则称 x_0 是函数 $f(x)$ 的一个零点.

定理 5 （零点定理） 若函数 $f(x)$ 在闭区间 $[a,b]$ 上连续，且 $f(a) \cdot f(b) < 0$，则至少存在一点 $\xi \in (a,b)$，使得

$$f(\xi) = 0.$$

证明略.

从几何上看，定理 5 表示：如果连续曲线 $y = f(x)$ 的两个端点位于 x 轴的两侧，那么这段曲线与 x 轴至少有一个交点.

例 11 证明方程 $x^3 - 4x^2 + 1 = 0$ 在区间 $(0,1)$ 内至少有一个根.

【证】 设函数 $f(x) = x^3 - 4x^2 + 1$，则 $f(x)$ 显然在 $[0,1]$ 上连续，并且端点的函数值为

$$f(0) = 1 > 0,\ f(1) = -2 < 0.$$

由零点定理可知，在 $(0,1)$ 内至少存在一点 ξ，使得 $f(\xi) = 0$，这说明方程 $x^3 - 4x^2 + 1 = 0$ 在 $(0,1)$ 内至少有一个根.

定理 6 （介值定理） 若函数 $f(x)$ 在闭区间 $[a,b]$ 上连续，C 是 $f(x)$ 在 $[a,b]$ 范围的最小值 m 和最大值 M 之间的任何实数，即 $m < C < M$，则在开区间 (a,b) 内，至少有一点 $\xi \in (a,b)$，使得

$$f(\xi) = C.$$

任务训练 1-5

1. 研究下列函数的连续性. 若有间断点, 指出间断点的类型.

   (1) $y = \dfrac{x^2-4}{x^2-9x+14}$;

   (2) $y = \dfrac{\cos x}{x}$;

   (3) $y = \begin{cases} \dfrac{1}{x}\sin x, & x<0, \\ 2, & x=0, \\ x\sin\dfrac{1}{x}, & x>0; \end{cases}$

   (4) $y = \begin{cases} x-3, & x \leqslant 1, \\ 1-x, & x>1. \end{cases}$

2. 设函数
$$f(x) = \begin{cases} 2\cos x + 1, & x \neq 0, \\ 1+a, & x=0, \end{cases}$$
问 a 取何值时, $f(x)$ 在 $(-\infty, +\infty)$ 内连续?

3. 计算下列极限.

   (1) $\lim\limits_{x \to \frac{\pi}{3}} (\sin 2x)^3$;

   (2) $\lim\limits_{x \to e} (x\ln x + 2x)$;

   (3) $\lim\limits_{x \to \frac{\pi}{4}} \dfrac{\sin x - \cos x}{\cos 2x}$;

   (4) $\lim\limits_{x \to 0} \dfrac{\sqrt{1-x}-1}{x}$;

   (5) $\lim\limits_{x \to 0} \dfrac{\sqrt{x+4}-2}{\sin 5x}$;

   (6) $\lim\limits_{x \to +\infty} (\sqrt{x^2+1} - \sqrt{x^2-1})$;

   (7) $\lim\limits_{x \to \infty} e^{\frac{1}{x}}$;

   (8) $\lim\limits_{x \to 2} (3^x + 7x^2 - 8)$.

4. 证明方程 $x^5 + x^2 - 3x = 1$ 在区间 $(1,2)$ 内至少有一个实根.

知识拓展

1. 函数

冯如是我国杰出的科学家, 也是我国第一个飞机制造专家和飞行家. 他出生于农民家庭, 12 岁开始旅美生活. 美国的工业繁荣使他认识到, 中国要富强, 就必须要有先进工业. 他省吃俭用, 大量购买机械学书籍刻苦自学, 并于几年后开始了发明创造. 1904 年, 俄日帝国主义为争夺中国东北三省引发战争, 给中国人民带来深重灾难. 冯如听后立志为祖国制造飞机, 并发誓: "苟无成, 毋宁死." 1906 年, 冯如在美国旧金山向华侨募集了 1 000 美元资金, 与 9 位华侨青年助手开始了飞机的研制工作. 面对一次次失败和各方面阻力, 冯如毅然宣布 "飞机不成、誓不回国". 在伟大理想的激励下, 经过艰苦设计、研究实践, 冯如终于在 1909 年 9 月 21 日驾驶自制的飞机翱翔在奥克兰的上空. 它震惊了西方世界, 在中国航空史上写下了光辉的一页. 之后, 冯如谢绝美国的高薪延聘, 回国创办了飞机制造公司, 致力于祖国的航空事业. 直至 1912 年 8 月 15 日, 他于一次飞机试飞中因故遇难, 年仅 29 岁.

从冯如的事迹中可以看出, 他为实现理想付出了巨大的努力, 而实现理想是一个长期的过程, 需要有持之以恒的恒心、坚韧不拔的毅力、坚定不移的自信心. 在生活中, 理想和事业之间的关系就像函数一样, 坚定理想信念, 一定会有最美的人生函数曲线.

2. 极限

在数列的极限中蕴藏着丰富的辩证思想.若数列$\{x_n\}$的极限为a,数列$\{x_n\}$中的每个x_n都不是a,反映了过程与结果相对立的一面;但取极限的结果又使x_n转化为a,这又反映了过程与结果相统一的一面.由此可见极限是利用有限来认识无限的一种数学方法,同时说明极限是有限与无限的对立统一.每个x_n都是极限a的近似值,一般地,n越大近似程度就越好,但无论n多么大,x_n总是a的近似值,只有当$n\to\infty$时,近似值x_n才转化为a,这体现了近似与精确的对立统一以及量变与质变的对立统一.

项目一模拟题

1. 选择题.

(1) 设 $f\left(x+\dfrac{1}{x}\right)=x^2+\dfrac{1}{x^2}$,则 $f\left(x-\dfrac{1}{x}\right)$ 的值为( ).

A. $x^2+\dfrac{1}{x^2}$ B. x^2-2 C. $x^2+\dfrac{1}{x^2}-4$ D. $x^2+\dfrac{1}{x^2}+4$

(2) 函数 $f(x)=\dfrac{1}{|x|-x}$ 的定义域是( ).

A. $(-\infty,0)$ B. $(0,+\infty)$
C. $(-\infty,0)\cup(0,+\infty)$ D. $(-\infty,+\infty)$

(3) 下列各函数中,( )中的两个函数相同.

A. $y=\dfrac{x\ln(1-x)}{x^2}$ 与 $g=\dfrac{\ln(1-x)}{x}$ B. $y=\ln x^2$ 与 $g=2\ln x$

C. $y=\sqrt{1-\sin^2 x}$ 与 $g=\cos x$ D. $y=\sqrt{x(x-1)}$ 与 $g=\sqrt{x}\sqrt{x-1}$

(4) 下列函数中( )是基本初等函数.

A. $f(x)=2x^2$ B. $f(x)=x^{\sqrt{3}}$

C. $f(x)=\begin{cases}x, & x>0,\\ \sin x, & x\leqslant 0\end{cases}$ D. $f(x)=x+1$

(5) 设函数 $f(x)=\sin x^2$,$\varphi(x)=x^2+1$,则 $f[\varphi(x)]=($).

A. $\sin(x^2+1)^2$ B. $\sin^2(x^2+1)$
C. $\sin(x^2+1)$ D. $\sin^2(x^2)+1$

(6) 极限 $\lim\limits_{x\to 1}\mathrm{e}^{\frac{1}{x-1}}$ 的值为( ).

A. 0 B. $+\infty$ C. 2 D. 不存在且不是无穷大

(7) 下列极限正确的是( ).

A. $\lim\limits_{x\to\infty}\dfrac{\sin x}{x}=1$ B. $\lim\limits_{x\to\infty}(1+x)^{\frac{1}{x}}=\mathrm{e}$ C. $\lim\limits_{x\to\infty}\mathrm{e}^{\frac{1}{x}}=1$ D. $\lim\limits_{x\to 0^+}\mathrm{e}^{\frac{1}{x}}=1$

(8) 设 $f(a-0)=f(a+0)=A$,则 $f(x)$ 在点 $x=a$ 处( ).

A. 有定义 B. $\lim\limits_{x\to a}f(x)=A$ C. 连续 D. $f(a)=A$

(9) 设 $f(x)=\dfrac{\sin x}{|x|}$,则点 $x=0$ 是 $f(x)$ 的( ).

A. 连续点 B. 可去间断点 C. 跳跃间断点 D. 无穷间断点

(10) $\lim\limits_{x\to x_0}f(x)$ 存在是 $f(x)$ 在点 x_0 处连续的( ).

A．必要条件　　　　B．充分条件　　　　C．充要条件　　　　D．无关条件

2. 填空题.

(1) 函数 $y = \sqrt{4-x}\ln(x-1)$ 的定义域为 _____ .

(2) 函数 $y = \sin^2 e^x$ 是由函数 _____ 复合而成的.

(3) 当 $x \to$ _____ 时，$f(x) = \dfrac{x}{x-1}$ 是无穷小.

(4) 设 $f(x) = \begin{cases} \dfrac{a}{1+x^2}, & x \geqslant 1, \\ 3x+1, & x < 1, \end{cases}$ 若函数 $f(x)$ 在点 $x=1$ 处连续，则 $a =$ _____ .

(5) $\lim\limits_{x \to \infty} \dfrac{x+1}{x-1} =$ _____ .

(6) 若函数 $f(x)$ 在闭区间 $[a,b]$ 上连续，且 $f(a)$ 与 $f(b)$ 异号，则存在 $\xi \in (a,b)$，使得 _____ .

3. 判断题.

(1) $\lim\limits_{x \to 1} \dfrac{1-x^2}{x-1} = 2$.　　　　　　　　　　　　　　　　　　　　　　　（　）

(2) 当 $x \to 0$ 时，$1-\cos x$ 与 x^2 是等价无穷小.　　　　　　　　　　　（　）

(3) 函数 $f(x) = \begin{cases} x\sin\dfrac{1}{x}, & x < 0, \\ x+2, & x \geqslant 0 \end{cases}$ 在 $x=0$ 处连续.　　　　　（　）

(4) 函数在一点极限存在，则函数一定连续.　　　　　　　　　　　　　（　）

4. 求下列极限.

(1) $\lim\limits_{x \to -2}(\sqrt{x^2+3x+2}-x)$;　　　　(2) $\lim\limits_{x \to 1} \dfrac{x^2-5x+4}{x^2-3x+2}$;

(3) $\lim\limits_{x \to 0}\left(\dfrac{1}{x} - \dfrac{1}{x^2+x}\right)$;　　　　　　(4) $\lim\limits_{x \to 0} \dfrac{\sin^2 3x}{x^2}$;

(5) $\lim\limits_{x \to 0} \dfrac{\tan 3x}{\sin 5x}$;　　　　　　　　　　(6) $\lim\limits_{x \to 0}(1-3x)^{\frac{2}{x}}$.

项目二

一元函数微分学

知识图谱

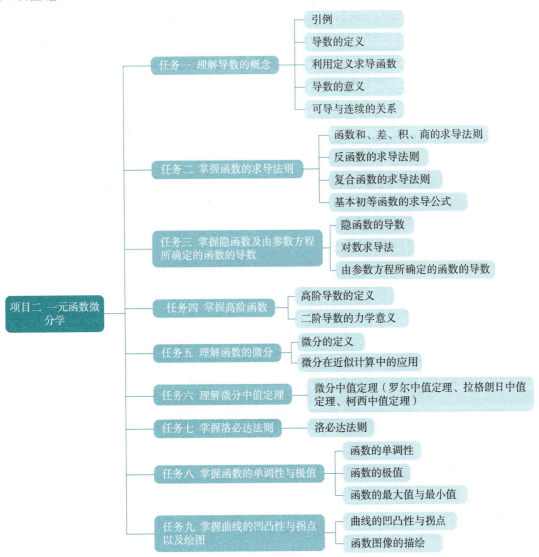

能力与素养

大约在 1629 年,法国数学家费马研究了作曲线的切线和求函数极值的方法.1637 年左右,他写了手稿《求最大值与最小值的方法》.在作切线时,他构造了差分 $f(A+E)-f(A)$,已经有了现在我们所说的导数 $f'(A)$ 的雏形.

17 世纪生产力的发展推动了自然科学和技术的发展,在前人创造性研究的基础上,大数学家牛顿和莱布尼茨等从不同的角度开始系统地研究微积分.牛顿的微积分理论被称为"流数术",他称变量为流量,称变量的变化率为流数,相当于我们所说的导数.牛顿的有关"流数术"的主要著作是《求曲边形面积》《运用无穷多项方程的计算法》和《流数术和无穷级数》.流数理论的实质概括如下:重点在于一个变量的函数而不在于多变量的方程,在于自变量的变化与函数的变化的比的构成,最在于当这个比的变化趋于 0 时的极限.后来,经过达朗贝尔、欧拉、拉格朗日、柯西、魏尔斯特拉斯为代表的众多数学家百年不懈的探索,导数的定义才得以逐步严格化.在导数概念形成中,数学家们孜孜不倦、严谨求真的精神,不断激励着一代又一代的数学学习者.

在学习的过程中,导数是探讨数学以及科学的有效工具,同时为我们生活中的很多问题提供了科学合理的答案.例如,与我们生活密切相关的环境问题,工程造价最少问题,利润最大、用料最省、效率最高等有关优化的问题,都与导数相关.企业的市场发展也需要用到导数的知识.例如,饮料瓶的大小会对公司的利润产生影响,通过对相关数据的分析整理便可求得使公司利润最高的饮料瓶的半径;通过导数对海报进行尺寸设计,还可以使海报四周空白面积最小、实现最佳利用等.

案例 1 火箭发射 t 秒后的高度为 t^2,求火箭发射后 10 秒时的速度.

案例 2 某一机械挂钟,钟摆的周期为 1 秒.在冬季摆长缩短了 0.01 厘米,这只钟每天大约快多少时间?

案例 3 假设 $P(t)$ 代表在时刻 t 某公司的股票价格,请根据以下叙述,判定 $P(t)$ 的一阶、二阶导数的正负号.

(1) 股票价格上升得越来越慢;

(2) 股票价格接近最低点;

(3) 如图 2-1 所示为某种股票某天的价格走势曲线,请说明该股票当天的走势.

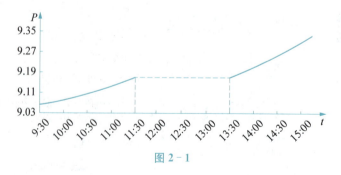

图 2-1

注:本案例的解答详见本书项目二任务九的例 5.

想一想

1. 魏晋时期数学家刘徽利用割圆术,将圆割成 3 072 边形,最终求出圆周率 $\pi \approx 3.1416$ 的结果，我们应该学习古代先贤这种为追求科学、追求真理而努力拼搏的精神．

2. 函数有极大值和最大值，在现实生活中我们是否也在追求人生的"极大值"和"最大值"？想要达到极大值和最大值，我们就需要通过不懈的努力来完成人生的目标．

任务一　理解导数的概念

目前，我国已成为世界上高速铁路系统技术最全、集成能力最强、运营里程最长、运行速度最快、在建规模最大的国家．高铁行驶时的速度是实时变化的，那么如何求出高铁在某一时刻的瞬时速度呢？另外，如何考察高铁过弯道时的安全性呢？这就需要了解导数的含义，进而总结出变速直线运动物体的瞬时速度以及曲线在某一点处的切线斜率的表示方法，运用运动的观点研究事物的本质．

一、引例

引例 1　变速直线运动物体的瞬时速度．

设一质点做变速直线运动，s 表示从某一时刻开始到时刻 t 所经过的路程，则 $s=s(t)$．当时间 t 由 t_0 改变到 $t_0+\Delta t$ 时，质点在 Δt 这一段时间内的平均速度为

$$\bar{v}=\frac{\Delta s}{\Delta t}=\frac{s(t_0+\Delta t)-s(t_0)}{\Delta t}.$$

若极限 $\lim\limits_{\Delta t \to 0}\dfrac{\Delta s}{\Delta t}$ 存在，则称此极限为质点在时刻 t_0 的瞬时速度，即

$$v=\lim_{\Delta t\to 0}\frac{\Delta s}{\Delta t}=\lim_{\Delta t\to 0}\frac{s(t_0+\Delta t)-s(t_0)}{\Delta t}.$$

引例 2　曲线切线的斜率．

设曲线 $y=f(x)$ 的图形如图 2-2 所示，点 $M(x_0,f(x_0))$ 为曲线上一点，在曲线上另取一点 $N(x_0+\Delta x,f(x_0+\Delta x))$，作割线 MN．当 N 沿曲线趋于点 M 时，割线 MN 绕点 M 旋转而趋于极限位置 MT，则直线 MT 称为曲线 $y=f(x)$ 在点 M 处的切线．

MN 的斜率为

$$k_{MN}=\frac{\Delta y}{\Delta x}=\frac{f(x_0+\Delta x)-f(x_0)}{\Delta x}.$$

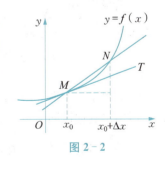

图 2-2

点 N 沿曲线趋于点 M 时，有 $\Delta x \to 0$，上式的极限如果存在，它就是切线的斜率，即

$$k_{MT}=\lim_{\Delta x\to 0}\frac{\Delta y}{\Delta x}=\lim_{\Delta x\to 0}\frac{f(x_0+\Delta x)-f(x_0)}{\Delta x}.$$

二、导数的定义

定义　设函数 $y=f(x)$ 在点 x_0 的某个邻域内有定义．当自变量 x 在 x_0 处取得增量 Δx（点 $x_0+\Delta x$ 仍然在该邻域内）时，相应地，函数 y 取得增量 $\Delta y=f(x_0+\Delta x)-f(x_0)$．若 Δy

与 Δx 之比当 $\Delta x \to 0$ 时的极限存在,则称函数 $y=f(x)$ 在点 x_0 处可导,其极限值称为函数 $y=f(x)$ 在点 x_0 处的导数,记作 $f'(x_0)$,即

$$f'(x_0) = \lim_{\Delta x \to 0} \frac{\Delta y}{\Delta x} = \lim_{\Delta x \to 0} \frac{f(x_0 + \Delta x) - f(x_0)}{\Delta x}.$$

$f'(x_0)$ 也可以记作 $y'\big|_{x=x_0}$,$\dfrac{\mathrm{d}y}{\mathrm{d}x}\big|_{x=x_0}$,$\dfrac{\mathrm{d}f(x)}{\mathrm{d}x}\big|_{x=x_0}$.

令 $x = x_0 + \Delta x$,则 $\Delta x \to 0$ 等价于 $x \to x_0$,于是导数又可以表示为

$$f'(x_0) = \lim_{x \to x_0} \frac{f(x) - f(x_0)}{x - x_0}.$$

若极限 $\lim\limits_{\Delta x \to 0} \dfrac{\Delta y}{\Delta x} = \lim\limits_{\Delta x \to 0} \dfrac{f(x_0 + \Delta x) - f(x_0)}{\Delta x}$ 不存在,则称函数 $y=f(x)$ 在点 x_0 处不可导.

如果函数 $y=f(x)$ 在开区间 I 内每一点都可导,则称函数 $y=f(x)$ 在区间 I 内可导,相应地得到函数的导函数(简称导数),记作

$$y',\ f'(x),\ \frac{\mathrm{d}y}{\mathrm{d}x},\ \frac{\mathrm{d}f(x)}{\mathrm{d}x}.$$

导函数的定义为

$$f'(x) = \lim_{\Delta x \to 0} \frac{f(x + \Delta x) - f(x)}{\Delta x}.$$

在点 x_0 处的导数 $f'(x_0)$ 可以看成导函数 $f'(x)$ 在 x_0 处的函数值.

若极限 $\lim\limits_{\Delta x \to 0^-} \dfrac{\Delta y}{\Delta x} = \lim\limits_{\Delta x \to 0^-} \dfrac{f(x_0 + \Delta x) - f(x_0)}{\Delta x} = \lim\limits_{x \to x_0^-} \dfrac{f(x) - f(x_0)}{x - x_0}$ 存在,则称此极限值为函数 $y=f(x)$ 在点 x_0 处的左导数,记作 $f'_-(x_0)$.

若极限 $\lim\limits_{\Delta x \to 0^+} \dfrac{\Delta y}{\Delta x} = \lim\limits_{\Delta x \to 0^+} \dfrac{f(x_0 + \Delta x) - f(x_0)}{\Delta x} = \lim\limits_{x \to x_0^+} \dfrac{f(x) - f(x_0)}{x - x_0}$ 存在,则称此极限值为函数 $y=f(x)$ 在点 x_0 处的右导数,记作 $f'_+(x_0)$.

函数 $y=f(x)$ 在点 x_0 处可导的充分必要条件是 $f(x)$ 在点 x_0 处的左、右导数都存在且相等.

如果 $f(x)$ 在 (a,b) 内可导,又 $f'_+(a)$,$f'_-(b)$ 存在,则称 $f(x)$ 在 $[a,b]$ 上可导. 类似地,可以给出其他区间上可导的定义.

三、利用定义求导函数

根据导数定义,求导数可以分为以下 3 步.

(1) 求增量,$\Delta y = f(x + \Delta x) - f(x)$;

(2) 算比值,$\dfrac{\Delta y}{\Delta x} = \dfrac{f(x + \Delta x) - f(x)}{\Delta x}$;

(3) 取极限,$\lim\limits_{\Delta x \to 0} \dfrac{\Delta y}{\Delta x} = \lim\limits_{\Delta x \to 0} \dfrac{f(x + \Delta x) - f(x)}{\Delta x}$.

例1 求函数 $f(x) = C$(C 为常数)的导数.

【解】 $\Delta y = f(x + \Delta x) - f(x) = C - C = 0$.

$$\frac{\Delta y}{\Delta x} = 0, \lim_{\Delta x \to 0} \frac{\Delta y}{\Delta x} = 0, \text{即 } C' = 0.$$

例2 设 $f(x) = x^2$,求 $f'(x)$, $f'(3)$.

【解】 $\Delta y = f(x+\Delta x) - f(x) = (x+\Delta x)^2 - x^2 = 2x\Delta x + (\Delta x)^2$,有

$$\frac{\Delta y}{\Delta x} = \frac{2x\Delta x + (\Delta x)^2}{\Delta x} = 2x + \Delta x,$$

$$\lim_{\Delta x \to 0} \frac{\Delta y}{\Delta x} = \lim_{\Delta x \to 0} (2x + \Delta x) = 2x,$$

即 $f'(x) = 2x$. 于是 $f'(3) = 2 \times 3 = 6$.

例3 设 $f(x) = x^n (n \in \mathbf{N})$,求 $f'(x)$.

【解】 $\Delta y = (x+\Delta x)^n - x^n$
$= C_n^0 x^n + C_n^1 x^{n-1} \Delta x + C_n^2 x^{n-2} (\Delta x)^2 + \cdots + C_n^n (\Delta x)^n - x^n$
$= C_n^1 x^{n-1} \Delta x + C_n^2 x^{n-2} (\Delta x)^2 + \cdots + (\Delta x)^n.$

$$\frac{\Delta y}{\Delta x} = C_n^1 x^{n-1} + C_n^2 x^{n-2} \Delta x + \cdots + (\Delta x)^{n-1},$$

$$f'(x) = \lim_{\Delta x \to 0} \frac{\Delta y}{\Delta x} = C_n^1 x^{n-1} = nx^{n-1},$$

即 $(x^n)' = nx^{n-1}$.

一般地,对于幂函数 $f(x) = x^\mu$ (μ 为常数,$\mu \in \mathbf{R}$),有

$$(x^\mu)' = \mu x^{\mu-1},$$

这就是幂函数的导数公式.

例如,当 $\mu = \frac{1}{2}$ 时,$(x^{\frac{1}{2}})' = \frac{1}{2} x^{\frac{1}{2}-1} = \frac{1}{2} x^{-\frac{1}{2}} = \frac{1}{2\sqrt{x}}$,即 $(\sqrt{x})' = \frac{1}{2\sqrt{x}}$.

当 $\mu = -1$ 时,$(x^{-1})' = -x^{-1-1} = -x^{-2}$,即 $\left(\frac{1}{x}\right)' = -\frac{1}{x^2}$.

例4 设 $f(x) = \sin x$,求 $f'(x)$, $f'\left(\frac{\pi}{3}\right)$.

【解】 $\Delta y = \sin(x+\Delta x) - \sin x = 2\cos\left(x + \frac{\Delta x}{2}\right) \sin \frac{\Delta x}{2}.$

$$\frac{\Delta y}{\Delta x} = \frac{\sin \frac{\Delta x}{2}}{\frac{\Delta x}{2}} \cdot \cos\left(x + \frac{\Delta x}{2}\right),$$

$$f'(x) = \lim_{\Delta x \to 0} \frac{\Delta y}{\Delta x} = \lim_{\Delta x \to 0} \left[\frac{\sin \frac{\Delta x}{2}}{\frac{\Delta x}{2}} \cdot \cos\left(x + \frac{\Delta x}{2}\right)\right] = \cos x,$$

即 $(\sin x)' = \cos x$. 于是

$$f'\left(\frac{\pi}{3}\right) = (\sin x)'\Big|_{x=\frac{\pi}{3}} = \cos\frac{\pi}{3} = \frac{1}{2}.$$

类似地,有 $(\cos x)' = -\sin x$.

例 5 求 $f(x) = a^x$ 的导数.

【解】 $\Delta y = a^{x+\Delta x} - a^x = a^x(a^{\Delta x} - 1)$. 令 $a^{\Delta x} - 1 = t$, 则 $\Delta x = \log_a(1+t)$, $\Delta x \to 0$, $t \to 0$, 于是

$$\frac{\Delta y}{\Delta x} = \frac{a^x(a^{\Delta x}-1)}{\Delta x} = a^x \cdot \frac{t}{\log_a(1+t)},$$

$$\lim_{\Delta x \to 0}\frac{\Delta y}{\Delta x} = \lim_{t \to 0}\left[a^x \cdot \frac{t}{\log_a(1+t)}\right] = a^x \cdot \lim_{t \to 0}\frac{1}{\log_a(1+t)^{\frac{1}{t}}}$$

$$= \frac{a^x}{\lim\limits_{t \to 0}\log_a(1+t)^{\frac{1}{t}}} = \frac{a^x}{\log_a e} = a^x \ln a,$$

即 $(a^x)' = a^x \ln a$.

特别地,有 $(e^x)' = e^x$.

类似地,可以求出对数函数的导数 $(\log_a x)' = \dfrac{1}{x \ln a}$. 特别地,有 $(\ln x)' = \dfrac{1}{x}$.

例 6 讨论函数 $f(x) = |x| = \begin{cases} x, & x \geq 0, \\ -x, & x < 0 \end{cases}$ 在 $x = 0$ 处的可导性.

【解】 由于 $f(x)$ 在 $x=0$ 的左、右两侧的表达式不同, $f(x)$ 在 $x=0$ 的可导性要用左、右导数的定义讨论.

$$f'_-(0) = \lim_{x \to 0^-}\frac{f(x)-f(0)}{x-0} = \lim_{\Delta x \to 0^-}\frac{-x}{x} = -1,$$

$$f'_+(0) = \lim_{x \to 0^+}\frac{f(x)-f(0)}{x-0} = \lim_{x \to 0^+}\frac{x}{x} = 1,$$

$f(x)$ 在 $x=0$ 处的左、右导数不相等,所以 $f(x)$ 在 $x=0$ 处不可导.

四、导数的意义

在实际中需要讨论各种具有不同意义的变量变化"快慢"的问题,在数学中就是所谓函数变化率的问题.

从纯粹的数量方面分析, $\dfrac{\Delta y}{\Delta x}$ 是因变量 y 在以 x 与 $x + \Delta x$ 为端点的区间上的平均变化率,导数 y' 则是因变量在 x 处的变化率. 因此,函数导数的意义是因变量关于自变量的变化率,它反映的是函数变化的快慢程度. 应用领域不同,导数的具体意义不同.

1. 导数的几何意义

函数 $f(x)$ 在 x_0 处的导数 $f'(x_0)$ 在几何上表示曲线 $y = f(x)$ 在点 $M(x_0, f(x_0))$ 处的切线斜率.

当 $f'(x_0) \neq 0$ 时,曲线在点 M 处的切线方程为

$$y - f(x_0) = f'(x_0)(x - x_0),$$

曲线在点 M 处的法线方程为

$$y - f(x_0) = -\frac{1}{f'(x_0)}(x - x_0).$$

当 $f'(x_0) = 0$ 时,切线方程为 $y = f(x_0)$,法线方程为 $x = x_0$.

当 $f'(x_0) = \infty$ 时,切线方程为 $x = x_0$,法线方程为 $y = f(x_0)$.

例 7 求抛物线 $y = x^2$ 在点 $(2, 4)$ 处的切线方程和法线方程.

【解】 $y' = 2x$,所以曲线在 $(2, 4)$ 处的切线斜率为

$$k = y'|_{x=2} = 4,$$

从而切线方程为

$$y - 4 = 4(x - 2),$$

即

$$4x - y - 4 = 0.$$

法线方程为

$$y - 4 = -\frac{1}{4}(x - 2),$$

即

$$x + 4y - 18 = 0.$$

例 8 求曲线 $y = \frac{1}{x}$ 在点 $(1, 1)$ 处的切线方程和法线方程.

【解】 $y' = -\frac{1}{x^2}$,所以曲线在 $(1, 1)$ 处的切线斜率为

$$k = y'|_{x=1} = -1,$$

从而切线方程为

$$y - 1 = -(x - 1),$$

即

$$x + y - 2 = 0.$$

法线方程为

$$y - 1 = x - 1,$$

即

$$x - y = 0.$$

2. 导数的力学意义

引例 1 中路程函数 $s(t)$ 的导数 $s'(t)$ 是指路程函数 $s(t)$ 关于时间 t 的变化率,即速度 $v(t)$,所以有 $s'(t) = v(t)$.

例 9 火箭发射 t 秒后的高度为 t^2,求火箭发射后 10 秒时的速度.(项目二案例 1 的解答)

【解】 $v(t) = s'(t) = 2t$,可知火箭发射后 10 秒时的速度为

$$v(10) = 2 \times 10 = 20.$$

五、可导与连续的关系

定理 若函数 $f(x)$ 在点 x_0 处可导,则 $f(x)$ 在点 x_0 处一定连续.

【证】 因为 $f(x)$ 在点 x_0 处可导,所以

$$\lim_{\Delta x \to 0} \frac{\Delta y}{\Delta x} = f'(x_0),$$

$$\frac{\Delta y}{\Delta x} = f'(x_0) + \alpha,$$

其中,$\alpha \to 0 (\Delta x \to 0)$,于是

$$\Delta y = f'(x_0) \Delta x + \alpha \Delta x.$$

当 $\Delta x \to 0$ 时,有 $\Delta y \to 0$,即 $f(x)$ 在点 x_0 处一定连续.

此定理的逆定理不成立,即:若函数 $f(x)$ 在点 x_0 处连续,但在点 x_0 处不一定可导. 例如,在例 6 中,$f(x) = |x|$ 在 $x=0$ 处连续,但在 $x=0$ 处不可导.

任务训练 2-1

1. 设 $f(x) = 1 - 2x^2$,试按照定义求 $f'(-1)$.
2. 求曲线 $y = e^x$ 在点 $(0, 1)$ 处的切线方程和法线方程.
3. 求下列函数的导数.

    (1) $y = x^4$;   (2) $y = \sqrt[3]{x^2}$;

    (3) $y = x^{1.6}$;   (4) $y = \dfrac{1}{\sqrt{x}}$;

    (5) $y = \dfrac{1}{x^2}$;   (6) $y = \dfrac{x^2 \cdot \sqrt[3]{x^2}}{\sqrt{x^5}}$.

4. 设函数 $f(x) = \begin{cases} x^2, & x \leqslant 1, \\ ax + b, & x > 1, \end{cases}$ 若函数 $f(x)$ 在点 $x = 1$ 处可导,a, b 应取何值?

5. 讨论下列函数在 $x = 0$ 处的连续性和可导性.

    (1) $y = |\sin x|$;   (2) $f(x) = \begin{cases} \ln(x+1), & -1 < x \leqslant 0, \\ \sqrt{1+x} - \sqrt{1-x}, & 0 < x < 1. \end{cases}$

6. 设一物体的运动方程为 $s = t + t^2$,求物体在 $t = 2$ 时的运动速度.

任务二 掌握函数的求导法则

一般情况下,直接用导数的定义求函数的导数是极为复杂和困难的. 本任务给出导数的四则运算法则和复合函数的求导法则,利用求导法则就能比较方便地求出初等函数的导数.

一、函数和、差、积、商的求导法则

定理1 设函数 $u=u(x)$，$v=v(x)$ 都在点 x 处可导，那么 $u\pm v$，uv，$\dfrac{u}{v}(v\neq 0)$ 都在点 x 处可导，且

(1) $(u\pm v)'=u'\pm v'$；

(2) $(uv)'=u'v+uv'$；

(3) $(Cu)'=Cu'$（C 是常数）；

(4) $\left(\dfrac{u}{v}\right)'=\dfrac{u'v-uv'}{v^2}$.

【证】 仅给出法则(2)的证明，其他类似.

设 $f(x)=u(x)v(x)$，给定自变量 x 的增量 Δx，有

$$f'(x)=\lim_{\Delta x\to 0}\frac{f(x+\Delta x)-f(x)}{\Delta x}=\lim_{\Delta x\to 0}\frac{u(x+\Delta x)v(x+\Delta x)-u(x)v(x)}{\Delta x}$$

$$=\lim_{\Delta x\to 0}\frac{(u+\Delta u)(v+\Delta v)-uv}{\Delta x}=\lim_{\Delta x\to 0}\left(v\,\frac{\Delta u}{\Delta x}+u\,\frac{\Delta v}{\Delta x}+\Delta u\,\frac{\Delta v}{\Delta x}\right)$$

$$=u'(x)v(x)+u(x)v'(x).$$

定理1中的和、差、积求导法则可以推广到有限个函数的情形，并可以简记如下：

$$(u\pm v\pm w)'=u'\pm v'\pm w',$$
$$(uvw)'=u'vw+uv'w+uvw'.$$

例1 设 $y=x^4+\sin x-5$，求 y'.

【解】 $y'=(x^4)'+(\sin x)'-(5)'=4x^3+\cos x.$

例2 设 $y=x^3\sin x+3\cos x+\ln 3$，求 y'.

【解】 $y'=(x^3\sin x)'+(3\cos x)'+(\ln 3)'$
$=(x^3)'\sin x+x^3(\sin x)'+3(\cos x)'+0$
$=3x^2\sin x+x^3\cos x-3\sin x.$

例3 设 $y=(x-x^3)\ln x$，求 y'.

【解】 $y'=(x-x^3)'\ln x+(x-x^3)(\ln x)'$
$=(1-3x^2)\ln x+(x-x^3)\dfrac{1}{x}$
$=(1-3x^2)\ln x+1-x^2.$

例4 设 $y=\tan x$，求 y'.

【解】 $y'=\left(\dfrac{\sin x}{\cos x}\right)'=\dfrac{(\sin x)'\cos x-\sin x(\cos x)'}{\cos^2 x}=\dfrac{1}{\cos^2 x}=\sec^2 x$，即

$$(\tan x)'=\sec^2 x.$$

类似地，有

$$(\cot x)'=-\csc^2 x,$$
$$(\sec x)'=\sec x\tan x,$$
$$(\csc x)'=-\csc x\cot x.$$

例 5 设 $f(x) = \dfrac{\cos 2x}{\cos x - \sin x}$，求 $f'\left(\dfrac{\pi}{2}\right)$.

【解】 $f(x) = \dfrac{\cos 2x}{\cos x - \sin x} = \dfrac{\cos^2 x - \sin^2 x}{\cos x - \sin x} = \cos x + \sin x$，则

$$f'(x) = -\sin x + \cos x,$$

$$f'\left(\dfrac{\pi}{2}\right) = -\sin\dfrac{\pi}{2} + \cos\dfrac{\pi}{2} = -1.$$

二、反函数的求导法则

定理 2 若函数 $x = f(y)$ 在区间 I_y 内单调、可导，且 $f'(y) \neq 0$，则它的反函数 $y = f^{-1}(x)$ 在相应的区间 $I_x = \{x \mid x = f(y), y \in I_y\}$ 内也单调、可导，且

$$[f^{-1}(x)]' = \dfrac{1}{f'(y)} \quad 或 \quad \dfrac{\mathrm{d}y}{\mathrm{d}x} = \dfrac{1}{\dfrac{\mathrm{d}x}{\mathrm{d}y}}.$$

【证】 任取 $x \in I_x$，给 x 以增量 Δx. 由 $y = f^{-1}(x)$ 的单调性，有

$$\Delta y = f^{-1}(x + \Delta x) - f^{-1}(x) \neq 0.$$

又由连续性知，当 $\Delta x \to 0$ 时，$\Delta y \to 0$，于是

$$\lim_{\Delta x \to 0} \dfrac{\Delta y}{\Delta x} = \lim_{\Delta y \to 0} \dfrac{1}{\dfrac{\Delta x}{\Delta y}} = \dfrac{1}{f'(y)} \quad [f'(y) \neq 0]$$

存在. 所以，反函数 $y = f^{-1}(x)$ 在 x 处可导. 由 x 的任意性可得，$y = f^{-1}(x)$ 在 I_x 内可导，且

$$[f^{-1}(x)]' = \dfrac{1}{f'(y)}.$$

例 6 设 $y = \arcsin x$，求 y'.

【解】 $y = \arcsin x$ 是 $x = \sin y$，$y \in \left(-\dfrac{\pi}{2}, \dfrac{\pi}{2}\right)$ 的反函数，且满足定理 2 中的条件，故

$$y' = \dfrac{1}{(\sin y)'} = \dfrac{1}{\cos y} = \dfrac{1}{\sqrt{1 - \sin^2 y}} = \dfrac{1}{\sqrt{1 - x^2}},$$

即

$$(\arcsin x)' = \dfrac{1}{\sqrt{1 - x^2}}.$$

类似地，可以求出下列导数公式：

$$(\arccos x)' = -\dfrac{1}{\sqrt{1 - x^2}},$$

$$(\arctan x)' = \dfrac{1}{1 + x^2},$$

$$(\operatorname{arccot} x)' = -\dfrac{1}{1 + x^2}.$$

三、复合函数的求导法则

定理3 设函数 $u=g(x)$ 在点 x 处可导,函数 $y=f(u)$ 在点 u 处可导,则复合函数 $y=f[g(x)]$ 在点 x 处可导,且其导数为

$$\frac{dy}{dx}=f'(u)\cdot g'(x) \text{ 或 } \frac{dy}{dx}=\frac{dy}{du}\cdot\frac{du}{dx}.$$

【证】 给自变量 x 以增量 Δx,中间变量 u 相应得到增量 Δu. 由于

$$f'(u)=\lim_{\Delta u\to 0}\frac{\Delta y}{\Delta u},$$

从而

$$\frac{\Delta y}{\Delta u}=f'(u)+\alpha, \alpha\to 0(\Delta u\to 0).$$

当 $\Delta x\neq 0$ 时,若 $\Delta u\neq 0$,有 $\Delta y=f'(u)\Delta u+\alpha\Delta u$;若 $\Delta u=0$,规定此时 $\alpha=0$,仍然有 $\Delta y=f'(u)\Delta u+\alpha\Delta u$. 于是

$$\frac{\Delta y}{\Delta x}=f'(u)\frac{\Delta u}{\Delta x}+\alpha\frac{\Delta u}{\Delta x}.$$

又由于 $u=g(x)$ 在点 x 处可导必连续,当 $\Delta x\to 0$ 时,$\Delta u\to 0$,从而 $\alpha\to 0$. 所以

$$\frac{dy}{dx}=\lim_{\Delta x\to 0}\frac{\Delta y}{\Delta x}=f'(u)\lim_{\Delta x\to 0}\frac{\Delta u}{\Delta x}=f'(u)g'(x).$$

复合函数的求导法则可以推广到有限个函数复合的情形. 若 $y=f(u)$,$u=g(v)$,$v=h(x)$ 都在相应点可导,则复合函数 $y=f\{g[h(x)]\}$ 在点 x 处可导,且

$$\frac{dy}{dx}=\frac{dy}{du}\cdot\frac{du}{dv}\cdot\frac{dv}{dx}.$$

例7 设 $y=\ln\sin x$,求 y'.

【解】 $y=\ln\sin x$ 是由 $y=\ln u$ 和 $u=\sin x$ 复合而成的,则

$$y'=(\ln u)'(\sin x)'=\frac{1}{u}\cdot\cos x=\frac{\cos x}{\sin x}=\cot x.$$

例8 设 $y=\cos(3-2\sqrt{x})$,求 $\frac{dy}{dx}$.

【解】 $y=\cos(3-2\sqrt{x})$ 是由 $y=\cos u$ 和 $u=3-2\sqrt{x}$ 复合而成的,则

$$\frac{dy}{dx}=\frac{dy}{du}\cdot\frac{du}{dx}=-\sin u\cdot\left(-2\frac{1}{2\sqrt{x}}\right)=\frac{1}{\sqrt{x}}\sin(3-2\sqrt{x}).$$

熟练之后在计算时可以不写出中间变量,直接写出结果.

例9 设 $y=\sin\dfrac{2x}{1+x^2}$,求 y'.

【解】 $y' = \cos\dfrac{2x}{1+x^2} \cdot \left(\dfrac{2x}{1+x^2}\right)' = \cos\dfrac{2x}{1+x^2} \cdot \dfrac{2(1+x^2)-2x \cdot 2x}{(1+x^2)^2}$

$= \dfrac{2(1-x^2)}{(1+x^2)^2}\cos\dfrac{2x}{1+x^2}.$

例 10 设 $y = \sqrt{2-x^3}$,求 y'.

【解】 $y' = \dfrac{1}{2\sqrt{2-x^3}} \cdot (2-x^3)' = \dfrac{-3x^2}{2\sqrt{2-x^3}}.$

例 11 设 $y = \left(\arctan\dfrac{x}{2}\right)^2$,求 y'.

【解】 $y' = 2\arctan\dfrac{x}{2} \cdot \left(\arctan\dfrac{x}{2}\right)' = 2\arctan\dfrac{x}{2} \cdot \dfrac{1}{1+\left(\dfrac{x}{2}\right)^2}\left(\dfrac{x}{2}\right)'$

$= \dfrac{4}{4+x^2}\arctan\dfrac{x}{2}.$

例 12 设 $y = e^{\sin\frac{1}{x}}$,求 y'.

【解】 $y' = e^{\sin\frac{1}{x}} = e^{\sin\frac{1}{x}}\left(\sin\dfrac{1}{x}\right)' = e^{\sin\frac{1}{x}}\left(\cos\dfrac{1}{x}\right)\left(\dfrac{1}{x}\right)'$

$= e^{\sin\frac{1}{x}}\cos\dfrac{1}{x}\left(-\dfrac{1}{x^2}\right) = -\dfrac{1}{x^2}e^{\sin\frac{1}{x}}\cos\dfrac{1}{x}.$

例 13 设 $y = \cos^3(2x)$,求 y'.

【解】 $y' = 3\cos^2(2x) \cdot [\cos(2x)]' = 3\cos^2(2x) \cdot [-\sin(2x)] \cdot (2x)'$

$= 3\cos^2(2x) \cdot [-\sin(2x)] \cdot 2 = -6\sin(2x)\cos^2(2x).$

例 14 设 $y = f(\cos^2 x)$,$f(u)$ 可导,求 $\dfrac{dy}{dx}$.

【解】 $\dfrac{dy}{dx} = f'(\cos^2 x)(\cos^2 x)' = f'(\cos^2 x)2\cos x(\cos x)'$

$= f'(\cos^2 x)2\cos x(-\sin x) = -\sin 2x f'(\cos^2 x).$

可以证明,可导的偶(奇)函数的导函数是奇(偶)函数.

例 15 设 $y = \dfrac{\tan 2x}{\sqrt{x}}$,求 y'.

【解】 $y' = \dfrac{(\tan 2x)'\sqrt{x} - \tan 2x(\sqrt{x})'}{(\sqrt{x})^2} = \dfrac{2\sqrt{x}\sec^2 2x - \tan 2x \dfrac{1}{2\sqrt{x}}}{x}$

$= \dfrac{4x\sec^2 2x - \tan 2x}{2x\sqrt{x}}.$

例 16 设 $y = \ln\dfrac{x+2}{\sqrt{x^2+3}}$,求 y'.

【解】 $y = \ln\dfrac{x+2}{\sqrt{x^2+3}} = \ln(x+2) - \dfrac{1}{2}\ln(x^2+3),$

$$y' = \frac{1}{x+2} - \frac{1}{2} \times \frac{2x}{x^2+3} = \frac{1}{x+2} - \frac{x}{x^2+3}.$$

例 17 设 $y = \ln(x + \sqrt{1+x^2})$,求 y'.

【解】
$$y' = \frac{1}{x+\sqrt{1+x^2}}(x+\sqrt{1+x^2})' = \frac{1}{x+\sqrt{1+x^2}}\left(1 + \frac{1}{2\sqrt{1+x^2}} \cdot 2x\right)$$
$$= \frac{1}{x+\sqrt{1+x^2}} \cdot \frac{x+\sqrt{1+x^2}}{\sqrt{1+x^2}} = \frac{1}{\sqrt{1+x^2}}.$$

例 18 某汽车公司生产一种小型的汽车配件.假设市场上对此配件的商品需求量为 Q,销售的价格为 P.由多年的经营实践得知,此配件的需求量 Q 与价格 P 之间的关系近似为

$$Q = \frac{10\,000}{(0.5P+1)^2} + e^{-0.1P^2}.$$

如果该配件的价格按每年 5% 的比例均匀增长,现在销售价格为 1.00 元/件,问此时需求量将如何变化?

【解】 因为需求量 Q 随价格 P 的变化而变化,而价格 P 又随时间 t 的变化而变化,所以 Q 是时间 t 的复合函数.由题意可知 $P'(t) = 0.05P$.由复合函数的求导法则知

$$\frac{dQ}{dt} = \frac{dQ}{dP} \cdot \frac{dP}{dt} = \left[\frac{10\,000}{(0.5P+1)^2} + e^{-0.1P^2}\right]' \cdot 0.05P$$
$$= \left[-\frac{10\,000}{(0.5P+1)^3} - 0.2Pe^{-0.1P^2}\right] \cdot 0.05P.$$

将 $P = 1.00$ 代入,得

$$\left.\frac{dQ}{dt}\right|_{P=1.00} = \left\{\left[-\frac{10\,000}{(0.5P+1)^3} - 0.2Pe^{-0.1P^2}\right] \cdot 0.05P\right\}\bigg|_{P=1.00} \approx -148.2.$$

即该配件的需求量减少的速率约为 148.2 个单位.

四、基本初等函数的求导公式

前面推导了所有基本初等函数的导数公式,以及函数和、差、积、商的求导法则与复合函数的求导法则,从而解决了初等函数的求导问题.如表 2-1、表 2-2 所示,基本初等函数的导数公式和各种求导法则是初等函数求导运算的基础.

表 2-1

(1)	$C' = 0$	(2)	$(x^\mu)' = \mu x^{\mu-1}$
(3)	$(a^x)' = a^x \ln a$	(4)	$(e^x)' = e^x$
(5)	$(\log_a x)' = \dfrac{1}{x \ln a}$	(6)	$(\ln x)' = \dfrac{1}{x}$
(7)	$(\sin x)' = \cos x$	(8)	$(\cos x)' = -\sin x$

续表

(9)	$(\tan x)' = \sec^2 x$	(10)	$(\cot x)' = -\csc^2 x$
(11)	$(\sec x)' = \sec x \tan x$	(12)	$(\csc x)' = -\csc x \cot x$
(13)	$(\arcsin x)' = \dfrac{1}{\sqrt{1-x^2}}$	(14)	$(\arccos x)' = -\dfrac{1}{\sqrt{1-x^2}}$
(15)	$(\arctan x)' = \dfrac{1}{1+x^2}$	(16)	$(\text{arccot}\, x)' = -\dfrac{1}{1+x^2}$

表 2-2

(1)	$(u \pm v)' = u' \pm v'$ [其中,$u = u(x)$,$v = v(x)$,以下相同]
(2)	$(uv)' = u'v + uv'$,$(Cu)' = Cu'$(C 是常数)
(3)	$\left(\dfrac{u}{v}\right)' = \dfrac{u'v - uv'}{v^2}$ ($v \neq 0$)
(4)	设 $y = f(u)$,$u = g(x)$,则复合函数 $y = f[g(x)]$ 的求导法则为 $y'_x = y'_u \cdot u'_x$ 或 $\dfrac{\mathrm{d}y}{\mathrm{d}x} = \dfrac{\mathrm{d}y}{\mathrm{d}u} \cdot \dfrac{\mathrm{d}u}{\mathrm{d}x}$

任务训练 2-2

1. 求下列函数在给定点处的导数值.

(1) $y = \sin x - \cos x$,求 $y'\big|_{x=\frac{\pi}{6}}$ 和 $y'\big|_{x=\frac{\pi}{4}}$;

(2) $\rho = \varphi \sin \varphi + \dfrac{1}{2} \cos \varphi$,求 $\dfrac{\mathrm{d}\rho}{\mathrm{d}\varphi}\big|_{\varphi=\frac{\pi}{4}}$.

2. 求下列函数的导数.

(1) $y = 3x^2 - \dfrac{2}{x^2} + 5$;

(2) $y = x^2(2 + \sqrt{x})$;

(3) $y = x^2 \cos x$;

(4) $y = x \ln x$;

(5) $y = \dfrac{\mathrm{e}^x}{x^2} - \ln 2$;

(6) $y = \dfrac{\sin x}{x} + \dfrac{x}{\sin x}$;

(7) $y = \dfrac{1 - \ln x}{1 + \ln x}$;

(8) $y = 3\mathrm{e}^x \cos x$.

3. 以初速度 v_0 上抛的物体,其上升高度 s 与时间 t 的关系是 $s = v_0 t - \dfrac{1}{2} g t^2$.

(1) 求该物体的速度 $v(t)$;

(2) 求该物体到达最高点的时刻.

4. 求曲线 $y = 2\sin x + x^2$ 上横坐标为 $x = 0$ 的点处的切线方程和法线方程.

5. 求下列函数的导数.

(1) $y = (\arcsin x)^2$;

(2) $y = \arctan \dfrac{2x}{1 - x^2}$;

(3) $y = \ln(1+x^2)$;

(4) $y = \sec^2 x$;

(5) $y = \ln\ln\ln x$;

(6) $y = \ln(\sec x + \tan x)$;

(7) $y = \ln\tan\dfrac{x}{2}$;

(8) $y = \sqrt{1+\ln^2 x}$;

(9) $y = \sqrt{1-x^3}$;

(10) $y = e^{\tan\frac{1}{x}}$;

(11) $y = x\sqrt{1+x^2}$;

(12) $y = e^{\frac{x}{2}}\cos 3x$.

6. 设 $f(x)$ 可导,求下列函数的导数.

(1) $y = x^2 + f(x^2)$;

(2) $y = f(\sin x)\cos x$;

(3) $y = f(\sin^2 x) + f(\cos^2 x)$;

(4) $y = f(e^x)e^{f(x)}$.

7. 某公司在推出一种新的电子游戏机时,短期内销量会迅速增加,然后开始下降,销售量 s 与时间 t 之间的函数关系为 $s(t) = \dfrac{200t}{t^2+100}$,$s$ 的单位为台,t 的单位为月.

(1) 求 $s'(t)$;

(2) 求 $s(5)$ 和 $s'(5)$,并说明其意义.

任务三 掌握隐函数及由参数方程所确定的函数的导数

一、隐函数的导数

前面所讨论的函数,其自变量 x 与因变量 y 之间的关系可以表示成 $y=f(x)$,如 $y=x+3$,$y=3x^2-2x+5$,$y=e^x+1$ 等.这种形式的函数称为显函数,以前我们所遇到的函数大多是显函数,有些函数的表达式却不是这样.例如,$2x-y^3+1=0$ 在区间 $(-\infty,+\infty)$ 内任给一值 x,相应地可以确定一个 y 的值,因此根据函数的定义,这个方程在区间 $(-\infty,+\infty)$ 内也确定了一个 y 关于 x 的函数.由于 y 没有明显地用 x 的解析式表示,故称这样的函数为隐函数.

一般地,称由方程 $F(x,y)=0$ 所确定的函数为隐函数.

隐函数怎样求导呢?一种做法是从方程 $F(x,y)=0$ 中解出 x,成为显式 $y=f(x)$ 后再求导.但隐函数的显化有时比较困难,甚至不可能.例如,方程 $y^3+xy+x^4=0$ 就很难解出 $y=f(x)$,那么此时如何求导呢?方法是把方程中的 y 看成 x 的函数 $y(x)$,方程两边对 x 求导,然后解 y'.下面举例说明.

例1 设方程 $2x-y^3+1=0$ 确定了函数 $y=y(x)$,求 y'.

【解】 方程两边对 x 求导,注意 y 是 x 的函数.

$$(2x-y^3+1)'=0,$$

即

$$2-3y^2 \cdot y'=0,$$
$$3y^2 \cdot y'=2,$$

解得

$$y' = \frac{2}{3y^2}.$$

例2 设方程 $e^x - e^y - xy = 0$ 确定了函数 $y = y(x)$,求 y'.

【解】 方程两边对 x 求导,注意 y 是 x 的函数.

$$(e^x - e^y - xy)' = 0,$$

即

$$e^x - e^y \cdot y' - (y + xy') = 0,$$
$$(x + e^y)y' = e^x - y,$$

解得

$$y' = \frac{e^x - y}{x + e^y}.$$

例3 设方程 $y + x = e^{xy}$ 确定了函数 $y = y(x)$,求 y' 及 $y'|_{x=0}$.

【解】 方程两边对 x 求导,注意 y 是 x 的函数.

$$(y + x)' = (e^{xy})',$$

即

$$y' + 1 = e^{xy}(xy)',$$
$$y' + 1 = e^{xy}(y + xy'),$$

解得

$$y' = \frac{y e^{xy} - 1}{1 - x e^{xy}}.$$

因为 $x = 0$,从原方程解得 $y = 1$,代入上式得

$$y'\bigg|_{\substack{x=0 \\ y=1}} = 0.$$

例4 求曲线 $x^2 + xy + y^2 = 9$ 在点 $(3, -3)$ 处的切线方程.

【解】 方程两边对 x 求导,得

$$2x + y + xy' + 2yy' = 0,$$
$$(x + 2y)y' = -2x - y.$$

于是

$$y' = \frac{-2x - y}{x + 2y},$$
$$k = y'\bigg|_{\substack{x=3 \\ y=-3}} = \frac{-2 \times 3 + 3}{3 - 2 \times 3} = 1,$$

所以切线的方程为

$$y - (-3) = 1 \cdot (x - 3),$$

即
$$x - y - 6 = 0.$$

二、对数求导法

对数求导法是先对函数 $y = f(x)$ 两边取对数 $[f(x) > 0]$,然后等式两边分别对 x 求导,最后解出 y'. 下面通过例题介绍这种方法.

例 5 求 $y = x^{\sin x} (x > 0)$ 的导数.

这个函数既不是幂函数,也不是指数函数,因此不能用这两种函数的导数公式求导数. 形如 $y = [f(x)]^{g(x)}$ 的函数称为幂指函数,求此类函数的导数可用对数求导法.

【解】 两边先取自然对数,
$$\ln y = \sin x \cdot \ln x.$$

两边再关于 x 求导,注意 y 是 x 的函数,得
$$\frac{1}{y} \cdot y' = \cos x \cdot \ln x + \sin x \cdot \frac{1}{x}.$$

于是
$$y' = y \left(\cos x \ln x + \frac{\sin x}{x} \right) = x^{\sin x} \left(\cos x \ln x + \frac{\sin x}{x} \right).$$

例 6 设 $y = \sqrt[3]{\frac{(x+1)^2}{(x-1)(x+2)}}$,求 y'.

【解】 此题如果直接按复合函数求导法则求解比较麻烦,先按对数求导法解.

两边取自然对数,得
$$\ln y = \frac{1}{3}[2\ln(x+1) - \ln(x-1) - \ln(x+2)].$$

两边关于 x 求导,
$$\frac{1}{y} \cdot y' = \frac{1}{3}\left(\frac{2}{x+1} - \frac{1}{x-1} - \frac{1}{x+2} \right),$$

则
$$y' = \frac{y}{3}\left(\frac{2}{x+1} - \frac{1}{x-1} - \frac{1}{x+2} \right) = \frac{1}{3}\sqrt[3]{\frac{(x+1)^2}{(x-1)(x+2)}}\left(\frac{2}{x+1} - \frac{1}{x-1} - \frac{1}{x+2} \right).$$

由以上几例可知,对数求导法适用于幂指函数及一些因子之幂的连乘积的函数.

三、由参数方程所确定的函数的导数

一般情况下,参数方程
$$\begin{cases} x = \varphi(t), \\ y = f(t) \end{cases}$$

确定了 y 是 x 的函数. 在实际问题中, 有时需要求方程 $\begin{cases} x=\varphi(t), \\ y=f(t) \end{cases}$ 所确定的函数 y 对 x 的导数. 但从方程 $\begin{cases} x=\varphi(t), \\ y=f(t) \end{cases}$ 中消去参数 t 有时很困难, 因此要找一种直接由方程 $\begin{cases} x=\varphi(t), \\ y=f(t) \end{cases}$ 来求导数的方法.

假设方程 $\begin{cases} x=\varphi(t), \\ y=f(t) \end{cases}$ 所确定的函数是 $y=F(x)$, 那么函数 $y=f(t)$ 可以看成由函数 $y=F(x)$ 和 $x=\varphi(t)$ 复合而成, 即 $y=f(t)=F[\varphi(t)]$. 假定 $y=F(x)$ 和 $x=\varphi(t)$ 都可导, 且 $\dfrac{dx}{dt} \neq 0$, 于是根据复合函数的求导法则, 就有 $\dfrac{dy}{dt} = \dfrac{dy}{dx} \cdot \dfrac{dx}{dt}$, 即

$$\frac{dy}{dx} = \frac{\dfrac{dy}{dt}}{\dfrac{dx}{dt}}.$$

例 7 已知圆的参数方程为

$$\begin{cases} x=a\cos\theta, \\ y=a\sin\theta \end{cases} \quad (a>0, \theta \text{ 为参数}),$$

求 $\dfrac{dy}{dx}$.

【解】 因为

$$\frac{dx}{d\theta} = -a\sin\theta, \quad \frac{dy}{d\theta} = a\cos\theta,$$

所以

$$\frac{dy}{dx} = \frac{\dfrac{dy}{d\theta}}{\dfrac{dx}{d\theta}} = \frac{a\cos\theta}{-a\sin\theta} = -\cot\theta.$$

例 8 设摆线的参数方程为 $\begin{cases} x=t-\sin t, \\ y=1-\cos t, \end{cases}$ 求 $t=\dfrac{\pi}{2}$ 时的切线方程.

【解】当 $t=\dfrac{\pi}{2}$ 时, 摆线上的点坐标为 $\left(\dfrac{\pi}{2}-1, 1\right)$, 又因为

$$\frac{dy}{dx} = \frac{(1-\cos t)'}{(t-\sin t)'} = \frac{\sin t}{1-\cos t},$$

从而切线的斜率为

$$k = \frac{dy}{dx}\bigg|_{t=\frac{\pi}{2}} = 1.$$

切线方程为

$$y-1=x-\left(\frac{\pi}{2}-1\right),$$

即 $x-y+2-\frac{\pi}{2}=0.$

例9 设炮弹的发射角为 α，发射的初速度为 v_0，弹道曲线的参数方程是 $\begin{cases} x=v_0 t\cos\alpha, \\ y=v_0 t\sin\alpha-\frac{1}{2}gt^2 \end{cases}$ (t 是炮弹飞行的时间). 求出炮弹水平飞行的时刻(此时炮弹离地面最高).

【解】 $\frac{\mathrm{d}y}{\mathrm{d}x}=\frac{y'(t)}{x'(t)}=\frac{v_0\sin\alpha-gt}{v_0\cos\alpha}=\tan\alpha-\frac{g}{v_0\cos\alpha}t.$

当 $\frac{\mathrm{d}y}{\mathrm{d}x}=0$ 时，$t=\frac{v_0\sin\alpha}{g}$，此时炮弹水平飞行.

任务训练 2-3

1. 求由下列方程确定的隐函数的导数 $\frac{\mathrm{d}y}{\mathrm{d}x}$.

(1) $x^2+y^2-xy=1$； (2) $xy=\mathrm{e}^{x+y}$；

(3) $y=1-x\mathrm{e}^y$； (4) $2x^2 y-xy^2+y^3=6.$

2. 用对数求导法求下列函数的导数.

(1) $x^y=y^x$；

(2) $y=(2x-1)\sqrt{x\sqrt{(3x+1)\sqrt{x-1}}}$；

(3) $y=\frac{\sqrt{x+1}(2-x)^2}{(2x-1)^3}.$

3. 求椭圆 $\frac{x^2}{4}+y^2=1$ 在点 $\left(1,\frac{\sqrt{3}}{2}\right)$ 处的切线方程.

4. 求曲线 $\begin{cases} x=\sin t, \\ y=\cos 2t \end{cases}$ 在 $t=\frac{\pi}{4}$ 处的切线方程.

5. 求由下列参数方程所确定的函数的导数 $\frac{\mathrm{d}y}{\mathrm{d}x}$.

(1) $\begin{cases} x=3\mathrm{e}^{-t}, \\ y=2\mathrm{e}^t \end{cases}$； (2) $\begin{cases} x=\ln(1+t^2), \\ y=t-\arctan t \end{cases}$；

(3) $\begin{cases} x=a(t-\sin t), \\ y=a(1-\cos t) \end{cases}$ (a 为常数).

6. 石油流经一管道的路程 s(单位:米)与时间 t(单位:秒)的关系为 $s^3-t^2=7t$，求石油流经管道的流速，以及在 $s=4.01$ 米，$t=5.25$ 秒时石油的流速.

任务四 掌握高阶导数

一、高阶导数的定义

设 $y=f(x)$ 的导数 $y'=f'(x)$ 仍然是 x 的可导函数，则称 $y'=f'(x)$ 的导数为 $y=f(x)$ 在点 x 处的二阶导数，记作 $y''=\dfrac{d^2y}{dx^2}$，即

$$y''=f''(x)=\lim_{\Delta x\to 0}\frac{f'(x+\Delta x)-f'(x)}{\Delta x}.$$

$f''(x)$ 的导数 $[f''(x)]'$ 称为 $f(x)$ 的三阶导数，记作 y'''，$f'''(x)$ 或 $\dfrac{d^3y}{dx^3}$。

$f'''(x)$ 的导数 $[f'''(x)]'$ 称为 $f(x)$ 的四阶导数，记作 $y^{(4)}$，$f^{(4)}(x)$ 或 $\dfrac{d^4y}{dx^4}$。

……

$f^{(n-1)}(x)$ 的导数 $[f^{(n-1)}(x)]'$ 称为 $f(x)$ 的 n 阶导数，记作 $y^{(n)}$，$f^{(n)}(x)$ 或 $\dfrac{d^ny}{dx^n}$。

二阶及二阶以上的导数统称为高阶导数，同时 $f(x)$ 的导数 $f'(x)$ 称为一阶导数。

例1 设 $y=ax+b(a\neq 0)$，求 y''。

【解】 $y'=a$，$y''=0$。

例2 设 $y=xe^x$，求 y''。

【解】 $y'=e^x+xe^x$，$y''=e^x+e^x+xe^x=e^x(2+x)$。

例3 设 $y=\arctan 2x$，求 y''。

【解】 $y'=\dfrac{2}{1+4x^2}$，$y''=-\dfrac{2(1+4x^2)'}{(1+4x^2)^2}=-\dfrac{16x}{(1+4x^2)^2}$。

例4 求 $y=x^n$ 的各阶导数（n 为正整数）。

【解】 $y'=nx^{n-1}$，$y''=n(n-1)x^{n-2}$，…，$y^{(n)}=n!$，$y^{(n+1)}=y^{(n+2)}=\cdots=0$。

例5 求 $y=e^x$ 的 n 阶导数。

【解】 $y'=e^x$，$y''=e^x$，…，$y^{(n)}=e^x$，即 $(e^x)^{(n)}=e^x$。

例6 求 $y=\ln(x+1)$ 的 n 阶导数。

【解】 $y'=\dfrac{1}{1+x}=(1+x)^{-1}$，$y''=\dfrac{-1}{(1+x)^2}$，$y'''=\dfrac{2}{(1+x)^3}$，$y^{(4)}=\dfrac{-1\times 2\times 3}{(1+x)^4}$，…，$y^{(n)}=\dfrac{(-1)^{n-1}(n-1)!}{(1+x)^n}$，即

$$[\ln(1+x)]^{(n)}=\frac{(-1)^{n-1}(n-1)!}{(1+x)^n}.$$

例7 求 $y=\sin x$ 的 n 阶导数。

【解】 $y'=\cos x=\sin\left(x+\dfrac{1}{2}\pi\right)$，$y''=-\sin x=\sin(x+\pi)$，$y'''=-\cos x=$

$\sin\left(x + \frac{3}{2}\pi\right)$, $y^{(4)} = \sin x = \sin(x + 2\pi)$, $\cdots$, $y^{(n)} = \sin\left(x + \frac{n}{2}\pi\right)$, 即

$$(\sin x)^{(n)} = \sin\left(x + \frac{n}{2}\pi\right).$$

类似地,有

$$(\cos x)^{(n)} = \cos\left(x + \frac{n}{2}\pi\right).$$

二、二阶导数的力学意义

设物体做变速直线运动,其运动方程为 $s = s(t)$,则物体运动的速度是路程 s 对时间 t 的导数,即 $v = s'(t) = \frac{ds}{dt}$. 此时,若速度 v 仍是时间 t 的函数,我们可以求速度 v 对时间 t 的导数,用 a 来表示,就是 $a = v'(t) = s''(t) = \frac{d^2 s}{dt^2}$. 在力学中,$a$ 叫作物体运动加速度,也就是说,物体运动的加速度 a 是路程 s 对时间 t 的二阶导数.

例8 已知自由落体运动方程 $s = \frac{1}{2}gt^2$,求落体的速度 v 以及加速度 a.

【解】 $v = \frac{ds}{dt} = \left(\frac{1}{2}gt^2\right)' = gt$,

$a = \frac{dv}{dt} = \frac{d}{dt}\left(\frac{ds}{dt}\right) = (gt)' = g$.

例9 某一汽车厂在测试一汽车的刹车性能时发现,刹车后汽车行驶的路程 s(单位:米)与时间 t(单位:秒)满足 $s = 19.2t - 0.4t^3$. 假设汽车做直线运动,求汽车在 $t = 3$ 秒时的速度和加速度.

【解】汽车刹车后的速度为 $v = s'(t) = 19.2 - 1.2t^2$;

汽车刹车后的加速度为 $a = v'(t) = -2.4t$;

$t = 3$ 秒时汽车的速度为 $v = s'(3) = 8.4$(米/秒);

$t = 3$ 秒时汽车的加速度为 $a = v'(3) = -7.2$(米/秒^2).

任务训练 2-4

1. 设质点做直线运动,其运动方程给定如下,求该质点在指定时刻的速度与加速度.

   (1) $s = t + \frac{1}{t}$,在 $t = 3$; (2) $s = A\cos\frac{\pi t}{3}$(A 为常数),在 $t = 1$.

2. 求下列函数的二阶导数.

   (1) $y = x\cos x$; (2) $y = 2x^2 + \ln x$;

   (3) $y = e^{2x} + x^{2e}$; (4) $y = \sqrt{a^2 - x^2}$,a 为常数.

3. 设 $y = f(x^2 + 1)$,$f(u)$ 二阶可导,求 y''.

4. 求下列函数的 n 阶导数.

(1) $y = x\ln x$; (2) $y = \sin^2 x$;

(3) $y = \dfrac{1}{1-x}$; (4) $y = a_0 x^n + a_1 x^{n-1} + \cdots + a_{n-1}x + a_n$.

5. 已知物体做变速直线运动,其运动方程为

$$s = A\cos(\omega t + \varphi) \quad (A, \varphi, \omega \text{ 是常数}),$$

求物体运动的加速度 a.

6. 一子弹射向正上方,子弹与地面的距离 s(单位:米)与时间 t(单位:秒)满足 $s = 670t - 4.9t^2$,求子弹的加速度.

任务五 理解函数的微分

一、微分的定义

引例 设正方形金属薄片的边长为 x,则面积 $S = x^2$. 假定它受热而膨胀,边长增加 Δx,于是面积的增量为

$$\Delta S = (x + \Delta x)^2 - x^2 = 2x\Delta x + (\Delta x)^2.$$

上式中面积的增量由两个部分构成:一个是 Δx 的线性函数 $2x\Delta x$,如图 2-3 阴影部分所示;另一个 $(\Delta x)^2$ 是 Δx 的高阶无穷小.

当 Δx 很小时,有近似公式

$$\Delta S \approx 2x\Delta x.$$

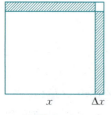

图 2-3

定义 设函数 $y = f(x)$ 在 x_0 处的某邻域内有定义,给定 x 的增量 Δx($x + \Delta x$ 在该邻域内). 若函数在 x_0 处的增量 $\Delta y = f(x_0 + \Delta x) - f(x_0)$ 可以表示为

$$\Delta y = A\Delta x + o(\Delta x),$$

其中,A 是与 Δx 无关的常数,则称函数 $y = f(x)$ 在 x_0 处可微,并称 $A\Delta x$ 为函数 $f(x)$ 在点 x_0 处的微分,记作 $\mathrm{d}y$,即

$$\mathrm{d}y = A\Delta x.$$

由定义可知,当 $|\Delta x|$ 很小时,微分是函数增量的主要部分,所以微分又称作函数增量的线性主部.

定理 函数 $y = f(x)$ 在 x_0 处可微的充分必要条件是 $y = f(x)$ 在 x_0 处可导.

【证】 若函数 $y = f(x)$ 在 x_0 处可微,则 $\Delta y = A\Delta x + o(\Delta x)$. 于是

$$\lim_{\Delta x \to 0} \dfrac{\Delta y}{\Delta x} = \lim_{\Delta x \to 0}\left[A + \dfrac{o(\Delta x)}{\Delta x}\right],$$

即

$$f'(x_0) = A.$$

所以函数 $y = f(x)$ 在 x_0 处可导,且

$$dy = f'(x_0)\Delta x.$$

若函数 $y = f(x)$ 在 x_0 处可导,则 $\lim\limits_{\Delta x \to 0} \dfrac{\Delta y}{\Delta x} = f'(x_0)$,于是

$$\frac{\Delta y}{\Delta x} = f'(x_0) + \alpha.$$

当 $\Delta x \to 0$ 时,$\alpha \to 0$,则

$$\Delta y = f'(x_0)\Delta x + \alpha \Delta x.$$

由于 $f'(x_0)$ 与 Δx 无关,$\alpha \Delta x = o(\Delta x)$,所以函数 $y = f(x)$ 在 x_0 处可微.

通常把自变量的增量 Δx 称为自变量的微分,记作 dx,则函数 $y = f(x)$ 的微分可以记作

$$dy = f'(x)dx,$$

从而有

$$f'(x) = \frac{dy}{dx},$$

即函数 $y = f(x)$ 的导数等于函数的微分 dy 与自变量的微分 dx 之商,简称微商.

微分的几何意义如下:曲线 $y = f(x)$ 在点 $M(x_0, f(x_0))$ 处的切线为 MT,dy 就是曲线的切线上点的纵坐标的相应增量,如图 2-4 所示. 当 $|\Delta x|$ 很小时,有

$$\Delta y \approx dy.$$

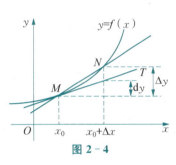

图 2-4

例 1 求函数 $y = f(x) = x^2$,当 x 由 1 改变到 1.01 时的微分.

【解】 函数的微分为

$$dy = 2x\Delta x.$$

由条件 $x = 1$,$\Delta x = 0.01$,故

$$dy \Big|_{\substack{x=1 \\ \Delta x = 0.01}} = 2 \times 1 \times 0.01 = 0.02.$$

如表 2-3、表 2-4 所示为微分的基本公式和四则运算法则.

表 2-3

(1)	$d(C) = 0$	(2)	$d(x^\mu) = \mu x^{\mu-1}dx$
(3)	$d(a^x) = a^x \ln a \, dx$	(4)	$d(e^x) = e^x dx$
(5)	$d(\log_a x) = \dfrac{1}{x \ln a}dx$	(6)	$d(\ln x) = \dfrac{1}{x}dx$

续表

(7)	$d(\sin x) = \cos x \, dx$	(8)	$d(\cos x) = -\sin x \, dx$
(9)	$d(\tan x) = \sec^2 x \, dx$	(10)	$d(\cot x) = -\csc^2 x \, dx$
(11)	$d(\sec x) = \sec x \cdot \tan x \, dx$	(12)	$d(\csc x) = -\csc x \cdot \cot x \, dx$
(13)	$d(\arcsin x) = \dfrac{1}{\sqrt{1-x^2}} dx$	(14)	$d(\arccos x) = -\dfrac{1}{\sqrt{1-x^2}} dx$
(15)	$d(\arctan x) = \dfrac{1}{1+x^2} dx$	(16)	$d(\operatorname{arccot} x) = -\dfrac{1}{1+x^2} dx$

表 2-4

$(u \pm v)' = u' \pm v'$	$d(u \pm v) = du \pm dv$
$(uv)' = u'v + uv'$	$d(uv) = v\,du + u\,dv$
$(Cu)' = Cu'$	$d(Cu) = C\,du$
$\left(\dfrac{u}{v}\right)' = \dfrac{u'v - uv'}{v^2}$	$d\left(\dfrac{u}{v}\right) = \dfrac{v\,du - u\,dv}{v^2}$

注:其中,$u = u(x)$,$v = v(x)$,C 为常数.

复合函数的微分法则如下:设函数 $y = f(u)$,$u = g(x)$ 都可导,则复合函数 $y = f[g(x)]$ 的微分为

$$dy = df[g(x)] = f'[g(x)]g'(x)dx.$$

又因

$$du = g'(x)dx,$$

所以

$$dy = f'(u)du.$$

这个结果表明:无论 u 是自变量还是中间变量,函数 $y = f(u)$ 的微分形式都是相同的,即:函数的微分等于函数对这个变量的导数乘以这个变量的微分,这就是所谓的微分形式不变性.

例 2 求 $y = \arctan x^2$ 的微分.

【解法 1】 先求导数,再写成微分.

$$y' = \frac{1}{1+(x^2)^2}(x^2)' = \frac{2x}{1+x^4},$$

所以

$$dy = \frac{2x}{1+x^4}dx.$$

【解法 2】 用微分形式不变性.
$$dy = \frac{1}{1+(x^2)^2} d(x^2) = \frac{2x}{1+x^4} dx.$$

二、微分在近似计算中的应用

如果 $y = f(x)$ 在点 x_0 处可导,且 $f'(x_0) \neq 0$,当 $|\Delta x|$ 很小时,有
$$\Delta y = f(x_0 + \Delta x) - f(x_0) \approx f'(x_0) \Delta x,$$
即 $f(x_0 + \Delta x) \approx f(x_0) + f'(x_0) \Delta x$.

例 3 计算 $\sin 29°$ 的近似值.

【解】 设 $f(x) = \sin x$,则 $f'(x) = \cos x$. 由于 $29° = \frac{\pi}{6} - \frac{\pi}{180}$,取 $x_0 = \frac{\pi}{6}$,$\Delta x = -\frac{\pi}{180}$,从而有
$$\sin 29° = f(x_0 + \Delta x) \approx f(x_0) + f'(x_0) \Delta x$$
$$= \sin \frac{\pi}{6} + \cos \frac{\pi}{6} \cdot \left(-\frac{\pi}{180}\right) = \frac{1}{2} - \frac{\sqrt{3}}{2} \frac{\pi}{180} \approx 0.484\,9.$$

例 4 计算 $\sqrt{2}$ 的近似值.

【解】 令 $f(x) = \sqrt{x}$,$f'(x) = \frac{1}{2\sqrt{x}}$. 取 $x_0 = 1.96$,$\Delta x = 0.04$,有
$$\sqrt{2} \approx f(x_0) + f'(x_0) \Delta x = \sqrt{1.96} + \frac{1}{2\sqrt{1.96}} \times 0.04 \approx 1.414.$$

在近似计算公式中,取 $x_0 = 0$. 若 $f'(0) \neq 0$,当 $|x|$ 很小时,有
$$f(x) \approx f(0) + f'(0) x,$$
从而有下列常用近似公式.
(1) $\sin x \approx x$;   (2) $\tan x \approx x$;
(3) $e^x \approx 1 + x$;   (4) $\ln(1+x) \approx x$.

例 5 一个半径为 1 厘米的球,为了提高表面的光洁度,需要镀上一层铜. 镀层厚度为 0.01 厘米. 估计每只球需要用铜多少克?(铜的密度为 8.9 克/厘米^3)

【解】 需用铜的质量等于镀层的体积乘以铜的密度.

镀层的体积等于两个球体体积之差. 由球的体积 $V = \frac{4}{3} \pi r^3$ 得镀层的体积为
$$\Delta V = \frac{4}{3} \pi [(r + \Delta r)^3 - r^3].$$

由 $\Delta y \approx f'(x_0) \Delta x$,得
$$\Delta V \approx V' \Delta r = 4 \pi r^2 \Delta r.$$

依题意 $r = 1$ 厘米,$\Delta r = 0.01$ 厘米,得

$$\Delta V \approx 4\pi r^2 \Delta r \approx 0.126 \text{ 厘米}^3.$$

因此每只球需要用铜 $0.126 \times 8.9 \approx 1.12$(克).

例6 某一机械挂钟钟摆的周期为 1 秒. 在冬季摆长缩短了 0.01 厘米,这只钟每天大约快多长时间？(项目二案例 2 的解答)

【解】 由 $T = 2\pi \sqrt{\dfrac{l}{g}}$ (单摆的周期公式),其中, l 是摆长, g 是重力加速度可得.

因为钟摆的周期为 1 秒,所以 $\Delta T \approx \mathrm{d}T = \dfrac{\pi}{\sqrt{gl}} \mathrm{d}l$. 有 $1 = 2\pi\sqrt{\dfrac{l}{g}}$,即 $l = \dfrac{g}{(2\pi)^2}$. 因此

$$\Delta T \approx \mathrm{d}T = \dfrac{\pi}{\sqrt{g \cdot \dfrac{g}{(2\pi)^2}}} \mathrm{d}l = \dfrac{2\pi^2}{g} \mathrm{d}l \approx \dfrac{2\times(3.14)^2}{980} \times (-0.01) \approx -0.0002 \text{(秒)}.$$

这就是说,由于摆长缩短了 0.01 厘米,钟摆的周期便相应缩短了约 0.0002 秒,即每秒约快 0.0002 秒,从而可知这只钟每天约快 $0.0002 \times 24 \times 60 \times 60 = 17.28$(秒).

任务训练 2-5

1. 分别计算函数 $f(x) = x^2 - 3x + 5$,当 $x = 1$,

   (1) $\Delta x = 1$; (2) $\Delta x = 0.1$; (3) $\Delta x = 0.01$

   时的改变量及微分,并加以比较,是否能得出结论.(当 Δx 愈小时,二者愈近似)

2. 求下列函数的微分.

   (1) $y = \dfrac{x}{1-x^2}$;   (2) $y = \sqrt{1+x^2}$;

   (3) $y = \sqrt{x} + \ln x - \dfrac{1}{\sqrt{x}}$;   (4) $y = x^2 \mathrm{e}^{2x}$.

3. 求由下列方程所确定的函数的微分 $\mathrm{d}y$.

   (1) $y = \cos(xy) - x$;   (2) $y^2 - 2xy + 9 = 0$;

   (3) $\dfrac{x^2}{a^2} + \dfrac{y^2}{b^2} = 1$;   (4) $y = 1 + x\mathrm{e}^y$.

4. 求下列各数的近似值.

   (1) $\mathrm{e}^{1.01}$;   (2) $\sqrt[3]{1.02}$.

5. 某公司生产一种新型游戏程序,若全部出售,收入函数为 $R = 36x - \dfrac{x^2}{20}$($x$ 为日产量). 如果公司的日产量从 250 增加到 260,请估计公司每天收入的增加量.

任务六　理解微分中值定理

定理1 （罗尔中值定理） 若函数 $f(x)$ 在闭区间 $[a,b]$ 上连续,在开区间 (a,b) 内可导,又 $f(a) = f(b)$,则至少存在一点 $\xi \in (a,b)$,使得

$$f'(\xi) = 0.$$

【证】 由于函数 $f(x)$ 在闭区间 $[a,b]$ 上连续,因此必存在最大值 M 和最小值 m.

如果 $M=m$,那么函数 $f(x)$ 在闭区间 $[a,b]$ 上为常数,则在 (a,b) 内任何一点都可以作为 ξ,其导数都为 0;

如果 $M>m$,不妨设 $\xi \in (a,b)$,有 $f(\xi)=M$,如图 2-5 所示.

下面证明 $f'(\xi)=0$.

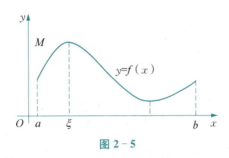

图 2-5

由于 $f(\xi)$ 是最大值,故必存在 ξ 的一个邻域 $U(\xi,\delta)$,在此邻域内,有
$$f(\xi+\Delta x) \leqslant f(\xi),$$
那么
$$f'_+(\xi) = \lim_{\Delta x \to 0^+} \frac{f(\xi+\Delta x)-f(\xi)}{\Delta x} \leqslant 0,$$
$$f'_-(\xi) = \lim_{\Delta x \to 0^-} \frac{f(\xi+\Delta x)-f(\xi)}{\Delta x} \geqslant 0.$$

由于 $f'(\xi)$ 存在,故 $f'(\xi)=f'_+(\xi)=f'_-(\xi)$,所以
$$f'(\xi)=0.$$

罗尔中值定理中的 3 个条件是结论成立的充分条件. 如果有一个条件不满足,结论不一定成立.

罗尔中值定理的几何意义是:在 $\overparen{AB}$ 上至少能找到一点 $C(\xi,f(\xi))$,使其在该点处的切线平行于弦 AB,如图 2-6 所示.

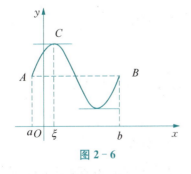

图 2-6

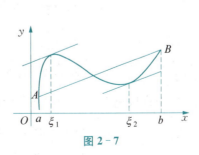

图 2-7

例1 已知 $f(x)$ 在 $[0,1]$ 上连续,在 $(0,1)$ 内可导,且 $f(1)=0$. 求证:在 $(0,1)$ 内,至少

存在一点 ξ,使得

$$f'(\xi) = -\frac{f(\xi)}{\xi}.$$

【证】 设 $\varphi(x) = xf(x)$. 显然 $\varphi(x)$ 在 $[0,1]$ 上连续,在 $(0,1)$ 内可导,$\varphi(0) = \varphi(1) = 0$. 又由罗尔中值定理,存在 $\xi \in (0,1)$,使得 $\varphi'(\xi) = 0$,而

$$\varphi'(x) = f(x) + xf'(x),$$

即

$$\varphi'(\xi) = f(\xi) + \xi f'(\xi) = 0.$$

于是

$$f'(\xi) = -\frac{f(\xi)}{\xi}.$$

定理 2 (拉格朗日中值定理) 若函数 $f(x)$ 在闭区间 $[a,b]$ 上连续,在开区间 (a,b) 内可导,则至少存在一点 $\xi \in (a,b)$,使得

$$f(b) - f(a) = f'(\xi)(b-a).$$

【证】 如图 2-7 所示,弦 AB 的斜率为 $\dfrac{f(b)-f(a)}{b-a}$,则只要证明有平行 AB 的切线,即有一点的导数为 $\dfrac{f(b)-f(a)}{b-a}$. 构造辅助函数,设

$$\varphi(x) = f(x) - \frac{f(b)-f(a)}{b-a}x,$$

则 $\varphi(x)$ 在闭区间 $[a,b]$ 上连续,在开区间 (a,b) 内可导,且

$$\varphi(a) = \varphi(b).$$

由罗尔中值定理,存在 $\xi \in (a,b)$,使得

$$\varphi'(\xi) = 0,$$

即

$$f'(\xi) - \frac{f(b)-f(a)}{b-a} = 0,$$

从而

$$f(b) - f(a) = f'(\xi)(b-a).$$

若在 $[a,b]$ 上任取两点 $x, x+\Delta x$,又有

$$f(x+\Delta x) - f(x) = f'(\xi)\Delta x.$$

左端 $\Delta y = f(x+\Delta x) - f(x)$ 是函数的增量,因此拉格朗日中值定理又称有限增量定理. 拉格朗日中值定理的几何意义是:在 $\overset{\frown}{AB}$ 上至少能找到一点 $C(\xi, f(\xi))$,使其在该点处

的切线平行于弦 AB,如图 2-8 所示.

推论 若函数 $f(x)$ 在区间 I 上的导数恒为 0,那么 $f(x)$ 在区间 I 上是一个常数.

【证】 在区间 I 上任取两点 $x_1, x_2 (x_1 < x_2)$,由拉格朗日中值定理,得

$$f(x_2) - f(x_1) = f'(\xi)(x_2 - x_1) \quad (x_1 < \xi < x_2).$$

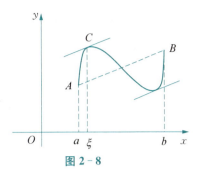

图 2-8

由假设可知,$f'(\xi) = 0$,所以 $f(x_2) - f(x_1) = 0$,即

$$f(x_2) = f(x_1).$$

由 x_1, x_2 的任意性可知,$f(x)$ 在区间 I 上是一个常数.

利用拉格朗日中值定理可以证明某些不等式.

例 2 证明:当 $x > 0$ 时,

$$\frac{x}{1+x} < \ln(1+x) < x.$$

【证】 设 $f(x) = \ln(1+x)$. 显然 $f(x)$ 在 $[0, x]$ 上满足拉格朗日中值定理的条件,根据定理有

$$f(x) - f(0) = f'(\xi)(x - 0).$$

由于 $f(0) = 0$,$f'(x) = \dfrac{1}{1+x}$,因此上式即为

$$\ln(1+x) = \frac{x}{1+\xi}.$$

又由 $\xi \in (0, x)$,有

$$\frac{x}{1+x} < \frac{x}{1+\xi} < x,$$

即

$$\frac{x}{1+x} < \ln(1+x) < x.$$

注意:此题在后面的学习过程中还有其他证明方法.

例 3 证明:$\arcsin x + \arccos x = \dfrac{\pi}{2}$.

【证】 设 $f(x) = \arcsin x + \arccos x$, $x \in [-1, 1]$.

当 $x = \pm 1$ 时,

$$\arcsin x + \arccos x = \frac{\pi}{2}.$$

当 $x \in (-1, 1)$ 时,

$$f'(x) = \frac{1}{\sqrt{1-x^2}} - \frac{1}{\sqrt{1-x^2}} = 0,$$

则在区间$(-1, 1)$内,$f(x) = C$. 取$x = 0$,有

$$C = \arcsin 0 + \arccos 0 = \frac{\pi}{2},$$

即

$$\arcsin x + \arccos x = \frac{\pi}{2}.$$

总之,当$x \in [-1, 1]$时,

$$\arcsin x + \arccos x = \frac{\pi}{2}.$$

将拉格朗日中值定理进行推广,可得柯西中值定理.

定理3 (柯西中值定理) 设函数$f(x)$与$F(x)$在闭区间$[a, b]$上连续,在开区间(a, b)内可导,且$F'(x) \neq 0$,则至少存在一点$\xi \in (a, b)$,使得

$$\frac{f(b) - f(a)}{F(b) - F(a)} = \frac{f'(\xi)}{F'(\xi)}.$$

证明从略.

很明显,若取$F(x) = x$,则$F(b) - F(a) = b - a$,$F'(x) = 1$,从而柯西中值定理结论就可以写成

$$f(b) - f(a) = f'(\xi)(b - a), \xi \in (a, b).$$

这就是拉格朗日中值定理的结论.

罗尔中值定理、拉格朗日中值定理、柯西中值定理统称为中值定理.

任务训练 2-6

1. 下列函数在给定区间上是否满足罗尔中值定理的条件?如果满足,求出对应的ξ.

   (1) $f(x) = x\sqrt{3-x}, x \in [0, 3]$;   (2) $f(x) = \frac{1}{x^2}, x \in [-1, 1]$.

2. 验证拉格朗日中值定理对函数$f(x) = 4x^3 - 5x^2 + x - 2$在区间$[0, 1]$上的正确性.

3. 不用求出函数$f(x) = (x-1)(x-2)(x-3)(x-4)$的导数,说明方程$f'(x) = 0$有几个实根,并指出它们所在的区间.

任务七　掌握洛必达法则

在项目一中求函数的极限时,曾经遇到过无穷小之比和无穷大之比的形式的极限. 这两种类型的极限既可能存在,也可能不存在,通常称作未定式,简记为"$\frac{0}{0}$"、"$\frac{\infty}{\infty}$"型.

很明显,上述两种未定式不能用"商的极限运算法则"来求解.

下面就 $x \to a$ 时,讨论"$\dfrac{0}{0}$"型未定式.

定理 (洛必达法则) 设 $\lim\limits_{x \to a} f(x) = 0$, $\lim\limits_{x \to a} F(x) = 0$. 在 $\overset{\circ}{U}(a, \delta)$ 内, $f(x)$, $F(x)$ 都可导,且 $F'(x) \neq 0$, $\lim\limits_{x \to a} \dfrac{f'(x)}{F'(x)}$ 存在(或为无穷大),则

$$\lim_{x \to a} \frac{f(x)}{F(x)} = \lim_{x \to a} \frac{f'(x)}{F'(x)}.$$

【证】 因为 $\lim\limits_{x \to a} \dfrac{f(x)}{F(x)}$ 与 $f(x)$, $F(x)$ 在点 a 处有无定义无关,所以设 $f(a) = F(a) = 0$. 于是 $f(x)$, $F(x)$ 在点 a 处都连续,取 $x \in \overset{\circ}{U}(a, \delta)$,由柯西中值定理,有

$$\frac{f(x)}{F(x)} = \frac{f(x) - f(a)}{F(x) - F(a)} = \frac{f'(\xi)}{F'(\xi)} \quad (\xi \text{ 介于 } x \text{ 和 } a \text{ 之间}).$$

当 $x \to a$ 时,有 $\xi \to a$,于是得

$$\lim_{x \to a} \frac{f(x)}{F(x)} = \lim_{x \to a} \frac{f'(x)}{F'(x)}.$$

对于 $x \to \infty$ 时"$\dfrac{0}{0}$"型或 $x \to a$(或 $x \to \infty$)时"$\dfrac{\infty}{\infty}$"型的未定式,也有相应的洛必达法则.

使用完一次洛必达法则后,若函数的极限还是未定式,则可以继续使用洛必达法则.

例 1 求 $\lim\limits_{x \to 0} \dfrac{e^x - 1}{x^2 - x}$.

【解】 此极限是"$\dfrac{0}{0}$"型,则

$$\lim_{x \to 0} \frac{e^x - 1}{x^2 - x} = \lim_{x \to 0} \frac{e^x}{2x - 1} = -1.$$

例 2 求 $\lim\limits_{x \to +\infty} \dfrac{\dfrac{\pi}{2} - \arctan x}{\dfrac{1}{x}}$.

【解】 此极限是"$\dfrac{0}{0}$"型(当 $x \to +\infty$ 时,$\dfrac{1}{x} \to 0$,$\dfrac{\pi}{2} - \arctan x \to 0$),则

$$\lim_{x \to +\infty} \frac{\dfrac{\pi}{2} - \arctan x}{\dfrac{1}{x}} = \lim_{x \to +\infty} \frac{-\dfrac{1}{1 + x^2}}{-\dfrac{1}{x^2}} = \lim_{x \to +\infty} \frac{x^2}{1 + x^2} = 1.$$

例 3 求 $\lim\limits_{x \to 0} \dfrac{x - \sin x}{x \sin^2 x}$.

【解】 若直接使用洛必达法则,分母的导数较繁,所以可以先使用等价无穷小代换.

$$\lim_{x\to 0}\frac{x-\sin x}{x\sin^2 x}=\lim_{x\to 0}\frac{x-\sin x}{x^3}=\lim_{x\to 0}\frac{1-\cos x}{3x^2}=\lim_{x\to 0}\frac{\sin x}{6x}=\frac{1}{6}.$$

例 4 求 $\lim\limits_{x\to+\infty}\dfrac{\ln x}{x}$.

【解】 此极限是"$\dfrac{\infty}{\infty}$"型未定式,则

$$\lim_{x\to+\infty}\frac{\ln x}{x}=\lim_{x\to+\infty}\frac{\frac{1}{x}}{1}=\lim_{x\to+\infty}\frac{1}{x}=0.$$

除"$\dfrac{0}{0}$"、"$\dfrac{\infty}{\infty}$"型未定式外,还有"$0\cdot\infty$"、"$\infty-\infty$"、"0^0"、"∞^0"、"1^∞"等未定式,这些未定式经过初等变形可转化为"$\dfrac{0}{0}$"或"$\dfrac{\infty}{\infty}$"型,然后再使用洛必达法则.

例 5 求 $\lim\limits_{x\to 0}\left(\dfrac{1}{x}-\dfrac{1}{e^x-1}\right)$.

【解】 此极限为"$\infty-\infty$"型,一般先通分化成"$\dfrac{0}{0}$"型.

$$\lim_{x\to 0}\left(\frac{1}{x}-\frac{1}{e^x-1}\right)=\lim_{x\to 0}\frac{e^x-1-x}{x(e^x-1)}=\lim_{x\to 0}\frac{e^x-1-x}{x^2}=\lim_{x\to 0}\frac{e^x-1}{2x}=\frac{1}{2}.$$

例 6 求 $\lim\limits_{x\to 0^+}x^2\ln x$.

【解】 此极限是"$0\cdot\infty$"型,化为"$\dfrac{\infty}{\infty}$"型.

$$\lim_{x\to 0^+}x^2\ln x=\lim_{x\to 0^+}\frac{\ln x}{\frac{1}{x^2}}=\lim_{x\to 0^+}\frac{\frac{1}{x}}{-\frac{2}{x^3}}=-\lim_{x\to 0^+}\frac{x^2}{2}=0.$$

例 7 求 $\lim\limits_{x\to 0^+}x^x$.

【解】 此极限是"0^0"型未定型.

$$\lim_{x\to 0^+}x^x=\lim_{x\to 0^+}e^{\ln x^x}=\lim_{x\to 0^+}e^{x\ln x}=e^{\lim\limits_{x\to 0^+}x\ln x}.$$

$\lim\limits_{x\to 0^+}x\ln x=0$ 是"$0\cdot\infty$"型未定型,类似例 6 解答过程,可知有 $\lim\limits_{x\to 0^+}x\ln x=0$. 于是

$$\lim_{x\to 0^+}x^x=e^0=1.$$

例 8 求 $\lim\limits_{x\to\infty}\dfrac{x+\sin x}{x}$.

【解】 此极限是"$\dfrac{\infty}{\infty}$"型,若用洛必达法则,则

$$\lim_{x\to\infty}\frac{x+\sin x}{x}=\lim_{x\to\infty}(1+\cos x),$$

显然极限不存在. 但原极限是存在的,

$$\lim_{x\to\infty}\frac{x+\sin x}{x}=\lim_{x\to\infty}\left(1+\frac{\sin x}{x}\right)=1.$$

任务训练 2-7

1. 求下列极限.

(1) $\lim\limits_{x\to 0}\dfrac{e^x-e^{-x}}{\sin x}$;

(2) $\lim\limits_{x\to\frac{\pi}{2}}\dfrac{\ln\sin x}{(\pi-2x)^2}$;

(3) $\lim\limits_{x\to 0}\dfrac{\ln(1+x)-x}{\cos x-1}$;

(4) $\lim\limits_{x\to 0}\dfrac{\tan x-x}{x-\sin x}$;

(5) $\lim\limits_{x\to 1}\dfrac{\ln x}{x-1}$;

(6) $\lim\limits_{x\to\frac{\pi}{2}}(\sec x-\tan x)$;

(7) $\lim\limits_{x\to 0}\dfrac{\sin x-x}{x^3}$;

(8) $\lim\limits_{x\to 1}\left(\dfrac{x}{x-1}-\dfrac{1}{\ln x}\right)$;

(9) $\lim\limits_{x\to 0}x\cot 2x$;

(10) $\lim\limits_{x\to 0}\dfrac{1-x^2-e^{-x^2}}{\sin^4(2x)}$.

任务八　掌握函数的单调性与极值

一、函数的单调性

在项目一中已经介绍了函数在区间上单调性的概念, 现在利用导数来对函数的单调性进行研究.

如果函数 $y=f(x)$ 在 $[a,b]$ 上单调增加(或单调减少), 则它的图像是一条沿 x 轴上升(或下降)的曲线, 如图 2-9 所示. 这时, 曲线上各点处的切线斜率是正的(或负的), 即 $y'=f'(x)>0$ [或 $y'=f'(x)<0$]. 由此可见, 函数的单调性与导数的符号有着密切的联系.

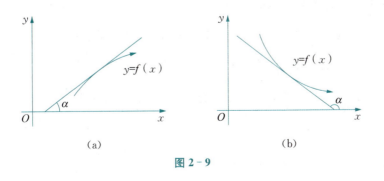

图 2-9

反过来, 能否用导数的符号来判定函数的单调性呢? 我们给出下面的定理.

定理1 设函数 $f(x)$ 在 $[a,b]$ 上连续，在 (a,b) 内可导.

(1) 如果当 $x \in (a,b)$ 时恒有 $f'(x) > 0$，则 $f(x)$ 在 $[a,b]$ 内单调增加；

(2) 如果当 $x \in (a,b)$ 时恒有 $f'(x) < 0$，则 $f(x)$ 在 $[a,b]$ 内单调减少.

【证】 (1) 设 $f'(x) > 0$，x_1, x_2 为 (a,b) 内任意两点，不妨设 $x_1 < x_2$. 由拉格朗日中值定理有

$$f(x_2) - f(x_1) = f'(\xi)(x_2 - x_1), \xi \in (x_1, x_2).$$

已知 $f'(x) > 0$，且 $x_2 - x_1 > 0$，于是

$$f(x_2) > f(x_1) \quad (x_1 < x_2),$$

即 $f(x)$ 在 $[a,b]$ 内单调增加.

同理可证(2).

如果 $f'(x_0) = 0$，称 x_0 为 $f(x)$ 的驻点.

例1 讨论 $f(x) = 3x - x^3$ 的单调性.

【解】 函数的定义域为 $(-\infty, +\infty)$.

$$f'(x) = 3 - 3x^2 = 3(1 - x^2).$$

令 $f'(x) = 0$，得 $x_1 = -1, x_2 = 1$.

当 $x \in (-\infty, -1) \cup (1, +\infty)$ 时，$f'(x) < 0$，此时 $f(x)$ 单调减少.

当 $x \in (-1, 1)$ 时，$f'(x) > 0$，此时 $f(x)$ 单调增加.

由本例可知，$x = \pm 1$ 是函数 $f(x)$ 的驻点.

通常可以列表讨论函数的单调性，如表 2-5 所示. 在表中"↗"表示函数单调增加，"↘"表示函数单调减少.

表 2-5

x	$(-\infty, -1)$	-1	$(-1, 1)$	1	$(1, +\infty)$
$f'(x)$	$-$	0	$+$	0	$-$
$f(x)$	↘		↗		↘

例2 确定函数 $f(x) = \sqrt[3]{x^2}$ 的单调区间.

【解】 该函数定义域为 $(-\infty, +\infty)$.

当 $x \neq 0$ 时，$f'(x) = \dfrac{2}{3\sqrt[3]{x}}$；当 $x = 0$ 时，函数的导数不存在. $x = 0$ 把 $(-\infty, +\infty)$ 分成 $(-\infty, 0)$ 及 $(0, +\infty)$ 两个区间，其单调性如表 2-6 所示.

表 2-6

x	$(-\infty, 0)$	0	$(0, +\infty)$
$f'(x)$	$-$	不存在	$+$
$f(x)$	↘		↗

由表 2-6 可知，该函数导数不存在的点 $x = 0$ 也是函数单调区间的分界点.

综上所述,求函数 $y = f(x)$ 的单调区间步骤如下.

(1) 确定 $f(x)$ 的定义域.
(2) 求出 $f'(x)$.
(3) 求出 $f(x)$ 单调区间所有可能的分界点,其中包括 $f'(x) = 0$ 的点和 $f'(x)$ 不存在的点,并根据分界点把定义域划分成几个小区间;
(4) 列表判断 $f'(x)$ 在各小区间内的符号,从而判断函数在各区间内的单调性.

例 3 血液由心脏流出,经主动脉后流到毛细血管,再通过静脉流回心脏.医生建立了某患者在心脏收缩的一个周期内血压 P(单位:毫米汞柱)的数学模型,$P = \dfrac{25t^2 + 123}{t^2 + 1}$,$t$ 表示血液从心脏流出的时间(单位:秒).问在心脏收缩的一个周期里,血压是单调增加的还是单调减少的?

【解】
$$P' = \left(\dfrac{25t^2 + 123}{t^2 + 1}\right)' = \left(\dfrac{25(t^2 + 1) + 98}{t^2 + 1}\right)'$$
$$= \left(25 + \dfrac{98}{t^2 + 1}\right)' = -\dfrac{98 \times 2t}{(t^2 + 1)^2} = -\dfrac{196t}{(t^2 + 1)^2}.$$

因为 $t > 0$,所以 $P' = -\dfrac{196t}{(t^2 + 1)^2} < 0$. 在心脏收缩的一个周期里,血压是单调减少的.

利用函数的单调性可以证明一些不等式.

例 4 当 $x > 0$ 时,$\dfrac{x}{1+x} < \ln(1+x) < x$.

【证】 令 $f(x) = \ln(1+x) - \dfrac{x}{1+x}$,$f(x)$ 在 $[0, +\infty)$ 上连续.当 $x > 0$ 时,
$$f'(x) = \dfrac{1}{1+x} - \dfrac{1+x-x}{(1+x)^2} = \dfrac{x}{(1+x)^2} > 0.$$

而 $f(0) = 0$,所以 $f(x)$ 在 $[0, +\infty)$ 上从 0 开始单调增加.因而当 $x > 0$ 时,恒有 $f(x) > 0$,即
$$\ln(1+x) > \dfrac{x}{1+x}.$$

同样,设 $\varphi(x) = \ln(1+x) - x$,可以证明 $\varphi(x)$ 在 $[0, +\infty)$ 上是从 0 开始单调减少的.因此,当 $x > 0$ 时恒有 $\varphi(x) < 0$,即
$$\ln(1+x) < x.$$

综上所述,可知
$$\dfrac{x}{1+x} < \ln(1+x) < x \quad (x > 0).$$

此例表明,运用单调性证明不等式的关键在于构造适当的辅助函数,并研究它在指定区间内的单调性.

二、函数的极值

定义 设函数 $f(x)$ 在点 x_0 的某邻域内有定义.如果对于 x_0 的去心邻域内的任意 x,有

$$f(x) < f(x_0) \quad [f(x) > f(x_0)],$$

则称 $f(x_0)$ 是函数 $f(x)$ 的一个极大值(极小值),x_0 称为极大值点(极小值点).

函数的极大值和极小值统称为函数的极值,使函数取得极值的点称为极值点.

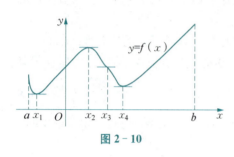

图 2-10

函数的极值概念是局部性的,只是在 x_0 的一个邻域范围来说.若就 $f(x)$ 的整个定义域来说,极值不一定是函数的最值.如图 2-10 所示,极值点为 x_1,x_2,x_4,最大值点为 b,最小值点为 x_1,而点 x_3 处函数不取极值.

定理 2 （必要条件） 设函数 $f(x)$ 在点 x_0 处可导,且在点 x_0 处取得极值,那么

$$f'(x_0) = 0.$$

由定理 2 可知,可导函数的极值点一定是驻点,但驻点不一定是极值点.

例如,$f(x) = x^3$,在 $x=0$ 处,$f'(0)=0$,但 $f(0)=0$ 不是极值.

又如,函数 $f(x)=|x|$,在 $x=0$ 处有极小值,但 $f'(0)$ 不存在,所以导数不存在的点也可能是函数的极值点.

如何判定函数在驻点和不可导点处究竟是否取得极值?如果取得极值的话,是极大值还是极小值?下面给出两个充分条件.

定理 3 （第一充分条件） 设函数 $f(x)$ 在 x_0 处连续,且在 x_0 的某去心邻域 $\overset{\circ}{U}(x_0, \delta)$ 内可导.若

(1) 当 $x \in (x_0 - \delta, x_0)$ 时,$f'(x) > 0$;当 $x \in (x_0, x_0 + \delta)$ 时,$f'(x) < 0$,则 $f(x)$ 在 x_0 处取得极大值.

(2) 当 $x \in (x_0 - \delta, x_0)$ 时,$f'(x) < 0$;当 $x \in (x_0, x_0 + \delta)$ 时,$f'(x) > 0$,则 $f(x)$ 在 x_0 处取得极小值.

(3) 当 x 在 x_0 的去心邻域时,$f'(x)$ 的符号不变,则 $f(x)$ 在 x_0 处不取极值.

【证】 只证(1),其他可类似证明.

当 $x \in (x_0 - \delta, x_0)$ 时,$f'(x) > 0$,$f(x)$ 在 $(x_0 - \delta, x_0)$ 上单调增加,有 $f(x) < f(x_0)$;当 $x \in (x_0, x_0 + \delta)$ 时,$f'(x) < 0$,$f(x)$ 在 $[x_0, x_0 + \delta)$ 上单调减少,有 $f(x_0) > f(x)$.

由极值的定义可知,$f(x_0)$ 是 $f(x)$ 的一个极大值.

例 5 求函数 $f(x) = (x-1)\sqrt[3]{x^2}$ 的极值.

【解】 函数的定义域为 $(-\infty, +\infty)$,且

$$f'(x) = \sqrt[3]{x^2} + (x-1) \cdot \frac{2}{3\sqrt[3]{x}} = \frac{5x-2}{3\sqrt[3]{x}} \quad (x \neq 0).$$

令 $f'(x) = 0$,得驻点 $x_1 = \dfrac{2}{5}$,不可导点 $x_2 = 0$.

如表 2-7 所示,函数 $f(x)$ 的极大值为 $f(0) = 0$,极小值为 $f\left(\dfrac{2}{5}\right) = -\dfrac{3}{25}\sqrt[3]{20}$.

表 2-7

x	$(-\infty, 0)$	0	$\left(0, \dfrac{2}{5}\right)$	$\dfrac{2}{5}$	$\left(\dfrac{2}{5}, +\infty\right)$
$f'(x)$	+	不存在	−	0	+
$f(x)$	↗	极大值	↘	极小值	↗

当函数 $f(x)$ 在其驻点处二阶导数存在且不为 0 时,有下列第二充分条件.

定理 4（第二充分条件） 设函数 $f(x)$ 在点 x_0 处具有二阶导数,且 $f'(x_0)=0$, $f''(x_0) \neq 0$,则

(1) 当 $f''(x_0) < 0$ 时,函数 $f(x)$ 在点 x_0 处取得极大值;

(2) 当 $f''(x_0) > 0$ 时,函数 $f(x)$ 在点 x_0 处取得极小值.

证明从略.

例 6 求函数 $f(x)=\dfrac{1}{3}x^3-4x+4$ 的极值.

【解】 $f'(x)=x^2-4$.

令 $f'(x)=0$,求得驻点 $x_1=-2$, $x_2=2$.

又 $f''(x)=2x$,因 $f''(-2)=-4<0$, $f''(2)=4>0$,故 $f(x)$ 在 $x_1=-2$ 处取得极大值,极大值为 $f(-2)=\dfrac{28}{3}$; $f(x)$ 在 $x_2=2$ 处取得极小值,极小值为 $f(2)=-\dfrac{4}{3}$.

例 7 求函数 $f(x)=(x^2-1)^3+1$ 的极值.

【解】 $f(x)$ 的定义域为 $(-\infty, +\infty)$,且 $f'(x)=6x(x^2-1)^2$. 令 $f'(x)=0$,得驻点

$$x_1=-1, \quad x_2=0, \quad x_3=1.$$

又

$$f''(x)=6(x^2-1)(5x^2-1),$$

由 $f''(0)=6>0$ 可知, $x=0$ 是 $f(x)$ 的极小值点,且极小值为 $f(0)=0$.

又 $f''(-1)=f''(1)=0$,定理 4 失效.使用定理 3 可得,在 $x=\pm 1$ 的左右两侧, $f'(x)$ 均不变符号,所以 $x=\pm 1$ 均不是 $f(x)$ 的极值点.

三、函数的最大值与最小值

在生产和科学中会遇到这样一类问题:在一定条件下,怎样使"产品最多"、"用料最省"、"成本最低"、"利润最大"、"效率最高"等,这类问题在数学上可归纳为求某一函数(通常称为目标函数)在一定区间的最大值或最小值问题(统称为最优化问题).

若函数 $f(x)$ 在闭区间 $[a,b]$ 上连续,则 $f(x)$ 在 $[a,b]$ 上一定存在最大值和最小值.最值既可能在 (a,b) 内取得,也可能在两个端点取得.而在区间 (a,b) 内的最值也是极值,所以只要求出函数所有的驻点、不可导点及两个端点的函数值,对它们进行比较,最大者就是最大值,最小者就是最小值.

$f(x)$ 在 $[a,b]$ 上的最大值与最小值的求法归纳如下.

(1) 求出区间 (a,b) 内 $f'(x)=0$ 及 $f'(x)$ 不存在的点 x_n.

(2) 求出 $f(x_n)$ 及区间端点的函数值 $f(a)$, $f(b)$.

(3) 比较上述各函数值的大小，其中，最大者是 $f(x)$ 在 $[a,b]$ 上的最大值，最小者即最小值.

例8 求函数 $f(x)=2x^3+3x^2-12x+14$ 在 $[-3,4]$ 上的最大值与最小值.

【解】 $f(x)$ 在 $[-3,4]$ 上连续可导.

$$f'(x)=6x^2+6x-12=6(x+2)(x-1).$$

令 $f'(x)=0$，得驻点 $x_1=-2, x_2=1$. 由于

$$f(-3)=23, f(-2)=34, f(1)=7, f(4)=142,$$

比较可知 $f(x)$ 在 $x=4$ 处取得 $[-3,4]$ 上的最大值 $f(4)=142$，在 $x=1$ 处取得最小值 $f(1)=7$.

注意下列两种特殊情况.

(1) 在闭区间 $[a,b]$ 上单调增加的函数 $f(x)$，在左端点 a 处取得最小值 $f(a)$，在右端点 b 处取得最大值 $f(b)$；而在闭区间 $[a,b]$ 上单调减少的函数 $f(x)$，在左端点 a 处取得最大值 $f(a)$，在右端点 b 处取得最小值 $f(b)$.

(2) 设连续函数 $f(x)$ 在开区间 (a,b) 内有且仅有一个极值点. 若此极值点为极大值点，则函数在该点必取得最大值；若此极值点为极小值点，则函数在该点必取得最小值，分别如图 2-11(a)和(b)所示.

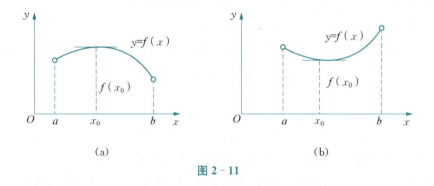

图 2-11

在实际问题中，如果在 (a,b) 内部 $f(x)$ 有唯一的驻点 x_0，且从实际问题本身可知，在 (a,b) 内必有最大值或最小值，则 $f(x_0)$ 就是所要求的最大值或最小值.

下面举一些实际问题的例子，这些问题都可以归结为求函数的最大值或最小值问题.

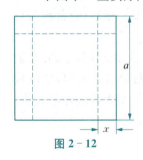

图 2-12

例9 设有一块边长为 a 的正方形铁皮，从其各角截去相同的小正方形，做成一个无盖的方匣. 问截去多少方能使做成匣子的容积最大？

【解】 如图 2-12 所示，设截去的小正方形边长为 x，则做成的方匣容积为

$$y=(a-2x)^2 x \quad \left(0<x<\frac{a}{2}\right).$$

于是问题就归结为求函数 $y = (a-2x)^2 x$ 在 $\left(0, \dfrac{a}{2}\right)$ 中的最大值问题.

令
$$y' = (a-2x)(a-6x) = 0,$$
得
$$x = \dfrac{a}{6}.$$

所以截去边长为 $x = \dfrac{a}{6}$ 的小正方形时,所做匣子的容积最大.

例 10 铁路线上 AB 段的长度为 100 千米,工厂 C 距 A 处为 20 千米,AC 垂直于 AB,如图 2-13 所示. 欲在 AB 段上选定一点 D 向工厂修筑一条公路,已知铁路与公路每千米货运费之比是 3∶5,为了使货物从 B 运到工厂 C 的运费最少,问点 D 应选在何处?

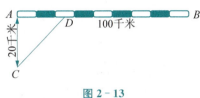

图 2-13

【解】 设 $AD = x$ 千米,则 $BD = (100-x)$ 千米,$CD = \sqrt{20^2 + x^2}$ 千米. 由已知条件,从 B 到 C 的总运费为
$$y = 5a\sqrt{400+x^2} + 3a(100-x), \quad x \in [0, 100], a > 0.$$
$$y' = a\left(\dfrac{5x}{\sqrt{400+x^2}} - 3\right).$$

令 $y' = 0$,得驻点 $x = 15$. 因为驻点唯一,故当 $AD = 15$ 千米时运费最少.

例 11 一个灯泡悬吊在半径为 r 的圆桌的正上方,如图 2-14 所示. 桌上任一点受到的照度与光线的入射角 θ 的余弦值成正比(入射角是光线与桌面垂线之间的夹角),而与光源的距离的平方成反比. 欲使桌子的边缘得到最强的照度,问灯泡应挂在桌子上方多高?

【解】 根据图 2-14,在桌子边缘的照度
$$A = k \dfrac{\cos\theta}{R^2},$$

其中,k 为比例常数,R 为灯到桌子的边缘的距离. 设 h 为灯到桌面的垂直距离,于是
$$R^2 = r^2 + h^2, \quad \cos\theta = \dfrac{h}{R} = \dfrac{h}{\sqrt{r^2+h^2}},$$

所以
$$A = k\dfrac{h}{(r^2+h^2)^{3/2}}.$$

对 h 求导,得

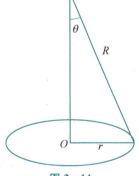

图 2-14

$$A' = k\frac{(r^2+h^2)^{3/2} - h \cdot \frac{3}{2}(r^2+h^2)^{\frac{1}{2}} \cdot 2h}{(r^2+h^2)^3}.$$

令 $A' = 0$,得 $h = \frac{\sqrt{2}}{2}r$.

此时只有一个驻点,所以在唯一驻点处照度最强,即:将灯泡挂在桌子上方 $\frac{\sqrt{2}}{2}r$ 处照度最强.

做了这道题后,当你在晚上读书写字时,是否考虑设计一下你的书桌的位置,使你在工作时得到最佳照度?

任务训练 2-8

1. 判定函数 $f(x) = \arctan x - x$ 的单调性.
2. 确定下列函数的单调区间.

   (1) $y = x^4 - 2x^2 - 5$;　　　　　(2) $y = 2x + \frac{8}{x}(x > 0)$;

   (3) $y = x + \sqrt{1-x}$;　　　　　(4) $y = x - e^x$.

3. 求函数 $y = 2e^x + e^{-x}$ 的极值.
4. 求函数 $y = 1 - (x-2)^{\frac{2}{3}}$ 的极值.
5. 证明下列不等式.

   (1) 当 $x > 1$ 时,$2\sqrt{x} > 3 - \frac{1}{x}$;

   (2) 当 $x \neq 0$ 时,$e^x > 1 + x$.

6. 求下列函数的最大值与最小值.

   (1) $f(x) = 3x^4 - 16x^3 + 30x^2 - 24x + 4, x \in [0, 3]$;

   (2) $f(x) = x + 2\sqrt{x}, x \in [0, 4]$;

   (3) $f(x) = x + \sqrt{1-x}, x \in [-5, 1]$;

   (4) $f(x) = \arctan\frac{1-x}{1+x}, x \in [0, 1]$.

7. 设圆柱形有盖茶缸的容积 V 为常数,求表面积最小时茶缸底面半径 x 与高 y 之比.
8. 欲做一个底面为正方形、容积为 32 立方米的长方形开口蓄水箱,如何设计能使用料最省?
9. 某商店每天向工厂按每件 50 元的出厂价格购进一批服装零售.若零售价定为每件 80 元,估计销售量为 200 件;若每件售价每降低 1 元,则可多销售 10 件.问每件售价应定为多少元?从工厂购进多少件时,才可获得最大利润?最大利润为多少元?
10. 某细菌群体的数量 $N(t)$ 由下列模型确定:

$$N(t) = \frac{5\,000t}{50 + t^2},$$

其中,t 是时间,以周为单位.试问细菌群体在多少周后数量最大?其最大数量是多少?

任务九　掌握曲线的凹凸性与拐点以及绘图

一、曲线的凹凸性与拐点

函数的单调性反映在图形上,就是曲线的上升或下降.但是,曲线在上升或下降过程中,还有一个弯曲方向的问题,这就是曲线的凹凸性.

定义 1　设函数 $y=f(x)$ 在 $[a,b]$ 上连续,在 (a,b) 内可导.若曲线 $y=f(x)$ 总位于曲线每一点切线的上方,则称此段曲线弧为凹弧;若曲线 $y=f(x)$ 总位于曲线每一点切线的下方,则称此段曲线弧为凸弧.如图 2-15 所示,图 2-15(a)所示为凹弧,图 2-15(b)所示为凸弧.

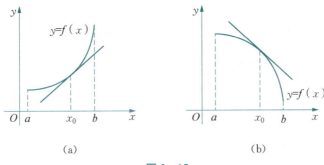

图 2-15

曲线弧上凹弧与凸弧的分界点称为曲线的拐点.

如果函数 $y=f(x)$ 在 $[a,b]$ 内具有二阶导数,那么可以利用二阶导数的符号来判断曲线的凹凸性.

定理　设 $f(x)$ 在 $[a,b]$ 上连续,在 (a,b) 内二阶可导,那么

(1) 若在 (a,b) 内 $f''(x)>0$,则 $f(x)$ 在 $[a,b]$ 上的图形是凹的;

(2) 若在 (a,b) 内 $f''(x)<0$,则 $f(x)$ 在 $[a,b]$ 上的图形是凸的.

证明从略.

例 1　判断曲线 $y=\ln x$ 的凹凸性.

【解】　$y'=\dfrac{1}{x}$,$y''=-\dfrac{1}{x^2}$,所以在函数 $y=\ln x$ 的定义域 $(0,+\infty)$ 内,$y''<0$,故曲线 $y=\ln x$ 是凸的.

例 2　求函数 $y=x^4-2x^3-2$ 的凹凸区间及拐点.

【解】　函数的定义域为 $(-\infty,+\infty)$,且

$$y'=4x^3-6x^2,\ y''=12x^2-12x=12x(x-1).$$

令 $y''=0$,得 $x_1=0$,$x_2=1$.

如表 2-8 所示,曲线在 $(-\infty,0)$ 与 $(1,+\infty)$ 上是凹的,在 $(0,1)$ 上是凸的.

点 $(0,-2)$,$(1,-3)$ 都是曲线的拐点.

表 2-8

x	$(-\infty, 0)$	0	$(0, 1)$	1	$(1, +\infty)$
y''	+	0	−	0	+
y	凹	拐点	凸	拐点	凹

例 3 讨论曲线 $y=(x-1)\sqrt[3]{x}$ 的凹凸性,并求拐点.

【解】 函数的定义域为 $(-\infty, +\infty)$,且

$$y'=\frac{4x-1}{3\sqrt[3]{x^2}}, \quad y''=\frac{2(2x+1)}{9\sqrt[3]{x^5}} \quad (x\neq 0).$$

令 $y''=0$,得 $x=-\frac{1}{2}$;当 $x=0$ 时,y'' 不存在.

如表 2-9 所示,曲线在 $\left(-\infty, -\frac{1}{2}\right)$ 与 $(0, +\infty)$ 上是凹弧,在 $\left(-\frac{1}{2}, 0\right)$ 上是凸弧.

点 $\left(-\frac{1}{2}, \frac{3}{2\sqrt[3]{2}}\right)$,$(0,0)$ 都是曲线的拐点.

表 2-9

x	$\left(-\infty, -\frac{1}{2}\right)$	$-\frac{1}{2}$	$\left(-\frac{1}{2}, 0\right)$	0	$(0, +\infty)$
y''	+	0	−	不存在	+
y	凹	拐点	凸	拐点	凹

例 4 设 $y=x^4$,讨论曲线的凹凸性和拐点的存在性.

【解】 $y'=4x^3$,$y''=12x^2$.除 $x=0$ 时,$y'=0$ 外,其他点 $y''>0$.曲线是凹的.点 $(0,0)$ 也不是拐点,曲线无拐点.

注意

(1) 对于二阶可导函数 $y=f(x)$,如果 $(x_0, f(x_0))$ 是曲线的拐点,那么必有 $f''(x_0)=0$.

(2) 在拐点 $(x_0, f(x_0))$ 处,$f''(x_0)=0$ 或者 $f''(x_0)$ 不存在.

(3) $f''(x_0)=0$,$(x_0, f(x_0))$ 也不一定是曲线的拐点.

例 5 (项目二案例 3 的解答) 假设 $P(t)$ 代表在时刻 t 某公司的股票价格,请根据以下叙述,判定 $P(t)$ 的一阶、二阶导数的正负号.

(1) 股票价格上升得越来越慢;

(2) 股票价格接近最低点;

(3) 如图 2-1 所示为某种股票某天的价格走势曲线,请说明该股票当天的走势.

【解】(1) 股票价格上升得越来越慢,一方面说明股票价格在上升,即 $\frac{dP}{dt}>0$,另一方面说明上升的速度是单调减少的,即 $\frac{d^2P}{dt^2}<0$.

(2) 股票价格接近最低点时,应满足 $\frac{dP}{dt}=0$.

(3) 由如图 2-1 所示的某股票中某天的价格走势曲线可以看出,此曲线是单调上升且为凹的,即 $\dfrac{dP}{dt}>0$,且 $\dfrac{d^2P}{dt^2}>0$. 这说明该股票当日的价格上升得越来越快.

二、函数图像的描绘

前面讨论了函数的一、二阶导数与函数图形变化形态的关系,这些讨论都可用于函数作图. 要比较准确地描绘出函数的图形,除了要掌握函数的增减、凹凸、极值和拐点外,还需要知道曲线无限延伸时的走向和趋势,为此下面讨论曲线的渐近线.

1. 曲线的渐近线

在平面上,当曲线向无穷远延伸时,若该曲线与某些直线无限靠近,这样的直线叫曲线的渐近线,如平面解析几何中的双曲线 $\dfrac{x^2}{a^2}-\dfrac{y^2}{b^2}=1$ 与两条直线 $y=\pm\dfrac{b}{a}x$ 就有这样的关系. 渐近线对于函数作图也是很必要的.

定义 2 若曲线 $y=f(x)$ 上的动点 $M(x,y)$ 沿曲线无限远离坐标原点时,该曲线与某直线 L 的距离趋于零,则称直线 L 是该曲线的渐近线.

渐近线分为斜渐近线、水平渐近线和垂直渐近线 3 种. 这里只讨论水平渐近线和垂直渐近线.

考察函数 $y=e^x$ 的图像. 如图 2-16 所示,当 $x\to-\infty$ 时,曲线越来越接近于水平直线 $y=0$. 对于这种情况有下列定义.

定义 3 如果 $\lim\limits_{x\to-\infty}f(x)=b$ 或 $\lim\limits_{x\to+\infty}f(x)=b$($b$ 为一确定常数),则称直线 $y=b$ 为曲线 $y=f(x)$ 的水平渐近线.

例 6 求 $y=\arctan x$ 的水平渐近线.

【解】 $\lim\limits_{x\to-\infty}\arctan x=-\dfrac{\pi}{2}$, $\lim\limits_{x\to+\infty}\arctan x=\dfrac{\pi}{2}$.

按水平渐近线定义,所以曲线 $y=\arctan x$ 有两条水平渐近线: $y=-\dfrac{\pi}{2}$ 和 $y=\dfrac{\pi}{2}$,如图 2-17 所示.

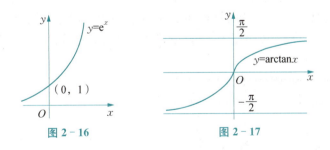

图 2-16　　　　图 2-17

水平渐近线反映了当动点 $M(x,y)$ 沿曲线无限远离坐标原点时,曲线 $y=f(x)$ 无限接近于平行 x 轴的直线 $y=b$,所以 $y=b$ 称为水平渐近线.

考察函数 $y=\dfrac{1}{x}$ 的图像. 如图 2-18 所示,$x=0$ 是其间断点. 当 $x\to0$ 时,曲线越来越接近于垂直 x 轴的直线 $x=0$. 对于这种情况,有下列定义.

定义 4 设 $x=x_0$ 是函数 $y=f(x)$ 的间断点或定义区间的端点,如果

$$\lim_{x \to x_0^+} f(x) = \infty \quad \text{或} \quad \lim_{x \to x_0^-} f(x) = \infty,$$

则称直线 $x=x_0$ 为曲线的**垂直渐近线**.

例 7 求 $y=\dfrac{1}{x-1}$ 的垂直渐近线.

【解】 $x=1$ 是函数的间断点,

$$\lim_{x \to 1^+} \frac{1}{x-1} = +\infty, \quad \lim_{x \to 1^-} \frac{1}{x-1} = -\infty,$$

所以曲线有垂直渐近线 $x=1$,如图 2-19 所示.

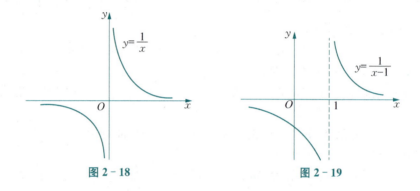

图 2-18　　　　　　　　　图 2-19

垂直渐近线 $x=x_0$ 反映了当动点 $M(x,y)$ 沿曲线无限远离坐标原点时,曲线 $y=f(x)$ 无限接近于垂直 x 轴的直线 $x=x_0$,所以 $x=x_0$ 叫作垂直渐近线.

2. 函数图像的描绘

前面已经讨论了函数的单调性、极值、凹凸性、拐点以及曲线的渐近线.这些讨论有助于画出 $y=f(x)$ 的函数图像.利用导数描绘函数图形的一般步骤如下.

(1) 确定函数的定义域,讨论其奇偶性、有界性、周期性等.

(2) 求出函数的一阶导数 $f'(x)$ 和二阶导数 $f''(x)$,解出 $f'(x)=0$ 和 $f''(x)=0$ 时在定义区间内的全部实根以及 $f'(x)$ 和 $f''(x)$ 不存在的点,这些点将定义域分成若干个区间.

(3) 列表讨论 $f'(x),f''(x)$ 在各区间内的符号,由此确定函数的单调性、极值、凹凸性与拐点.

(4) 求曲线的水平渐近线和垂直渐近线.

(5) 求辅助点,如曲线 $y=f(x)$ 与坐标轴的交点等.

(6) 描点作图.

例 8 作出函数 $y=\dfrac{1}{\sqrt{2\pi}}e^{-\frac{x^2}{2}}$ 的图像.

【解】 定义域为 $(-\infty,+\infty)$,且为偶函数,又根据指数函数性质知 $y>0$,所以图像只能在 x 轴上方.

$$y'=-\frac{x}{\sqrt{2\pi}}e^{-\frac{x^2}{2}}, \quad y''=\frac{(x+1)(x-1)}{\sqrt{2\pi}}e^{-\frac{x^2}{2}}.$$

令 $y'=0$,得驻点 $x=0$;令 $y''=0$,得 $x=\pm 1$.
该函数的极值、凹凸性、拐点等情况列于表 2 - 10 中.

表 2 - 10

x	$(-\infty,-1)$	-1	$(-1,0)$	0	$(0,1)$	1	$(1,+\infty)$
y'	$+$	$+$	$+$	0	$-$	$-$	$-$
y''	$+$	0	$-$	$-$	$-$	0	$+$
曲线 y	↗	拐点 $\left(-1,\dfrac{1}{\sqrt{2\pi}}\mathrm{e}^{-\frac{1}{2}}\right)$	↗	极大值 $\dfrac{1}{\sqrt{2\pi}}$	↘	拐点 $\left(1,\dfrac{1}{\sqrt{2\pi}}\mathrm{e}^{-\frac{1}{2}}\right)$	↘

由

$$\lim_{x\to\infty}\frac{1}{\sqrt{2\pi}}\mathrm{e}^{-\frac{x^2}{2}}=0$$

可知,$y=0$ 是水平渐近线.因为在定义域内,$y\leqslant \dfrac{1}{\sqrt{2\pi}}$,所以无垂直渐近线.

描点作图:曲线通过拐点 $\left(-1,\dfrac{1}{\sqrt{2\pi\mathrm{e}}}\right)\approx(-1,0.2)$,$\left(1,\dfrac{1}{\sqrt{2\pi\mathrm{e}}}\right)\approx(1,0.2)$,极值点 $\left(0,\dfrac{1}{\sqrt{2\pi}}\right)\approx(0,0.4)$,并以 $y=0$ 为水平渐近线.根据这些点以及表 2 - 10 中表示的曲线的性态,描出其图像,如图 2 - 20 所示.

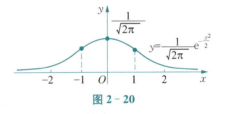

图 2 - 20

这条曲线就是概率论中的标准正态分布曲线.

注意:此函数是偶函数,图像关于 y 轴对称,因此,作图时也可只先作出 $(-\infty,0)$ 或 $(0,+\infty)$ 上的图像,另一半图像根据对称性完成.

例 9 作出函数 $y=\dfrac{x-1}{(x-2)^2}-1$ 的图像.

【解】 定义域为 $(-\infty,2)$ 和 $(2,+\infty)$.

$$y'=-\frac{x}{(x-2)^3},\qquad y''=\frac{2(x+1)}{(x-2)^4}.$$

令 $y'=0$,得驻点 $x=0$;令 $y''=0$,得 $x=-1$.
函数图像的极值、拐点、凹凸性列于表 2 - 11 中.

表 2 - 11

x	$(-\infty,-1)$	-1	$(-1,0)$	0	$(0,2)$	$(2,+\infty)$
y'	$-$	$-$	$-$	0	$+$	$-$
y''	$-$	0	$+$	$+$	$+$	$+$

续表

x	$(-\infty, -1)$	-1	$(-1, 0)$	0	$(0, 2)$	$(2, +\infty)$
y	↘	拐点 $\left(-1, -\dfrac{11}{9}\right)$	↘	极小值 $\left(0, -\dfrac{5}{4}\right)$	↗	↘

由

$$\lim_{x \to 2^+}\left[\frac{x-1}{(x-2)^2}-1\right]=\lim_{x \to 2^-}\left[\frac{x-1}{(x-2)^2}-1\right]=+\infty$$

可知,$x=2$ 是垂直渐近线. 由

$$\lim_{x \to +\infty}\left[\frac{x-1}{(x-2)^2}-1\right]=-1, \quad \lim_{x \to -\infty}\left[\frac{x-1}{(x-2)^2}-1\right]=-1$$

可知,$y=-1$ 是水平渐近线.

描点作图:曲线通过拐点 $\left(-1, -\dfrac{11}{9}\right) \approx (-1, -1.22)$,极小值点为 $\left(0, -\dfrac{5}{4}\right)=(0, -1.25)$,再计算出曲线与坐标轴的交点,$\left(\dfrac{5-\sqrt{5}}{2}, 0\right) \approx (1.38, 0)$,$\left(\dfrac{5+\sqrt{5}}{2}, 0\right) \approx (3.6, 0)$. 根据这些点以及表 2-11 中表示的曲线的性态,描绘其图像,如图 2-21 所示.

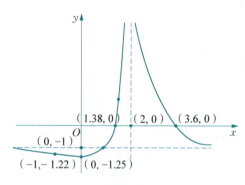

图 2-21

任务训练 2-9

1. 求下列曲线的凹凸区间及拐点.
   (1) $y = x^3 - 5x^2 + 3x + 5$; (2) $y = x\mathrm{e}^{-x}$;
   (3) $y = (x+1)^4 + \mathrm{e}^x$; (4) $y = \ln(x^2+1)$.

2. 求 a, b 的值,使点 $(3, 1)$ 为曲线 $y = ax^3 + bx^2$ 的拐点.

3. 试确定曲线 $y = ax^3 + bx^2 + cx + d$ 中的 a, b, c, d,使得在 $x = -2$ 处曲线有水平切线,$(1, -10)$ 为拐点,且点 $(-2, 44)$ 在曲线上.

4. 求下列曲线的渐近线.
   (1) $y = \dfrac{1}{1-x^2}$; (2) $y = 1 + \dfrac{36x}{(x+3)^2}$;
   (3) $y = \mathrm{e}^{-(x-1)^2}$; (4) $y = x^2 + \dfrac{1}{x}$;
   (5) $y = \mathrm{e}^{\frac{1}{x}}$; (6) $y = -(x+1) + \sqrt{x^2+1}$.

5. 作下列函数的图像.

(1) $y = \dfrac{1}{4}(x-2)^2(x+4)$;

(2) $y = \dfrac{e^x}{x}$.

知识拓展

1. 极值与人生

函数曲线就好比我们的人生曲线,极值点的存在,说明人生不可能都是一帆风顺的,也不可能永远处于巅峰,有上升期,自然也有低谷期.当一个人在某一个阶段遇到低谷时,只要不停止脚步,都是"向上"走.在顺境中清醒警惕,谨慎从事,不忘乎所以;在逆境中勇敢坚强,不失斗志,培养克服困难和抵抗挫折的意志.

2. 最值与数学建模

优化模型是数学建模中常用的数学模型.数学建模竞赛是中国工业与应用数学学会主办的面向全国大学生的群众性科技活动,旨在激励学生学习数学的积极性,提高学生建立数学模型和运用计算机技术解决实际问题的综合能力.竞赛题目一般来自科学与工程技术、人文与社会科学(含经济管理)等领域经过适当简化加工的实际问题,有较大的灵活性供参赛者发挥其创造能力.参赛者根据题目要求,完成一篇包括模型的假设、建立和求解,计算方法的设计和计算机实现,结果的分析和检验,模型的改进等方面的论文.

数学源于生活,要服务于生活.通过数学建模竞赛,培养利用数学知识及数学软件分析解决实际问题的意识和能力,能用辩证唯物主义观点分析和处理问题,掌握科学的方法论.

3. 函数图像的描绘与辩证法思想

以 $y = \sin x (x \in \mathbf{R})$ 的情形为例加以分析.先作一个周期 $y = \sin x (x \in [0, 2\pi])$ 的图像,再加以推广得到 $y = \sin x (x \in \mathbf{R})$ 时的情形.这一过程的推广就体现了由特殊到一般、由个别到整体的辩证法思想.

项目二模拟题

1. 选择题.

(1) 若 $\lim\limits_{x \to x_0} \dfrac{f(x) - f(x_0)}{x - x_0} = k$, k 为常数,则下述结论不成立的是(　　).

A. $f(x)$ 在点 $x = x_0$ 处连续

B. $f(x)$ 在点 $x = x_0$ 处可导

C. $f(x)$ 在点 $x = x_0$ 处不一定连续

D. $\lim\limits_{x \to x_0} f(x)$ 存在

(2) 若 $y = f(x)$ 有 $f'(x_0) = \dfrac{1}{2}$,则当 $\Delta x \to 0$ 时,$dy|_{x=x_0}$ 是(　　).

A. 与 Δx 等价的无穷小量

B. 与 Δx 同阶的无穷小量,但非等价

C. 比 Δx 低阶的无穷小量

D. 比 Δx 高阶的无穷小量

(3) 已知 $f(x)$ 为可导的偶函数,且 $\lim\limits_{x \to 0} \dfrac{f(1+x) - f(1)}{2x} = -2$,则曲线 $y = f(x)$ 在 $(-1, 2)$ 处的切线方程是(　　).

A. $y = 4x + 6$ 　　　　　　　　B. $y = -4x - 2$
C. $y = x + 3$ 　　　　　　　　　D. $y = -x + 1$

(4) 函数 $y = f(x)$ 在 x 处可导是其在该点可微的（　　）条件.
A. 必要　　　B. 充分　　　C. 充分必要　　　D. 既不充分也不必要

(5) 设 $f(x) = x \ln 2x$, 且 $f'(x_0) = 2$, 则 $x_0 = (\quad)$.
A. 1　　　B. $\dfrac{e}{2}$　　　C. $\dfrac{2}{e}$　　　D. e

(6) 若函数 $f(x)$ 在 $[a, b]$ 上连续,在 (a, b) 内可导,则在 (a, b) 内满足 $f'(\xi) = \dfrac{f(b) - f(a)}{b - a}$ 的点 ξ（　　）.
A. 有且只有一个　　　　　　　B. 不一定存在
C. 至少存在一个　　　　　　　D. 以上结论都不对

(7) $f''(x_0) = 0$ 是曲线 $y = f(x)$ 在 x_0 处有拐点的（　　）.
A. 充分条件　　　　　　　　　B. 必要条件
C. 充分必要条件　　　　　　　D. 以上说法都不对

(8) 函数 $y = x^3 + 6x + 1$ 在其定义域 $(-\infty, +\infty)$ 内是（　　）.
A. 凸的　　　　　　　　　　　B. 凹的
C. 严格单调增加的　　　　　　D. 严格单调减少的

(9) 函数 $f(x) = (x-1)^2(x+1)^3$ 的极值点的集合是（　　）.
A. $\left\{\dfrac{1}{5}, -1, 1\right\}$　　　　　　B. $\left\{\dfrac{1}{5}, -1\right\}$
C. $\left\{\dfrac{1}{5}, 1\right\}$　　　　　　　D. $\left\{\dfrac{1}{5}\right\}$

(10) 函数 $f(x) = x - \sin x$ 在闭区间 $[0, 1]$ 上的最大值为（　　）.
A. 0　　　B. 1　　　C. $1 - \sin 1$　　　D. $\dfrac{\pi}{2}$

2. 填空题.

(1) 曲线 $y = \ln x$ 在点 $(1, 0)$ 处的切线方程为 ＿＿＿＿＿＿.

(2) 设 $x \neq 0$, 则 $d\dfrac{\sin x}{x^2} = $ ＿＿＿＿＿＿ dx.

(3) $y = \sin 2x$, 则 $y^{(n)} = $ ＿＿＿＿＿＿.

(4) 设 $y = f(x^2)$, 则 $y' = $ ＿＿＿＿＿＿.

(5) 函数 $y = f(x)$ 在 x 处连续是其在该点可导的＿＿＿＿＿＿条件.

(6) 设函数 $f(x)$ 在闭区间 $[a, b]$ 上连续,且严格单调减少,则 $f(x)$ 在 $[a, b]$ 上的最大值是 ＿＿＿＿＿＿.

(7) 函数 $y = x(1 + \sqrt{x})$ 在 $[0, +\infty)$ 内的单调性为 ＿＿＿＿＿＿.

(8) 函数 $y = xe^{2x}$ 在区间 ＿＿＿＿＿＿ 内是凸的.

(9) 设 $y = a\ln x + bx^2 + x$ 在 $x = 1$ 与 $x = 2$ 取得极值,则 $a = $ ＿＿＿＿＿＿, $b = $ ＿＿＿＿＿＿.

(10) 函数 $f(x)$ 在 $x = 0$ 处二阶可导,且有 $f(0) = 0$, $f'(0) = 1$, $f''(0) = 3$, 则 $\lim\limits_{x \to 0} \dfrac{f(x) - x}{x^2} = $ ＿＿＿＿＿＿.

3. 判断题.

(1) $f(x)$ 在点 x_0 可导是 $f(x)$ 在点 x_0 连续的必要条件. 　　　　　　　　（　　）

(2) 已知 $y = x\sec^2 x - \tan x$，则 $y' = \dfrac{2x\sin x}{\cos^3 x}$. （　　）

(3) $\begin{cases} x = \sin t, \\ y = \cos 2t \end{cases}$ 在 $t = \dfrac{\pi}{6}$ 处的斜率是 2. （　　）

(4) 函数 $y = x - \sin x$ 在 $[0, 2\pi]$ 上单调增加. （　　）

(5) 曲线 $y = 4x^4$ 在 $(-\infty, +\infty)$ 内是凹的，没有拐点. （　　）

4. 计算题.

(1) 求曲线 $y = \cos x$ 在点 $(0, 1)$ 处的切线方程.

(2) 已知 $y = a^{x^2 - 2x}$，求 y'.

(3) 已知 $y = x^3 - 2x^2 - 200$，求 y''.

(4) 已知 $y^3 - 2xy + 10 = 0$ 确定了 $y = y(x)$，求 y'.

(5) 求 $y = x^3 - 5x^2 + 2x + 3$ 的凹凸区间及拐点.

5. 应用题.

(1) 某车间靠墙壁要盖一间长方形小屋，现有存砖只够砌 20 米长的墙壁. 问应围成怎样的长方形才能使这间小屋的面积最大？

(2) 某学生在一家面包店打工，经过一段时间的统计发现：当某种面包以每个 2 元的价格销售时，每天能卖 500 个，价格每提高 0.1 元，每天就少卖 10 个；面包店每天的固定开销为 40 元，每个面包的成本为 1.5 元. 此后该学生决定自己开店，问如何确定面包的价格才能使获得的利润最大？最大利润是多少？

6. 思考题.

学习项目二之后，你是否从中体会到拼搏、奋斗的精神？是否想下定决心努力追求自己的"极大值"和"最大值"？

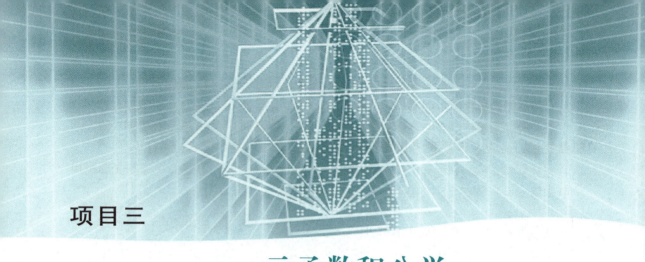

项目三

一元函数积分学

知识图谱

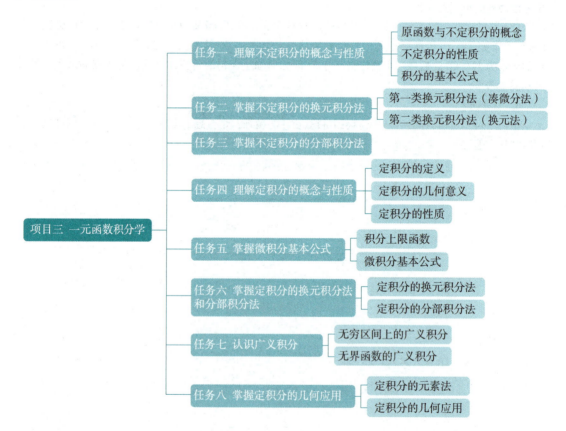

能力与素养

《荀子·大略》中记载:"夫尽小者大,积微者著,德至者色则洽,行尽而声问远."这句话的意思是微小的事物经过积累也会变得显著,这就是微积分思想的起源. 遇到问题时,我们可以将大问题尽可能地切分成许多个小问题、慢慢解决;同时我们也要清楚,即便是再复杂的事情,也都是由简单的事情组合起来的,都能够通过平和理性的方式来解决. 关注细节,从点滴做起,积少成多,积微成著,就可以在平凡的岗位上做出不平凡的业绩.

计算不定积分和定积分时,需要根据不同的题型,选择不同的积分方法. 在学习中,我们要善于总结,认真务实,同时还要把这种精神渗透到日后的工作和学习等各个方面.

积分学包括不定积分和定积分两部分. 在生活中,不定积分有许多用途. 例如,在物理学上的应用有计算结冰厚度、电流强度等,在经济学上的应用有计算成本、利润、收益等. 定积分在生活中也有许许多多应用. 例如,在经济学上的应用有由经济函数的边际求经济函数在区间上的增量、由贴现率求总贴现值在时间区间上的增量等,在物理学上的应用有求变速直线运动的路程等. 我们来通过两个实际问题简单了解一下.

案例 1 1970—1990 年世界石油消耗率增长指数约为 0.07. 1970 年年初,消耗率大约为每年 161 亿桶. 设 $R(t)$ 表示从 1970 年起第 t 年的石油消耗率,则 $R(t)=161e^{0.07t}$(单位:亿桶). 试用此式估算从 1970—1990 年石油消耗的总量.

【解】 设 $T(t)$ 表示从 1970 年起 $(t=0)$ 直到第 t 年的石油消耗总量. 要求从 1970—1990 年石油消耗的总量,即求 $T(20)$. 由于 $T(t)$ 是石油消耗的总量,因此 $T'(t)$ 就是石油消耗率 $R(t)$,即 $T'(t)=R(t)$,则 $T(t)$ 就是 $R(t)$ 的一个原函数.

$$T(t)=\int R(t)dt=\int 161e^{0.07t}dt=\frac{161}{0.07}e^{0.07t}+C=2\,300e^{0.07t}+C.$$

因为 $T(0)=0$,所以 $C=-2\,300$,易得 $T(t)=2\,300(e^{0.07t}-1)$.

1970—1990 年石油消耗的总量为

$$T(20)=2\,300(e^{0.07\times 20}-1)\approx 7\,027(\text{亿桶}).$$

案例 2 某工厂排出大量废气,造成了严重的空气污染,于是工厂通过减产来控制废气的排放量. 若第 t 年废气的排放量为 $C(t)=\dfrac{20\ln(t+1)}{(t+1)^2}$(单位:万立方米每年),求该厂在 $t=0$ 到 $t=8$ 年间排出的总废气量.

【解】 因为该厂在第 $[t,t+\Delta t]$ 排出的废气量(废气量微元)为

$$dW=\frac{20\ln(t+1)}{(t+1)^2}dt,$$

所以该厂在 $t=0$ 到 $t=8$ 年间排出的总废气量为

$$\begin{aligned}W&=\int_0^8\frac{20\ln(t+1)}{(t+1)^2}dt=20\int_0^8\ln(t+1)d\left(-\frac{1}{t+1}\right)\\&=\left[-\frac{20}{t+1}\ln(t+1)\right]\bigg|_0^8+20\int_0^8\frac{1}{t+1}d\ln(t+1)\\&=-\frac{20}{9}\ln 9+20\int_0^8\frac{1}{(t+1)^2}dt=-\frac{20}{9}\ln 9-20\left(\frac{1}{t+1}\right)\bigg|_0^8\\&\approx 12.895\,1(\text{万立方米}).\end{aligned}$$

任务一　理解不定积分的概念与性质

一、原函数与不定积分的概念

定义1　如果在区间 I 上,可导函数 $F(x)$ 的导函数为 $f(x)$,即:对 $x \in I$,都有

$$F'(x) = f(x) \text{ 或 } \mathrm{d}F(x) = f(x)\mathrm{d}x,$$

则称函数 $F(x)$ 为 $f(x)$ 在区间 I 上的一个原函数.

例如,当 $x \in (-\infty, +\infty)$ 时,$(\sin x)' = \cos x$,故 $\sin x$ 是 $\cos x$ 在区间 $(-\infty, +\infty)$ 上的一个原函数.

又如,当 $x \in (0, +\infty)$ 时,$(\ln x)' = \dfrac{1}{x}$,所以 $\ln x$ 是 $\dfrac{1}{x}$ 在区间 $(0, +\infty)$ 内的一个原函数.

定理　(原函数存在定理)　如果函数 $f(x)$ 在区间 I 上连续,则在区间 I 上存在可导函数 $F(x)$,使对任意 $x \in I$,都有

$$F'(x) = f(x),$$

即连续函数必存在原函数.

由于 $[F(x) + C]' = f(x)$,则 $F(x) + C$ 也是 $f(x)$ 的原函数,因此原函数不唯一.

如果 $F(x)$ 和 $G(x)$ 都是 $f(x)$ 的原函数,那么有 $[F(x) - G(x)]' = 0$,由中值定理推论 $F(x) = G(x) + C$,故函数的任意两个原函数之间只相差一个常数.可以证明 $F(x) + C$ 包含了 $f(x)$ 的所有原函数.

定义2　在区间 I 上,函数 $f(x)$ 的所有原函数称为 $f(x)$ 在区间 I 上的不定积分,记作

$$\int f(x)\mathrm{d}x,$$

其中,$\int$ 称为积分号,$f(x)$ 称为被积函数,$f(x)\mathrm{d}x$ 称为被积表达式,x 称为积分变量.

若 $F'(x) = f(x)$,则有

$$\int f(x)\mathrm{d}x = F(x) + C,$$

其中,C 为任意常数.

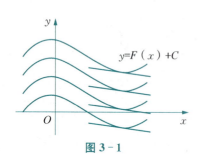

图 3-1

从不定积分的定义可知,$f(x)$ 的不定积分是一簇函数,而不是一个函数.在几何上,$f(x)$ 的一个原函数的图像表示一条曲线,称为 $f(x)$ 的一条积分曲线.而 $f(x)$ 的不定积分 $\int f(x)\mathrm{d}x = F(x) + C$ 的图像是 $f(x)$ 的一簇积分曲线,如图 3-1 所示,它们对同一 x 切线斜率相同,即为 $f(x)$.

例1　求 $\int 3x^2 \mathrm{d}x$.

【解】　因为 $(x^3)' = 3x^2$,所以

$$\int 3x^2 \mathrm{d}x = x^3 + C.$$

例 2 求 $\int \sin x \mathrm{d}x$.

【解】 由于 $(-\cos x)' = \sin x$，$-\cos x$ 是 $\sin x$ 的一个原函数，因此

$$\int \sin x \mathrm{d}x = -\cos x + C.$$

例 3 求过 $(1, 2)$ 点，且其切线的斜率为 $2x$ 的曲线方程.

【解】 由

$$\int 2x \mathrm{d}x = x^2 + C$$

可得积分曲线簇 $y = x^2 + C$. 将 $x = 1$，$y = 2$ 代入该式，有

$$2 = 1 + C,$$

可得 $C = 1$，所以

$$y = x^2 + 1$$

是所求曲线方程.

二、不定积分的性质

性质 1 求不定积分与求导数（或微分）互为逆运算.

$$\left(\int f(x) \mathrm{d}x\right)' = f(x) \text{ 或 } \mathrm{d}\left(\int f(x) \mathrm{d}x\right) = f(x) \mathrm{d}x, \tag{3-1}$$

$$\int f'(x) \mathrm{d}x = f(x) + C \text{ 或 } \int \mathrm{d}f(x) = f(x) + C. \tag{3-2}$$

也就是说，不定积分的导数（或微分）等于被积函数（或被积表达式），如

$$\left(\int \sin x \mathrm{d}x\right)' = (-\cos x + C)' = \sin x.$$

对一个函数的导数（或微分）求不定积分，其结果与此函数仅相差一个积分常数，

$$\int \mathrm{d}(\sin x) = \int \cos x \mathrm{d}x = \sin x + C.$$

性质 2 不为零的常数因子可以提到积分号之前，即

$$\int k f(x) \mathrm{d}x = k \int f(x) \mathrm{d}x \quad (\text{常数 } k \neq 0), \tag{3-3}$$

如

$$\int 2\mathrm{e}^x \mathrm{d}x = 2 \int \mathrm{e}^x \mathrm{d} = 2\mathrm{e}^x + C.$$

性质 3 两个函数代数和的不定积分等于它们不定积分的代数和，即

$$\int [f(x) \pm g(x)] dx = \int f(x) dx \pm \int g(x) dx, \tag{3-4}$$

如

$$\int (2x + \cos x) dx = \int 2x dx + \int \cos x dx = x^2 + \sin x + C.$$

(3-4)式可以推广到任意有限多个函数的代数和的情形,即

$$\int [f_1(x) \pm f_2(x) \pm \cdots \pm f_n(x)] dx = \int f_1(x) dx \pm \int f_2(x) dx \pm \cdots \pm \int f_n(x) dx. \tag{3-5}$$

三、积分的基本公式

因为求不定积分是求导数的逆运算,所以由基本导数公式可以对应地得到基本积分公式.

(1) $\int k\, dx = kx + C$;　　　　　　　　(2) $\int x^a dx = \dfrac{1}{a+1} x^{a+1} + C (a \neq -1)$;

(3) $\int e^x dx = e^x + C$;　　　　　　　(4) $\int a^x dx = \dfrac{1}{\ln a} a^x + C (a > 0 \text{ 且 } a \neq 1)$;

(5) $\int \dfrac{1}{x} dx = \ln |x| + C (x \neq 0)$;　　(6) $\int \cos x\, dx = \sin x + C$;

(7) $\int \sin x\, dx = -\cos x + C$;　　　(8) $\int \sec^2 x\, dx = \tan x + C$;

(9) $\int \csc^2 x\, dx = -\cot x + C$;　　(10) $\int \sec x \tan x\, dx = \sec x + C$;

(11) $\int \csc x \cot x\, dt = -\csc x + C$;　(12) $\int \dfrac{1}{\sqrt{1-x^2}} dx = \arcsin x + C$;

(13) $\int \dfrac{1}{1+x^2} dx = \arctan x + C$.

利用不定积分的性质和基本积分公式,可求出一些简单函数的不定积分,通常把这些积分法称为直接积分法.

例 4　求 $\int \dfrac{1}{x^2} dx$.

【解】 $\int \dfrac{1}{x^2} dx = \int x^{-2} dx = \dfrac{1}{-2+1} x^{-2+1} + C = -\dfrac{1}{x} + C.$

例 5　求 $\int x^5 \sqrt{x}\, dx$.

【解】 $\int x^5 \sqrt{x}\, dx = \int x^5 x^{\frac{1}{2}} dx = \int x^{5+\frac{1}{2}} dx = \int x^{\frac{11}{2}} dx = \dfrac{1}{\frac{11}{2}+1} x^{\frac{11}{2}+1} + C = \dfrac{2}{13} x^{\frac{13}{2}} + C.$

例 6　求 $\int (x^2 - 3) x^3 dx$.

【解】 $\int (x^2 - 3) x^3 dx = \int (x^5 - 3x^3) dx = \dfrac{1}{6} x^6 - \dfrac{3}{4} x^4 + C.$

例7 求 $\int (e^x - 3^x)dx$.

【解】 $\int (e^x - 3^x)dx = \int e^x dx - \int 3^x dx = e^x - \dfrac{1}{\ln 3}3^x + C.$

例8 求 $\int \dfrac{(x-1)^3}{x^2}dx$.

【解】 $\int \dfrac{(x-1)^3}{x^2}dx = \int \dfrac{x^3 - 3x^2 + 3x - 1}{x^2}dx = \int \left(x - 3 + \dfrac{3}{x} - \dfrac{1}{x^2}\right)dx$
$= \dfrac{1}{2}x^2 - 3x + 3\ln|x| + \dfrac{1}{x} + C.$

例9 求 $\int \dfrac{1+x+x^2}{x(1+x^2)}dx$.

【解】 先对被积函数进行拆项,将其变成基本积分表中的函数,再逐项积分.

$\int \dfrac{1+x+x^2}{x(1+x^2)}dx = \int \dfrac{x + (1+x^2)}{x(1+x^2)}dx = \int \left(\dfrac{1}{1+x^2} + \dfrac{1}{x}\right)dx = \arctan x + \ln|x| + C.$

例10 求 $\int \tan^2 x\, dx$.

【解】 $\int \tan^2 x\, dx = \int (\sec^2 x - 1)dx = \int \sec^2 x\, dx - \int 1 dx = \tan x - x + C.$

例11 求 $\int \dfrac{1}{\sin^2 x \cos^2 x}dx$.

【解】 $\int \dfrac{1}{\sin^2 x \cos^2 x}dx = \int \dfrac{\sin^2 x + \cos^2 x}{\sin^2 x \cos^2 x}dx = \int \left(\dfrac{1}{\cos^2 x} + \dfrac{1}{\sin^2 x}\right)dx$
$= \tan x - \cot x + C.$

任务训练 3-1

1. 求下列不定积分.

(1) $\int (\sqrt{x} - 2)x\, dx$;

(2) $\int (e^x - 3\cos x)dx$;

(3) $\int \dfrac{(1-x)^2}{\sqrt{x}}dx$;

(4) $\int (\sqrt{x} + 1)(\sqrt{x^3} - 1)dx$;

(5) $\int \dfrac{\sqrt{x} - 1}{x}dx$;

(6) $\int \dfrac{x^2}{1+x^2}dx$;

(7) $\int \dfrac{1}{x^2(1+x^2)}dx$;

(8) $\int e^{x+3}dx$;

(9) $\int \dfrac{e^{2x} - 1}{e^x - 1}dx$;

(10) $\int (\cos x - \sec^2 x + \sin x)dx$;

(11) $\int \cot^2 x\, dx$;

(12) $\int \dfrac{x^4}{1+x^2}dx$;

(13) $\int \dfrac{\cos 2x}{\cos x + \sin x}dx$;

(14) $\int \dfrac{dx}{1+\cos 2x}$.

2. 设曲线过点 $(1, 5)$,且在任意点 (x, y) 处的切线斜率为 $4x^3 - 1$,求该曲线方程.

3. 设某产品的产量 $Q = Q(t)$,则 Q 关于 t 的导数 $Q'(t)$ 称为此种产品的边际产量. 若已知 $Q'(t) = 5 - \dfrac{t}{10\,000}$,试求此产品的产量与时间的关系.

任务二 掌握不定积分的换元积分法

直接利用基本积分公式和性质计算不定积分的机会是很少的,本次任务是把复合函数的求导法则反过来用于不定积分,得到不定积分的换元积分法.

一、第一类换元积分法(凑微分法)

若被积函数 $g(x)$ 可以写成

$$g(x) = f[\varphi(x)] \cdot \varphi'(x),$$

则可以令 $u = \varphi(x)$,由复合函数的微分法,有

$$\int g(x)\,\mathrm{d}x = \int f[\varphi(x)]\varphi'(x)\,\mathrm{d}x = \int f(u)\,\mathrm{d}u \bigg|_{u=\varphi(x)},$$

于是有下述定理.

定理 1 设 $f(u)$ 具有原函数 $F(u)$,$u = \varphi(x)$ 可导,则有换元公式

$$\int f[\varphi(x)]\varphi'(x)\,\mathrm{d}x = \int f(u)\,\mathrm{d}u = F[\varphi(x)] + C.$$

第一类换元积分法实际上是将 $\varphi'(x)\mathrm{d}x$ 凑成微分 $\varphi'(x)\mathrm{d}x = \mathrm{d}\varphi(x)$,因此第一类换元积分法也称作凑微分法.

例1 求 $\int \cos(2x+3)\,\mathrm{d}x$.

【解】 因为 $\mathrm{d}(2x+3) = 2 \cdot \mathrm{d}x$,所以 $\mathrm{d}x = \dfrac{\mathrm{d}(2x+3)}{2}$. 若令 $u = 2x+3$,有 $\mathrm{d}x = \dfrac{1}{2}\mathrm{d}u$,则

$$\int \cos(2x+3)\,\mathrm{d}x = \frac{1}{2}\int \cos(2x+3)\,\mathrm{d}(2x+3)$$

$$= \frac{1}{2}\int \cos u\,\mathrm{d}u = \frac{1}{2}\sin u + C = \frac{1}{2}\sin(2x+3) + C.$$

例2 求 $\int (3x-7)^{10}\,\mathrm{d}x$.

【解】 因为 $\mathrm{d}(3x-7) = 3 \cdot \mathrm{d}x$,所以 $\mathrm{d}x = \dfrac{\mathrm{d}(3x-7)}{3}$.

若令 $u = 3x-7$,则 $\mathrm{d}x = \dfrac{1}{3}\mathrm{d}u$,有

$$\int (3x-7)^{10} dx = \frac{1}{3} \int (3x-7)^{10} d(3x-7)$$
$$= \frac{1}{3} \int u^{10} du = \frac{1}{33} u^{11} + C = \frac{1}{33}(3x-7)^{11} + C.$$

由以上两例,有下列一般形式,

$$\int f(ax+b) dx = \frac{1}{a} \int f(ax+b) d(ax+b) \quad (a \neq 0).$$

在熟练使用凑微分法以后,可以不写出中间变量 u.

例 3 求 $\int x \sin(x^2+1) dx$.

【解】 $\int x \sin(x^2+1) dx = \frac{1}{2} \int \sin(x^2+1) d(x^2+1) = -\frac{1}{2} \cos(x^2+1) + C.$

例 4 求 $\int 2x^3 \sqrt{x^4+1} dx$.

【解】 $\int 2x^3 \sqrt{x^4+1} dx = \frac{1}{2} \int \sqrt{x^4+1} d(x^4+1) = \frac{1}{3}(x^4+1)^{\frac{3}{2}} + C.$

一般地,有

$$\int x^{a-1} f(x^a) dx = \frac{1}{a} \int f(x^a) d(x^a).$$

例 5 求 $\int \tan x \, dx$.

【解】 $\int \tan x \, dx = \int \frac{1}{\cos x} \cdot \sin x \, dx = -\int \frac{1}{\cos x} d\cos x = -\ln|\cos x| + C$,则

$$\int \tan x \, dx = -\ln|\cos x| + C.$$

同理,

$$\int \cot x \, dx = \ln|\sin x| + C.$$

例 6 求 $\int \sin^3 x \, dx$.

【解】 $\int \sin^2 x \cdot \sin x \, dx = -\int (1-\cos^2 x) d\cos x = -\left(\cos x - \frac{1}{3}\cos^3 x\right) + C.$

一般地,有

$$\int \sin x f(\cos x) dx = -\int f(\cos x) d\cos x,$$
$$\int \cos x f(\sin x) dx = \int f(\sin x) d\sin x.$$

例 7 求 $\int e^x \cos e^x dx$.

$$\int e^x \cos e^x dx = \int \cos e^x de^x = \sin e^x + C.$$

一般地,有
$$\int e^x f(e^x) dx = \int f(e^x) de^x.$$

例 8 求 $\int \dfrac{1}{x(1+2\ln x)} dx$.

【解】 $\int \dfrac{1}{x(1+2\ln x)} dx = \int \dfrac{1}{1+2\ln x} d\ln x = \dfrac{1}{2} \int \dfrac{1}{1+2\ln x} d(2\ln x + 1)$
$= \dfrac{1}{2} \ln |1+2\ln x| + C.$

一般地,有
$$\int \dfrac{1}{x} f(\ln x) dx = \int f(\ln x) d\ln x.$$

例 9 求 $\int \sec^4 x\, dx$.

【解】 $\int \sec^4 x\, dx = \int \sec^2 x \cdot \sec^2 x\, dx = \int \sec^2 x\, d\tan x$
$= \int (1+\tan^2 x) d\tan x = \tan x + \dfrac{1}{3} \tan^3 x + C.$

一般地,有
$$\int \sec^2 x f(\tan x) dx = \int f(\tan x) d\tan x.$$

例 10 求 $\int \sec x\, dx$.

【解】 $\int \sec x\, dx = \int \dfrac{\sec x (\sec x + \tan x)}{\sec x + \tan x} dx = \int \dfrac{1}{\sec x + \tan x} d(\sec x + \tan x)$
$= \ln |\sec x + \tan x| + C.$

类似地,可得
$$\int \csc x\, dx = \ln |\csc x - \cot x| + C.$$

例 11 求 $\int \dfrac{1}{a^2+x^2} dx\, (a \neq 0)$.

【解】 $\int \dfrac{1}{a^2+x^2} dx = \int \dfrac{1}{a^2 \left[1+\left(\dfrac{x}{a}\right)^2\right]} dx = \dfrac{1}{a} \int \dfrac{1}{1+\left(\dfrac{x}{a}\right)^2} d\left(\dfrac{x}{a}\right) = \dfrac{1}{a} \arctan \dfrac{x}{a} + C.$

例 12 求 $\int \dfrac{1}{\sqrt{a^2-x^2}} dx\, (a > 0)$.

【解】 $\int \dfrac{1}{\sqrt{a^2-x^2}} dx = \int \dfrac{1}{\sqrt{a^2 \left[1-\left(\dfrac{x}{a}\right)^2\right]}} dx = \int \dfrac{1}{\sqrt{1-\left(\dfrac{x}{a}\right)^2}} d\left(\dfrac{x}{a}\right)$
$= \arcsin \dfrac{x}{a} + C.$

二、第二类换元积分法(换元法)

定理 2 设 $x = \psi(t)$ 是单调、可导的函数,且 $\psi'(t) \neq 0$,又设 $f[\psi(t)]\psi'(t)$ 具有原函数 $F(t)$,则有换元公式

$$\int f(x) \mathrm{d}x = \int f[\psi(t)]\psi'(t) \mathrm{d}t = F(t) + C = F[\psi^{-1}(x)] + C,$$

其中,$\psi^{-1}(x)$ 是 $x = \psi(t)$ 的反函数.

证明从略.

例 13 求 $\displaystyle\int \frac{1}{1-\sqrt{x}} \mathrm{d}x$.

【解】 设 $\sqrt{x} = t$,$x = t^2$,$\mathrm{d}x = 2t \mathrm{d}t$.

$$\int \frac{1}{1-\sqrt{x}} \mathrm{d}x = 2\int \frac{t}{1-t} \mathrm{d}t = 2\int \left(-1 + \frac{1}{1-t}\right) \mathrm{d}t$$
$$= -2t - 2\ln|1-t| + C = -2\sqrt{x} - 2\ln|1-\sqrt{x}| + C.$$

例 14 求 $\displaystyle\int \sqrt{a^2-x^2} \mathrm{d}x \, (a > 0)$.

【解】 设 $x = a\sin t \left(-\dfrac{\pi}{2} \leqslant t \leqslant \dfrac{\pi}{2}\right)$,则 $\mathrm{d}x = a\cos t \mathrm{d}t$,

$$\sqrt{a^2-x^2} = \sqrt{a^2 - a^2\sin^2 t} = a\cos t,$$

$$\int \sqrt{a^2-x^2} \mathrm{d}x = \int a\cos t \cdot a\cos t \mathrm{d}t = a^2 \int \cos^2 t \mathrm{d}t = a^2 \int \frac{1+\cos 2t}{2} \mathrm{d}t$$
$$= a^2 \left(\frac{1}{2}t + \frac{1}{4}\sin 2t\right) + C = a^2 \left(\frac{1}{2}t + \frac{1}{2}\sin t \cos t\right) + C.$$

为了便于将 t 换回 x 的函数,由 $\sin t = \dfrac{x}{a}$ 做辅助三角形,如图 3-2 所示,易得 $\cos t = \dfrac{\sqrt{a^2-x^2}}{a}$. 于是,

$$\int \sqrt{a^2-x^2} \mathrm{d}x = \frac{a^2}{2}\arcsin \frac{x}{a} + \frac{x}{2}\sqrt{a^2-x^2} + C.$$

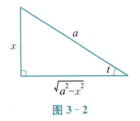

图 3-2

例 15 求 $\displaystyle\int \frac{1}{\sqrt{a^2+x^2}} \mathrm{d}x \, (a > 0)$.

【解】 $x = a\tan t \left(-\dfrac{\pi}{2} \leqslant t \leqslant \dfrac{\pi}{2}\right)$,则 $\mathrm{d}x = a\sec^2 t \mathrm{d}t$,

$$\sqrt{a^2+x^2} = \sqrt{a^2 + a^2\tan^2 t} = a\sec t,$$

$$\int \frac{1}{\sqrt{a^2+x^2}} \mathrm{d}x = \int \frac{1}{a\sec t} a\sec^2 t \mathrm{d}t = \int \sec t \mathrm{d}t = \ln|\sec t + \tan t| + C_1.$$

由 $\tan t = \dfrac{x}{a}$，做辅助三角形，如图 3-3 所示，得 $\sec t = \dfrac{\sqrt{a^2+x^2}}{a}$.

于是，

$$\int \dfrac{1}{\sqrt{a^2+x^2}} dx = \ln \left| \dfrac{x}{a} + \dfrac{\sqrt{a^2+x^2}}{a} \right| + C_1 = \ln |x + \sqrt{a^2+x^2}| + C,$$

其中，$C = C_1 - \ln a$.

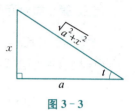

图 3-3

例 16 求 $\int \dfrac{1}{\sqrt{x^2-a^2}} dx (a>0)$.

【解】 当 $x>a$ 时，设 $x = a \sec t \left(0 < t < \dfrac{\pi}{2}\right)$，则 $dx = a \sec t \cdot \tan t \, dt$，

$$\sqrt{x^2-a^2} = \sqrt{a^2 \sec^2 t - a^2} = a \tan t,$$

$$\int \dfrac{1}{\sqrt{x^2-a^2}} dx = \int \dfrac{1}{a \tan t} a \sec t \cdot \tan t \, dt = \int \sec t \, dt = \ln|\sec t + \tan t| + C_1.$$

由 $\sec t = \dfrac{x}{a}$ 做辅助三角形，如图 3-4 所示，易得 $\tan t = \dfrac{\sqrt{x^2-a^2}}{a}$. 于是，

$$\int \dfrac{1}{\sqrt{x^2-a^2}} dx = \ln \left| \dfrac{x}{a} + \dfrac{\sqrt{x^2-a^2}}{a} \right| + C_1 = \ln|x + \sqrt{x^2-a^2}| + C,$$

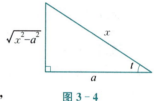

图 3-4

其中，$C = C_1 - \ln a$.

当 $x < -a$ 时，同样可得

$$\int \dfrac{1}{\sqrt{x^2-a^2}} dx = \ln|-x - \sqrt{x^2-a^2}| + C.$$

综合起来，有

$$\int \dfrac{1}{\sqrt{x^2-a^2}} dx = \ln|x + \sqrt{x^2-a^2}| + C.$$

通过上述 3 个例题可以看到，当被积函数含有 $\sqrt{a^2-x^2}$，$\sqrt{a^2+x^2}$，$\sqrt{x^2-a^2}$ 时，可以分别代换 $x = a\sin t$，$x = a\tan t$，$x = a\sec t$，从而化去根式.

对于被积函数含有根式 $\sqrt{ax+b}(a \neq 0)$，可以采用代换 $\sqrt{ax+b} = t$.

例 17 求 $\int \dfrac{\sqrt[3]{x}}{x(\sqrt{x} + \sqrt[3]{x})} dx$.

【解】 令 $\sqrt[6]{x} = t$，则 $x = t^6$，$dx = 6t^5 dt$，

$$\int \dfrac{\sqrt[3]{x}}{x(\sqrt{x} + \sqrt[3]{x})} dx = \int \dfrac{t^2}{t^6(t^3+t^2)} \cdot 6t^5 dt = \int \dfrac{6}{t(t+1)} dt = 6\int \left(\dfrac{1}{t} - \dfrac{1}{t+1}\right) dt$$

$$= 6(\ln|t| - \ln|t+1|) + C = \ln \dfrac{x}{(\sqrt[6]{x}+1)^6} + C.$$

任务训练 3-2

1. 求下列不定积分.

(1) $\int \dfrac{2}{2x+3}\mathrm{d}x$;

(2) $\int \sqrt[3]{2-5x}\,\mathrm{d}x$;

(3) $\int x\mathrm{e}^{x^2}\mathrm{d}x$;

(4) $\int \dfrac{x}{x^2+1}\mathrm{d}x$;

(5) $\int x^2\mathrm{e}^{-x^3}\mathrm{d}x$;

(6) $\int \dfrac{\mathrm{e}^x}{1+\mathrm{e}^{2x}}\mathrm{d}x$;

(7) $\int \dfrac{1}{\mathrm{e}^x+\mathrm{e}^{-x}+2}\mathrm{d}x$;

(8) $\int \dfrac{\mathrm{e}^x}{1-\mathrm{e}^x}\mathrm{d}x$;

(9) $\int \dfrac{\ln^2 x}{x}\mathrm{d}x$;

(10) $\int \mathrm{e}^{\tan 3x}\sec^2(3x)\mathrm{d}x$;

(11) $\int \dfrac{1-\cos x}{\sin^2 x}\mathrm{d}x$;

(12) $\int \dfrac{1}{1-\cos x}\mathrm{d}x$;

(13) $\int \dfrac{\cos\sqrt{x}}{\sqrt{x}}\mathrm{d}x$;

(14) $\int \tan^5 x \sec^4 x\,\mathrm{d}x$;

(15) $\int \sin^2 x \cos^3 x\,\mathrm{d}x$;

(16) $\int \left(\dfrac{1}{\sqrt{3-x^2}}+\dfrac{1}{\sqrt{1-3x^2}}\right)\mathrm{d}x$;

(17) $\int \dfrac{x}{4+x^4}\mathrm{d}x$;

(18) $\int \dfrac{1-x}{\sqrt{1-x^2}}\mathrm{d}x$;

(19) $\int \dfrac{\mathrm{e}^{\frac{1}{x}}}{x^2}\mathrm{d}x$;

(20) $\int \dfrac{1}{(x+1)(x+3)}\mathrm{d}x$.

2. 计算下列不定积分.

(1) $\int \dfrac{1}{1+\sqrt{1+x}}\mathrm{d}x$;

(2) $\int \dfrac{x}{\sqrt{x-1}}\mathrm{d}x$;

(3) $\int \dfrac{1}{1+\sqrt[3]{x}}\mathrm{d}x$;

(4) $\int \dfrac{\sqrt{x}}{\sqrt{x}-\sqrt[3]{x}}\mathrm{d}x$.

3. 近日环保局对日本地震造成核电站放射性碘物质泄漏事件进行调查,监测结果显示:出事当日,大气辐射水平是可接受的最大限度的 4 倍,于是环保局下令当地居民立即撤离这一地区.已知碘物质放射源的辐射水平按下式衰减:

$$R(t)=R_0\mathrm{e}^{-0.004t},$$

其中,R 是 t 时刻的辐射水平(单位:毫伦琴每小时),R_0 是初始 ($t=0$) 辐射水平.则该地降低到可接受的辐射水平需要多长时间?

任务三 掌握不定积分的分部积分法

设函数 $u(x)$,$v(x)$ 简写为 u,v,由微分公式得

$$d(uv) = u\,dv + v\,du.$$

移项得
$$u\,dv = d(uv) - v\,du.$$

两边积分,则有
$$\int u\,dv = \int d(uv) - \int v\,du,$$

即
$$\int u\,dv = uv - \int v\,du.$$

这个公式称为分部积分公式. 在应用分部积分法时,恰当选择 u 和 dv 是关键. 选择 u 和 dv 一般考虑以下两点:

(1) v 要容易求出,这是用分部积分法的前提.

(2) $\int v\,du$ 要比 $\int u\,dv$ 容易计算,这是用分部积分法要达到的目的.

下面举例来说明其应用.

例 1 求 $\int x\cos x\,dx$.

【解】 设 $u = x$,$dv = \cos x\,dx = d\sin x$,于是,
$$du = dx,\quad v = \sin x.$$

这时,
$$\int x\cos x\,dx = x\sin x - \int \sin x\,dx = x\sin x + \cos x + C.$$

如果选取 $u = \cos x$,$dv = x\,dx = \dfrac{1}{2}d(x^2)$,则

$$\int x\cos x\,dx = \frac{1}{2}\int \cos x\,d(x^2) = \frac{1}{2}x^2\cos x - \frac{1}{2}\int x^2\,d\cos x = \frac{1}{2}x^2\cos x + \frac{1}{2}\int x^2\sin x\,dx.$$

上式右边的积分 $\int x^2\sin x\,dx$ 比左边的积分 $\int x\cos x\,dx$ 更复杂. 可见,u 和 dv 选择不当,将直接影响到积分的计算.

例 2 求 $\int x^2 e^x\,dx$.

【解】设 $u = x^2$,$dv = e^x\,dx = de^x$,于是,

$$\int x^2 e^x\,dx = \int x^2\,de^x = x^2 e^x - \int e^x\,d(x^2) = x^2 e^x - 2\int x e^x\,dx = x^2 e^x - 2\int x\,de^x$$
$$= x^2 e^x - 2\left(x e^x - \int e^x\,dx\right) = x^2 e^x - 2x e^x + 2e^x + C.$$

例 3 求 $\int \ln x\,dx$.

【解】 这里被积函数可看作 $\ln x$ 与 1 的乘积. 设 $u = \ln x$,$dv = dx$,于是,

$$du = \frac{1}{x}dx, \quad v = x,$$

$$\int \ln x \, dx = x \ln x - \int x \cdot \frac{1}{x} dx = x \ln x - x + C.$$

当运算熟练之后,分部积分的替换过程可以省略.

例 4 求 $\int x \arctan x \, dx$.

【解】
$$\int x \arctan x \, dx = \int \frac{1}{2} \arctan x \, d(x^2)$$
$$= \frac{1}{2}x^2 \arctan x - \frac{1}{2}\int \frac{x^2}{1+x^2}dx$$
$$= \frac{1}{2}x^2 \arctan x - \frac{1}{2}\int \left(1 - \frac{1}{1+x^2}\right)dx$$
$$= \frac{1}{2}x^2 \arctan x - \frac{1}{2}x + \frac{1}{2}\arctan x + C$$
$$= \frac{1}{2}(x^2+1)\arctan x - \frac{1}{2}x + C.$$

例 5 求 $\int x^2 \sin x \, dx$.

【解】 $\int x^2 \sin x \, dx = -\int x^2 \, d\cos x = -x^2 \cos x + 2\int x \cos x \, dx.$

积分 $\int x \cos x \, dx$ 仍不能立即求出,还需要再次运用分部积分公式.

$$\int x \cos x \, dx = \int x \, d\sin x = x \sin x - \int \sin x \, dx = x \sin x + \cos x + C.$$

所以
$$\int x^2 \sin x \, dx = -\int x^2 \, d\cos x = -x^2 \cos x + 2x \sin x + 2\cos x + C.$$

由例 5 可以看出,对某些不定积分,有时需要连续几次运用分部积分公式.

例 6 求 $\int e^x \sin x \, dx$.

【解】 设 $u = \sin x$, $dv = e^x dx$,则 $du = \cos x \, dx$, $v = e^x$,

$$\int e^x \sin x \, dx = e^x \sin x - \int e^x \cos x \, dx.$$

对右端积分再用一次分部积分公式.

设 $u = \cos x$, $dv = e^x dx$,则 $du = -\sin x \, dx$, $v = e^x$,

$$\int e^x \cos x \, dx = e^x \cos x + \int e^x \sin x \, dx.$$

将 $\int e^x \cos x \, dx$ 代入上式得

$$\int e^x \sin x \, dx = e^x \sin x - e^x \cos x - \int e^x \sin x \, dx.$$

移项得

$$2\int e^x \sin x \, dx = e^x \sin x - e^x \cos x + C,$$

$$\int e^x \sin x \, dx = \frac{1}{2} e^x (\sin x - \cos x) + C.$$

说明 在例 6 中连续两次应用分部积分公式，而且第一次取 $u = \sin x$，第二次必须取 $u = \cos x$，即两次所取的 $u(x)$ 一定要是同类函数；假如第二次取的 $u(x)$ 为 e^x，即 $u(x) = e^x$，则计算结果将回到原题.

以上我们介绍了求不定积分的基本方法，利用它们可以求出一些函数的积分. 在求不定积分问题中方法较多，需要灵活应用. 同时要注意以下 2 个问题.

（1）任意初等函数的导数还是初等函数，但是初等函数的原函数未必就是初等函数. 例如，虽然 $\int e^{-x^2} dx$，$\int \frac{\sin x}{x} dx$ 都存在，却无法用初等函数表示. 在这种意义下，并不是任何初等函数的原函数都能"求出"来的.

（2）求初等函数的导数有求导法则可以遵循，但是求原函数的问题要比求导数复杂得多，只有少数函数能够通过技巧求出它的原函数.

任务训练 3-3

1. 求下列不定积分.

(1) $\int x e^{-2x} dx$；

(2) $\int x \sin x \cos x \, dx$；

(3) $\int x^2 \ln x \, dx$；

(4) $\int \arcsin x \, dx$；

(5) $\int e^{-x} \cos x \, dx$；

(6) $\int \ln^2 x \, dx$；

(7) $\int x \sec^2 x \, dx$；

(8) $\int x^2 \arctan x \, dx$；

(9) $\int \ln(x + \sqrt{1+x^2}) \, dx$；

(10) $\int \frac{1}{\sqrt{x}} \arcsin \sqrt{x} \, dx$.

任务四　理解定积分的概念与性质

一、引例

1. 求曲边梯形的面积

在初等数学中，已经求过平面直边图形的面积，如三角形、矩形等. 而平面上还有一种图形——曲边梯形，它由 3 条直角边和 1 条曲线围成，现在来求它的面积.

如图 3-5 所示，设 $y=f(x)$ 在区间 $[a,b]$ 上非负、连续，求由直线 $x=a$，$x=b$，$y=0$ 及曲线 $y=f(x)$ 围成的曲边梯形的面积．

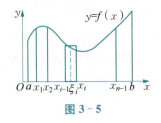

图 3-5

在区间 $[a,b]$ 中任意插入若干个分点，
$$a=x_0<x_1<x_2<\cdots<x_{n-1}<x_n=b,$$
把 $[a,b]$ 分成 n 个小区间 $[x_0,x_1]$，$[x_1,x_2]$，$\cdots$，$[x_{n-1},x_n]$，每个区间的长度表示为
$$\Delta x_i=x_i-x_{i-1} \quad (i=1,2,\cdots,n),$$

曲边梯形随着底的分割，被分成了 n 个窄曲边梯形．在每个小区间 $[x_{i-1},x_i]$ 上任取一点 $\xi_i(i=1,2,\cdots,n)$，以 $[x_{i-1},x_i]$ 为底、$f(\xi_i)$ 为高的窄矩形的面积，近似代替第 i 个窄曲边梯形的面积 ΔA_i，则
$$\Delta A_i\approx f(\xi_i)\Delta x_i.$$

把 n 个窄曲边梯形的面积相加，得到曲边梯形面积的近似值
$$A\approx\sum_{i=1}^n f(\xi_i)\Delta x_i.$$

取 $\lambda=\max\{\Delta x_1,\Delta x_2,\cdots,\Delta x_n\}$，则当 $\lambda\to0$ 时，得到的曲边梯形的面积
$$A=\lim_{\lambda\to0}\sum_{i=1}^n f(\xi_i)\Delta x_i.$$

2. 求变速直线运动的路程

设物体做变速直线运动，其速度 $v=v(t)$ 在时间间隔 $[T_1,T_2]$ 上连续，求其在 $[T_1,T_2]$ 内运动的路程 s.

将时间间隔 $[T_1,T_2]$ 分成 n 个小的时间间隔 $[t_0,t_1]$，$[t_1,t_2]$，$\cdots$，$[t_{n-1},t_n]$，每个小的时间间隔的长度记作
$$\Delta t_i=t_i-t_{i-1} \quad (i=1,2,\cdots,n).$$

任取一点 $\xi_i\in[t_{i-1},t_i]$，速度 $v(\xi_i)$ 可以近似看成物体在 $[t_{i-1},t_i]$ 内做匀速运动的速度，则这段时间路程近似为
$$\Delta s_i\approx v(\xi_i)\Delta t_i,$$
物体的总路程
$$s\approx\sum_{i=1}^n v(\xi_i)\Delta t_i.$$

取 $\lambda=\max\{\Delta t_1,\Delta t_2,\cdots,\Delta t_n\}$，则当 $\lambda\to0$ 时，得到的路程为
$$s=\lim_{\lambda\to0}\sum_{i=1}^n v(\xi_i)\Delta t_i.$$

二、定积分的定义

上面两个问题的实际意义不同,但所求的量都与一个函数及其定义区间有关,最后结果的运算形式相同,都是一种和式的极限.在科学技术中,有许多实际问题都是归结为求和的极限,为了求出此极限,给出下面定积分的定义.

定义 设函数 $f(x)$ 在区间 $[a,b]$ 上有界,在区间 $[a,b]$ 中任意插入若干个分点

$$a=x_0<x_1<x_2<\cdots<x_{n-1}<x_n=b,$$

把 $[a,b]$ 分成 n 个小区间 $[x_0,x_1]$,$[x_1,x_2]$,$\cdots$,$[x_{n-1},x_n]$,每个小区间的长度表示为

$$\Delta x_i = x_i - x_{i-1} \quad (i=1,2,\cdots,n).$$

在每个小区间 $[x_{i-1},x_i]$ 上,任取一点 $\xi_i(i=1,2,\cdots,n)$ 作乘积 $f(\xi_i)\Delta x_i$,并作和

$$\sum_{i=1}^{n}f(\xi_i)\Delta x_i.$$

记 $\lambda = \max\{\Delta x_1,\Delta x_2,\cdots,\Delta x_n\}$,如果不论对 $[a,b]$ 怎么分,也不论 ξ_i 怎么取,极限

$$\lim_{\lambda \to 0}\sum_{i=1}^{n}f(\xi_i)\Delta x_i$$

总是确定的值 I,则称极限 I 为函数 $f(x)$ 在区间 $[a,b]$ 上的定积分,记作 $\int_a^b f(x)\mathrm{d}x$,即

$$\int_a^b f(x)\mathrm{d}x = \lim_{\lambda \to 0}\sum_{i=1}^{n}f(\xi_i)\Delta x_i,$$

其中,$f(x)$ 叫作被积函数,$f(x)\mathrm{d}x$ 叫作被积表达式,x 叫作积分变量,a 叫作积分下限,b 叫作积分上限,$[a,b]$ 叫作积分区间.

当和式的极限存在时,$\int_a^b f(x)\mathrm{d}x$ 与被积函数 $f(x)$ 和区间 $[a,b]$ 有关,而与积分变量无关,即

$$\int_a^b f(x)\mathrm{d}x = \int_a^b f(t)\mathrm{d}t = \int_a^b f(u)\mathrm{d}u.$$

当 $\int_a^b f(x)\mathrm{d}x$ 存在时,就称函数 $f(x)$ 在区间 $[a,b]$ 上可积. $\sum_{i=1}^{n}f(\xi_i)\Delta x_i$ 称为 $f(x)$ 的积分和.

根据定积分定义,曲边梯形的面积 $A = \int_a^b f(x)\mathrm{d}x$,变速直线运动的路程 $s = \int_{T_1}^{T_2}v(t)\mathrm{d}t$.

对于定积分,有一个重要问题:函数 $f(x)$ 在 $[a,b]$ 上满足怎样的条件,$f(x)$ 能在 $[a,b]$ 上可积?

下面给出定积分的存在定理.

定理1 若 $f(x)$ 在闭区间 $[a,b]$ 上连续,则 $f(x)$ 在 $[a,b]$ 上可积.

定理2 设 $f(x)$ 在闭区间 $[a,b]$ 上有界,且只有有限个间断点,则 $f(x)$ 在 $[a,b]$ 上可积.

三、定积分的几何意义

(1) 当 $f(x)$ 在 $[a,b]$ 上连续,且 $f(x) \geqslant 0$ 时,定积分 $\int_a^b f(x)\mathrm{d}x$ 表示以 $[a,b]$ 为底,以 $x=a$,$x=b$ 及曲线 $y=f(x)$ 为曲边的曲边梯形面积,即

$$\int_a^b f(x)\mathrm{d}x = A;$$

(2) 当 $f(x)$ 在 $[a,b]$ 上连续,且 $f(x) \leqslant 0$ 时,以 $[a,b]$ 为底,以 $x=a$,$x=b$ 及曲线 $y=f(x)$ 为曲边的曲边梯形在 x 轴的下方,定积分 $\int_a^b f(x)\mathrm{d}x$ 表示该曲边梯形面积的负值,即

$$\int_a^b f(x)\mathrm{d}x = -A;$$

(3) 当 $f(x)$ 在 $[a,b]$ 上连续,且 $f(x)$ 有正、有负时,将在 x 轴上方的部分面积赋予"+"号,将在 x 轴下方的部分面积赋予"−"号,则定积分 $\int_a^b f(x)\mathrm{d}x$ 表示这些面积的代数和,如图 3-6 所示.

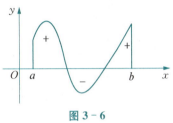

图 3-6

四、定积分的性质

当 $f(x)$ 在 $[a,b]$ 上可积时,规定

$$\int_a^b f(x)\mathrm{d}x = -\int_b^a f(x)\mathrm{d}x.$$

由此规定能推出

$$\int_a^a f(x)\mathrm{d}x = 0.$$

性质 1 $\int_a^b [f(x) \pm g(x)]\mathrm{d}x = \int_a^b f(x)\mathrm{d}x \pm \int_a^b g(x)\mathrm{d}x.$

性质 2 $\int_a^b [kf(x)]\mathrm{d}x = k\int_a^b f(x)\mathrm{d}x$ (k 为常数).

性质 3 (区间可加性) $\int_a^b f(x)\mathrm{d}x = \int_a^c f(x)\mathrm{d}x + \int_c^b f(x)\mathrm{d}x.$

需要指出的是,上式的成立与 c 的位置无关.

性质 4 $\int_a^b \mathrm{d}x = b - a.$

性质 5 若 $f(x) \leqslant g(x)$,$x \in [a,b]$,则

$$\int_a^b f(x)\mathrm{d}x \leqslant \int_a^b g(x)\mathrm{d}x.$$

性质 6 (估值定理) 设 $f(x)$ 在 $[a,b]$ 上的最大值和最小值分别为 M 和 m,则

$$m(b-a) \leqslant \int_a^b f(x)\mathrm{d}x \leqslant M(b-a).$$

性质 7 （积分中值定理） 设函数 $f(x)$ 在 $[a,b]$ 上连续，则至少存在一点 $\xi \in [a,b]$，使

$$\int_a^b f(x)\mathrm{d}x = f(\xi)(b-a).$$

$\dfrac{1}{b-a}\displaystyle\int_a^b f(x)\mathrm{d}x$ 称为函数 $f(x)$ 在 $[a,b]$ 上的平均值．

例 1 用定积分表示下列图形中阴影部分的面积．

【解】 如图 3-7 所示，图(a)中的阴影图形面积为 $A = \displaystyle\int_4^9 2\sqrt{x}\,\mathrm{d}x$．

图(b)中的阴影图形面积为

$$A = A_1 + A_2 = \int_{-\frac{\pi}{2}}^{\frac{\pi}{2}} \cos x\,\mathrm{d}x - \int_{\frac{\pi}{2}}^{\pi} \cos x\,\mathrm{d}x.$$

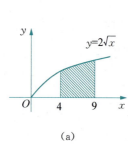
(a)

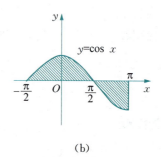
(b)

图 3-7

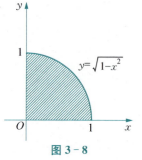

图 3-8

例 2 求 $\displaystyle\int_0^1 \sqrt{1-x^2}\,\mathrm{d}x$．

【解】如图 3-8 所示，图中的阴影部分面积恰好是单位圆面积的 $\dfrac{1}{4}$，有

$$\int_0^1 \sqrt{1-x^2}\,\mathrm{d}x = \frac{\pi}{4}.$$

例 3 比较定积分 $\displaystyle\int_0^1 \mathrm{e}^x\,\mathrm{d}x$ 与 $\displaystyle\int_0^1 (1+x)\,\mathrm{d}x$ 的大小．

【解】 设 $f(x) = \mathrm{e}^x - 1 - x$，$f'(x) = \mathrm{e}^x - 1$．
当 $0 \leqslant x \leqslant 1$ 时，$f(x)$ 在 $[0,1]$ 中单调增加，即 $f(x) > f(0) = 0$，从而 $\mathrm{e}^x > 1+x$，则

$$\int_0^1 \mathrm{e}^x\,\mathrm{d}x \geqslant \int_0^1 (1+x)\,\mathrm{d}x.$$

例 4 证明：$6 \leqslant \displaystyle\int_1^4 (x^2+1)\,\mathrm{d}x \leqslant 51$．

【证】 设 $f(x) = x^2 + 1$，$f'(x) = 2x > 0$，$x \in [1,4]$．
有 $f(1) \leqslant f(x) \leqslant f(4)$，即 $2 \leqslant f(x) \leqslant 17$，则由性质 7 得

$$6 \leqslant \int_1^4 (x^2+1)\,\mathrm{d}x \leqslant 51.$$

任务训练 3-4

1. 利用定积分的几何意义,计算下列定积分的值.

(1) $\int_{-1}^{2} |x| \, dx$;

(2) $\int_{-3}^{3} \sqrt{9-x^2} \, dx$;

(3) $\int_{0}^{2\pi} \sin x \, dx$;

(4) $\int_{-\frac{\pi}{4}}^{\frac{\pi}{4}} \tan x \, dx$.

2. 利用定积分的几何意义,判断下列积分的值是正的还是负的(不必计算).

(1) $\int_{0}^{\frac{\pi}{2}} \sin x \, dx$;

(2) $\int_{-\frac{\pi}{2}}^{0} \sin x \cos x \, dx$;

(3) $\int_{-2}^{5} x^4 \, dx$.

3. 不计算积分的值,比较大小.

(1) $\int_{0}^{1} x^2 \, dx$ 与 $\int_{0}^{1} x^3 \, dx$;

(2) $\int_{1}^{2} x^2 \, dx$ 与 $\int_{1}^{2} x^3 \, dx$;

(3) $\int_{1}^{2} \ln x \, dx$ 与 $\int_{1}^{2} (\ln x)^2 \, dx$;

(4) $\int_{0}^{1} \cos x \, dx$ 与 $\int_{0}^{1} \cos^2 x \, dx$.

4. 估计下列各式的值.

(1) $\int_{0}^{1} e^{-x^2} \, dx$;

(2) $\int_{1}^{5} (2x^3 + 1) \, dx$.

任务五 掌握微积分基本公式

一、积分上限函数

设 $f(x)$ 在 $[a,b]$ 上连续,在 $[a,b]$ 上任取一点 x,则 $\int_{a}^{x} f(t) \, dt$ 有确定的值与 x 对应,因此 $\int_{a}^{x} f(t) \, dt$ 在 $[a,b]$ 上确定了一个函数,称为积分上限函数,记作 $\Phi(x)$,即

$$\Phi(x) = \int_{a}^{x} f(t) \, dt.$$

定理 1 设 $f(x)$ 在 $[a,b]$ 上连续,则积分上限函数

$$\Phi(x) = \int_{a}^{x} f(t) \, dt$$

在 $[a,b]$ 上具有导数,且 $\Phi'(x) = f(x)$.

【证】 设 $x \in (a,b)$,给 x 以增量 Δx,且 $x + \Delta x \in (a,b)$,则

$$\Phi(x + \Delta x) - \Phi(x) = \int_{a}^{x+\Delta x} f(t) \, dt - \int_{a}^{x} f(t) \, dt = \int_{x}^{x+\Delta x} f(t) \, dt$$

$$= f(\xi) \Delta x \quad (\xi \text{ 介于 } x \text{ 与 } x + \Delta x \text{ 之间}).$$

$$\Phi'(x) = \lim_{\Delta x \to 0} \frac{\Phi(x + \Delta x) - \Phi(x)}{\Delta x} = \lim_{\Delta x \to 0} \frac{f(\xi) \Delta x}{\Delta x} = f(x).$$

当 $x=a$ 时,取 $\Delta x>0$,可证 $\Phi'_+(a)=f(a)$;当 $x=b$ 时,取 $\Delta x<0$,可证 $\Phi'_-(b)=f(b)$.

定理2 若 $f(x)$ 在 $[a,b]$ 上连续,$\Phi(x)=\int_a^x f(t)\mathrm{d}t$ 就是 $f(x)$ 在 $[a,b]$ 上的一个原函数. 若 $f(x)$ 在 $[a,b]$ 上连续,$u(x)$,$v(x)$ 在 $[a,b]$ 上可导,则有下列求导公式.

(1) $\left(\int_a^{u(x)} f(t)\mathrm{d}t\right)'=f[u(x)]u'(x)$;

(2) $\left(\int_{v(x)}^b f(t)\mathrm{d}t\right)'=-f[v(x)]v'(x)$.

例1 求函数 $f(x)=\int_{-2}^x \cos^2 t\,\mathrm{d}t$ 在 $x=\pi$ 处的导数.

【解】 $f'(x)=\cos^2 x$,故 $f'(\pi)=\cos^2 \pi=1$.

例2 求 $F(x)=\int_0^{\sqrt{x}} \sin^2 t\,\mathrm{d}t$,求 $\dfrac{\mathrm{d}F(x)}{\mathrm{d}x}$.

【解】 $\dfrac{\mathrm{d}F(x)}{\mathrm{d}x}=\sin^2\sqrt{x}\cdot(\sqrt{x})'=\dfrac{\sin^2\sqrt{x}}{2\sqrt{x}}$.

例3 计算 $\displaystyle\lim_{x\to 0}\dfrac{\int_0^x \sin t\,\mathrm{d}t}{\sin^2 x}$.

【解】 $\displaystyle\lim_{x\to 0}\dfrac{\int_0^x \sin t\,\mathrm{d}t}{\sin^2 x}=\lim_{x\to 0}\dfrac{\int_0^x \sin t\,\mathrm{d}t}{x^2}=\lim_{x\to 0}\dfrac{\sin x}{2x}=\dfrac{1}{2}$.

二、微积分基本公式

定理3 若函数 $F(x)$ 是连续函数 $f(x)$ 在 $[a,b]$ 上的一个原函数,则

$$\int_a^b f(x)\mathrm{d}x=F(b)-F(a).$$

【证】 因为 $f(x)$ 在 $[a,b]$ 上连续,所以 $\Phi(x)=\int_a^x f(t)\mathrm{d}t$ 也是 $f(x)$ 的原函数,则

$$F(x)-\int_a^x f(t)\mathrm{d}t=C.$$

令 $x=a$,得

$$F(a)=C.$$

再令 $x=b$,得

$$F(b)-\int_a^b f(t)\mathrm{d}t=C,$$

即

$$\int_a^b f(x)\mathrm{d}x=F(b)-F(a).$$

上述公式通常表示为

$$\int_a^b f(x)\,\mathrm{d}x = F(x)\big|_a^b = F(b) - F(a).$$

此公式称为微积分基本公式或牛顿-莱布尼茨公式,简称为 N-L 公式.

例 4 计算 $\int_0^{\frac{\pi}{2}} \sin x\,\mathrm{d}x$.

【解】 因为 $(-\cos x)' = \sin x$,则

$$\int_0^{\frac{\pi}{2}} \sin x\,\mathrm{d}x = -\cos x\big|_0^{\frac{\pi}{2}} = \cos 0 - \cos\frac{\pi}{2} = 1.$$

例 5 计算 $\int_0^1 \frac{x^2}{1+x^2}\,\mathrm{d}x$.

【解】 $\int_0^1 \frac{x^2}{1+x^2}\,\mathrm{d}x = \int_0^1 \frac{x^2+1-1}{x^2+1}\,\mathrm{d}x = \int_0^1 \mathrm{d}x - \int_0^1 \frac{1}{1+x^2}\,\mathrm{d}x$

$$= x\big|_0^1 - \arctan x\big|_0^1 = 1 - \arctan 1 + \arctan 0 = 1 - \frac{\pi}{4}.$$

例 6 计算 $\int_{-1}^3 |x-1|\,\mathrm{d}x$.

【解】 被积函数是分段函数,

$$|x-1| = \begin{cases} 1-x, & x \leqslant 1, \\ x-1, & x > 1. \end{cases}$$

由定积分的区间可加性,有

$$\int_{-1}^3 |x-1|\,\mathrm{d}x = \int_{-1}^1 (1-x)\,\mathrm{d}x + \int_1^3 (x-1)\,\mathrm{d}x$$

$$= \left(x - \frac{1}{2}x^2\right)\bigg|_{-1}^1 + \left(\frac{1}{2}x^2 - x\right)\bigg|_1^3 = 4.$$

任务训练 3-5

1. 求下列函数的导数.

(1) $f(x) = \int_0^x t\sin^2 t\,\mathrm{d}t$ 在 $x = \frac{\pi}{2}$ 处的导数;

(2) $\varphi(x) = \int_1^{\sqrt{x}} \sqrt{1+t^4}\,\mathrm{d}t$.

2. 求下列极限.

(1) $\lim\limits_{x\to 0} \dfrac{\int_0^x \tan t\,\mathrm{d}t}{x^2}$;

(2) $\lim\limits_{x\to 0^+} \dfrac{\int_0^{x^2} (\mathrm{e}^t - 1)\,\mathrm{d}t}{x^4}$.

3. 计算下列定积分.

(1) $\int_{-1}^1 |\mathrm{e}^x - 1|\,\mathrm{d}x$;

(2) 设 $f(x) = \begin{cases} x^2, & -1 \leqslant x \leqslant 0, \\ x-1, & 0 < x < 1, \end{cases}$ 求 $\int_{-\frac{1}{2}}^{\frac{1}{2}} f(x)\,\mathrm{d}x$.

任务六 掌握定积分的换元积分法和分部积分法

一、定积分的换元积分法

定理 1 设函数 $f(x)$ 在 $[a,b]$ 上连续，$x=\varphi(t)$ 在 $[a,b]$ 上连续可导. 当 t 由 α 变到 β 时，$\varphi(t)$ 从 $\varphi(\alpha)=a$ 单调地变到 $\varphi(\beta)=b$，则有

$$\int_a^b f(x)\mathrm{d}x = \int_\alpha^\beta f[\varphi(t)]\varphi'(t)\mathrm{d}t.$$

证明从略.

例1 求 $\int_0^4 \dfrac{1}{1+\sqrt{x}}\mathrm{d}x$.

【解】 设 $\sqrt{x}=t$，$x=t^2$，$\mathrm{d}x=2t\mathrm{d}t$，可得

$$x=0, t=0; x=4, t=2.$$

$$\int_0^4 \frac{1}{1+\sqrt{x}}\mathrm{d}x = 2\int_0^2 \frac{t}{1+t}\mathrm{d}t = 2\int_0^2 \left(1-\frac{1}{1+t}\right)\mathrm{d}t$$

$$= 2(t-\ln|1+t|)\Big|_0^2 = 2(2-\ln 3).$$

定积分的换元积分法和不定积分的换元积分法所用的换元函数都是相同的，它们的不同在于：在定积分换元的同时，要将积分的上下限换成新积分变量的上下限，求出原函数后，不用回代，直接用新变量的上下限代入原函数中求值.

例2 求 $\int_{-a}^{a} \dfrac{\mathrm{d}x}{(a^2+x^2)^{\frac{3}{2}}}(a>0)$.

【解】 设 $x=a\tan t\left(-\dfrac{\pi}{4}\leqslant t\leqslant \dfrac{\pi}{4}\right)$，则

$$\int_{-a}^{a} \frac{\mathrm{d}x}{(a^2+x^2)^{\frac{3}{2}}} = \int_{-\frac{\pi}{4}}^{\frac{\pi}{4}} \frac{a\sec^2 t}{(a^2+a^2\tan^2 t)^{\frac{3}{2}}}\mathrm{d}t = \frac{1}{a^2}\int_{-\frac{\pi}{4}}^{\frac{\pi}{4}} \frac{\sec^2 t}{\sec^3 t}\mathrm{d}t$$

$$= \frac{1}{a^2}\int_{-\frac{\pi}{4}}^{\frac{\pi}{4}} \cos t\mathrm{d}t = \frac{1}{a^2}(\sin t)\Big|_{-\frac{\pi}{4}}^{\frac{\pi}{4}} = \frac{\sqrt{2}}{a^2}.$$

例3 求 $\int_0^{\frac{\pi}{2}} 4\sin^3 x\cos x\mathrm{d}x$.

【解】 令 $u=\sin x$. 当 $x=0$ 时，$u=0$；当 $x=\dfrac{\pi}{2}$ 时，$u=1$. 于是，

$$\int_0^{\frac{\pi}{2}} 4\sin^3 x\cos x\mathrm{d}x = \int_0^{\frac{\pi}{2}} 4\sin^3 x\mathrm{d}\sin x = \int_0^1 4u^3\mathrm{d}u = u^4\Big|_0^1 = 1.$$

例4 证明：若 $f(x)$ 在 $[-a,a]$ 上连续，则

(1) $\int_{-a}^{a} f(x) \mathrm{d}x = \int_{0}^{a} [f(x) + f(-x)] \mathrm{d}x$；

(2) 若 $f(x)$ 是偶函数，则

$$\int_{-a}^{a} f(x) \mathrm{d}x = 2\int_{0}^{a} f(x) \mathrm{d}x;$$

(3) 若 $f(x)$ 是奇函数，则

$$\int_{-a}^{a} f(x) \mathrm{d}x = 0.$$

【证】 (1) $\int_{-a}^{a} f(x) \mathrm{d}x = \int_{-a}^{0} f(x) \mathrm{d}x + \int_{0}^{a} f(x) \mathrm{d}x.$

对积分 $\int_{-a}^{0} f(x) \mathrm{d}x$ 作代换 $x = -t$，则

$$\int_{-a}^{0} f(x) \mathrm{d}x = -\int_{a}^{0} f(-t) \mathrm{d}t = \int_{0}^{a} f(-t) \mathrm{d}t = \int_{0}^{a} f(-x) \mathrm{d}x.$$

于是，

$$\int_{-a}^{a} f(x) \mathrm{d}x = \int_{0}^{a} f(-x) \mathrm{d}x + \int_{0}^{a} f(x) \mathrm{d}x = \int_{0}^{a} [f(-x) + f(x)] \mathrm{d}x.$$

(2) 当 $f(x)$ 为偶函数时，有

$$f(x) + f(-x) = 2f(x),$$

从而

$$\int_{-a}^{a} f(x) \mathrm{d}x = 2\int_{0}^{a} f(x) \mathrm{d}x.$$

(3) 当 $f(x)$ 为奇函数时，有

$$f(x) + f(-x) = 0,$$

从而

$$\int_{-a}^{a} f(x) \mathrm{d}x = 0.$$

例 5 求 $\int_{-1}^{1} \dfrac{x^3 + \sin x + 1}{1 + x^2} \mathrm{d}x.$

【解】 因为 $\dfrac{x^3 + \sin x}{1 + x^2}$ 是奇函数，所以

$$\int_{-1}^{1} \frac{x^3 + \sin x + 1}{1 + x^2} \mathrm{d}x = \int_{-1}^{1} \frac{x^3 + \sin x}{1 + x^2} \mathrm{d}x + \int_{-1}^{1} \frac{1}{1 + x^2} \mathrm{d}x$$
$$= 0 + 2\int_{0}^{1} \frac{1}{1 + x^2} \mathrm{d}x = 2\arctan x \Big|_{0}^{1} = \frac{\pi}{2}.$$

二、定积分的分部积分法

对应不定积分的分部积分法，定积分也有分部积分法. 先来看一个例子.

例 6 计算 $\int_0^1 x e^x dx$.

【解】 先用分部积分法求 xe^x 的原函数,

$$\int x e^x dx = \int x de^x = x e^x - \int e^x dx = e^x(x-1) + C,$$

于是,

$$原式 = \int_0^1 x e^x dx = e^x(x-1)\big|_0^1 = 1.$$

定理 2 (定积分的分部积分公式) 若函数 $u'(x), v'(x)$ 在区间 $[a, b]$ 上连续,则

$$\int_a^b u(x) dv(x) = [u(x)v(x)]\big|_a^b - \int_a^b v(x) du(x).$$

【证】 对微分恒等式

$$u(x) dv(x) = d[u(x)v(x)] - v(x) du(x)$$

在区间 $[a, b]$ 上积分,得到

$$\int_a^b u(x) dv(x) = \int_a^b d[u(x)v(x)] - \int_a^b v(x) du(x).$$

根据牛顿-布莱尼茨公式,便得

$$\int_a^b u(x) dv(x) = [u(x)v(x)]\big|_a^b - \int_a^b v(x) du(x).$$

例 7 利用定积分的分部积分公式求 $\int_0^1 x e^x dx$.

【解】 $\int_0^1 x e^x dx = \int_0^1 x de^x = x e^x\big|_0^1 - \int_0^1 e^x dx = e - e^x\big|_0^1 = e - (e-1) = 1.$

例 8 计算 $\int_0^{\frac{\pi}{2}} x \cos x dx$.

【解】 $原式 = \int_0^{\frac{\pi}{2}} x d\sin x = x \sin x\big|_0^{\frac{\pi}{2}} - \int_0^{\frac{\pi}{2}} \sin x dx = \frac{\pi}{2} + \cos x\big|_0^{\frac{\pi}{2}} = \frac{\pi}{2} - 1.$

例 9 计算 $\int_1^e \ln x dx$.

【解】 $原式 = x \ln x\big|_1^e - \int_1^e x d\ln x = e - \int_1^e dx = e - x\big|_1^e = e - (e-1) = 1.$

例 10 计算 $\int_0^1 \arctan x dx$.

【解】 $原式 = x \arctan x\big|_0^1 - \int_0^1 x d\arctan x = \frac{\pi}{4} - \int_0^1 \frac{x}{1+x^2} dx$

$= \frac{\pi}{4} - \frac{1}{2}\int_0^1 \frac{1}{1+x^2} d(x^2+1) = \frac{\pi}{4} - \frac{1}{2}\ln(x^2+1)\big|_0^1$

$= \frac{\pi}{4} - \frac{1}{2}\ln 2.$

任务训练 3-6

1. 计算下列定积分.

(1) $\int_0^\pi (1-\sin^3\theta)\mathrm{d}\theta$；

(2) $\int_0^{\sqrt{2}} \sqrt{2-x^2}\,\mathrm{d}x$；

(3) $\int_{\sqrt{\frac{1}{2}}}^1 \frac{\sqrt{1-x^2}}{x^2}\mathrm{d}x$；

(4) $\int_0^a x^2\sqrt{a^2-x^2}\,\mathrm{d}x\ (a>0)$；

(5) $\int_1^{e^2} \frac{\mathrm{d}x}{x\sqrt{1+\ln x}}$；

(6) $\int_0^3 \frac{x}{\sqrt{1+x}}\mathrm{d}x$.

2. 计算下列定积分.

(1) $\int_0^{\frac{\pi}{2}} x^2\sin x\,\mathrm{d}x$；

(2) $\int_0^1 \arcsin x\,\mathrm{d}x$；

(3) $\int_0^1 x\mathrm{e}^{2x}\,\mathrm{d}x$；

(4) $\int_0^1 x\arctan x\,\mathrm{d}x$；

(5) $\int_1^2 x\ln x\,\mathrm{d}x$；

(6) $\int_{\frac{1}{e}}^{e} |\ln x|\,\mathrm{d}x$.

3. 证明等式 $\int_0^a x^3 f(x^2)\mathrm{d}x = \frac{1}{2}\int_0^{a^2} x f(x)\mathrm{d}x$.

任务七　认识广义积分

定积分定义中的基本假设是：积分区间为有限区间，被积函数在积分区间上有界，但在实际问题中经常遇到积分区间为无穷区间或者被积函数在积分区间上无界的积分. 针对这两种情况引入一个新的概念——广义积分.

一、无穷区间上的广义积分

定义 1　设函数 $f(x)$ 在区间 $[a,+\infty)$ 上连续，设 $b>a$. 如果极限 $\lim\limits_{b\to+\infty}\int_a^b f(x)\mathrm{d}x$ 存在，则称此极限为函数 $f(x)$ 在无穷区间 $[a,+\infty)$ 上的**广义积分**，记作 $\int_a^{+\infty} f(x)\mathrm{d}x$，即

$$\int_a^{+\infty} f(x)\mathrm{d}x = \lim_{b\to+\infty}\int_a^b f(x)\mathrm{d}x.$$

这时也称广义积分 $\int_a^{+\infty} f(x)\mathrm{d}x$ **收敛**.

如果上述极限不存在，则称函数 $f(x)$ 在无穷区间 $[a,+\infty)$ 上的广义积分 $\int_a^{+\infty} f(x)\mathrm{d}x$ **发散**或**不存在**.

类似地，可以定义 $(-\infty,b]$ 和 $(-\infty,+\infty)$ 上的广义积分，

$$\int_{-\infty}^b f(x)\mathrm{d}x = \lim_{a\to-\infty}\int_a^b f(x)\mathrm{d}x,$$

$$\int_{-\infty}^{+\infty} f(x)\mathrm{d}x = \int_{-\infty}^{0} f(x)\mathrm{d}x + \int_{0}^{+\infty} f(x)\mathrm{d}x = \lim_{a \to -\infty}\int_{a}^{0} f(x)\mathrm{d}x + \lim_{b \to +\infty}\int_{0}^{b} f(x)\mathrm{d}x.$$

上述 3 种情况统称为无穷区间上的 **广义积分**.

在广义积分的计算中,如果 $f(x)$ 有一个原函数是 $F(x)$,则可采用简记形式如下,

$$\int_{a}^{+\infty} f(x)\mathrm{d}x = F(x)\Big|_{a}^{+\infty} = \lim_{x \to +\infty} F(x) - F(a).$$

类似地,有

$$\int_{-\infty}^{b} f(x)\mathrm{d}x = F(x)\Big|_{-\infty}^{b} = F(b) - \lim_{x \to -\infty} F(x),$$

$$\int_{-\infty}^{+\infty} f(x)\mathrm{d}x = F(x)\Big|_{-\infty}^{+\infty} = \lim_{x \to +\infty} F(x) - \lim_{x \to -\infty} F(x).$$

例1 计算广义积分 $\int_{0}^{+\infty} \mathrm{e}^{-3x}\mathrm{d}x$.

【解】 $\int_{0}^{+\infty} \mathrm{e}^{-3x}\mathrm{d}x = -\frac{1}{3}\mathrm{e}^{-3x}\Big|_{0}^{+\infty} = \lim_{x \to +\infty}\left(-\frac{1}{3}\mathrm{e}^{-3x}\right) + \frac{1}{3} = \frac{1}{3}$.

例2 计算广义积分 $\int_{1}^{+\infty} \frac{1}{x^3}\mathrm{d}x$.

【解】 $\int_{1}^{+\infty} \frac{1}{x^3}\mathrm{d}x = -\frac{1}{2x^2}\Big|_{1}^{+\infty} = -\frac{1}{2}\left(\lim_{x \to +\infty}\frac{1}{x^2} - 1\right) = -\frac{1}{2}(0 - 1) = \frac{1}{2}$.

例3 当 $p > 0$ 时,讨论广义积分 $\int_{a}^{+\infty} \frac{1}{x^p}\mathrm{d}x$ 的敛散性.

【解】 当 $p = 1$ 时,$\int_{a}^{+\infty} \frac{1}{x^p}\mathrm{d}x = \int_{a}^{+\infty} \frac{1}{x}\mathrm{d}x = \ln x\Big|_{0}^{+\infty} = +\infty$,广义积分发散;

当 $p < 1$ 时,$\int_{a}^{+\infty} \frac{1}{x^p}\mathrm{d}x = \left[\frac{1}{1-p}x^{1-p}\right]\Big|_{a}^{+\infty} = +\infty$,广义积分发散;

当 $p > 1$ 时,$\int_{a}^{+\infty} \frac{1}{x^p}\mathrm{d}x = \left[\frac{1}{1-p}x^{1-p}\right]\Big|_{a}^{+\infty} = \frac{a^{1-p}}{p-1}$,广义积分收敛.

因此,当 $p > 1$ 时,此广义积分收敛,其值为 $\frac{a^{1-p}}{p-1}$;当 $p \leqslant 1$ 时,此广义积分发散.

二、无界函数的广义积分

定义2 设函数 $f(x)$ 在区间 $(a,b]$ 上连续,且 $\lim\limits_{x \to a^+} f(x) = \infty$. 取 $t > a$,则将极限 $\lim\limits_{t \to a^+}\int_{t}^{b} f(x)\mathrm{d}x$ 称为**无界函数** $f(x)$ 在 $(a,b]$ 上的广义积分,记作 $\int_{a}^{b} f(x)\mathrm{d}x$,即

$$\int_{a}^{b} f(x)\mathrm{d}x = \lim_{t \to a^+}\int_{t}^{b} f(x)\mathrm{d}x.$$

如果上述极限存在,则称广义积分 $\int_{a}^{b} f(x)\mathrm{d}x$ **收敛**;如果上述极限不存在,则称广义积分 $\int_{a}^{b} f(x)\mathrm{d}x$ **发散**.

类似地,设函数 $f(x)$ 在区间 $[a,b)$ 上连续,而 $\lim\limits_{x \to b^-} f(x) = \infty$,可定义广义积分

$$\int_a^b f(x)\,\mathrm{d}x = \lim_{t \to b^-} \int_a^t f(x)\,\mathrm{d}x.$$

如果函数 $f(x)$ 在 $[a,b]$ 上除 $x = c(a < c < b)$ 外连续,且 $\lim\limits_{x \to c} f(x) = \infty$,则定义广义积分

$$\int_a^b f(x)\,\mathrm{d}x = \int_a^c f(x)\,\mathrm{d}x + \int_c^b f(x)\,\mathrm{d}x,$$

当且仅当上式右端的两个广义积分都收敛时,才称广义积分 $\int_a^b f(x)\,\mathrm{d}x$ 是 **收敛** 的;否则,称广义积分 $\int_a^b f(x)\,\mathrm{d}x$ **发散**.

如果 $f(x)$ 有一个原函数为 $F(x)$,$\lim\limits_{x \to a^+} f(x) = \infty$,则广义积分的计算可采用简记形式如下,

$$\int_a^b f(x)\,\mathrm{d}x = [F(x)]\big|_a^b = F(b) - \lim_{x \to a^+} F(x).$$

类似地,如果 $\lim\limits_{x \to b^-} f(x) = \infty$,则记为

$$\int_a^b f(x)\,\mathrm{d}x = [F(x)]\big|_a^b = \lim_{x \to b^-} F(x) - F(a).$$

当 $a < c < b$ 且 $\lim\limits_{x \to c} f(x) = \infty$ 时,记为

$$\int_a^b f(x)\,\mathrm{d}x = [F(x)]\big|_a^c + [F(x)]\big|_c^b$$
$$= \lim_{x \to c^-} F(x) - \lim_{x \to c^+} F(x) + F(b) - F(a).$$

例 4 讨论广义积分 $\int_0^1 \dfrac{1}{\sqrt{1-x}}\,\mathrm{d}x$ 的收敛性.

【解】 因为 $\lim\limits_{x \to 1^-} \dfrac{1}{\sqrt{1-x}} = \infty$,所以

$$\int_0^1 \dfrac{1}{\sqrt{1-x}}\,\mathrm{d}x = -2\sqrt{1-x}\,\big|_0^1 = -2(\lim_{x \to 1^-}\sqrt{1-x} - 1) = 2,$$

即广义积分 $\int_0^1 \dfrac{1}{\sqrt{1-x^2}}\,\mathrm{d}x$ 收敛.

例 5 讨论广义积分 $\int_{-1}^1 \dfrac{1}{x^2}\,\mathrm{d}x$ 的收敛性.

【解】 函数 $\dfrac{1}{x^2}$ 在区间 $[-1,1]$ 除点 $x = 0$ 外连续,且 $\lim\limits_{x \to 0} \dfrac{1}{x^2} = \infty$,则

$$\int_{-1}^1 \dfrac{1}{x^2}\,\mathrm{d}x = \int_{-1}^0 \dfrac{1}{x^2}\,\mathrm{d}x + \int_0^1 \dfrac{1}{x^2}\,\mathrm{d}x.$$

由于 $\int_{-1}^0 \dfrac{1}{x^2}\,\mathrm{d}x = \left(-\dfrac{1}{x}\right)\Big|_{-1}^0 = \lim\limits_{x \to 0^-}\left(-\dfrac{1}{x}\right) - 1 = +\infty$,即广义积分 $\int_{-1}^0 \dfrac{1}{x^2}\,\mathrm{d}x$ 发散,因此原

积分发散.

例 6 讨论广义积分 $\int_1^2 \frac{1}{x\ln x}dx$ 的收敛性.

【解】 因为 $\lim\limits_{x\to 1^+}\frac{1}{x\ln x}=\infty$,所以

$$\int_1^2 \frac{1}{x\ln x}dx = \int_1^2 \frac{1}{\ln x}d\ln x = [\ln(\ln x)]\Big|_1^2 = \ln(\ln 2) - \lim\limits_{x\to 1^+}\ln|\ln x| = +\infty,$$

即广义积分 $\int_1^2 \frac{1}{x\ln x}dx$ 发散.

例 7 讨论广义积分 $\int_0^1 \frac{1}{x^a}dx$ 的收敛性.

【解】 当 $a=1$ 时,$\int_0^1 \frac{1}{x}dx = \ln x\Big|_0^1 = +\infty$,广义积分发散;

当 $a<1$ 时,$\int_0^1 \frac{1}{x^a}dx = \left(\frac{1}{1-a}x^{1-a}\right)\Big|_0^1 = \frac{1}{1-a}$,广义积分收敛;

当 $a>1$ 时,$\int_0^1 \frac{1}{x^a}dx = \left(\frac{1}{1-a}x^{1-a}\right)\Big|_0^1 = +\infty$,广义积分发散.

因此,当 $a<1$ 时,此广义积分收敛,其值为 $\frac{1}{1-a}$;当 $a\geqslant 1$ 时,此广义积分发散.

任务训练 3-7

1. 判断下列广义积分的收敛性.

(1) $\int_{-\infty}^{+\infty} \frac{1}{1+x^2}dx$;

(2) $\int_1^{+\infty} \frac{dx}{x^4}$;

(3) $\int_1^{+\infty} \frac{dx}{\sqrt{x}}$;

(4) $\int_1^{+\infty} \frac{\arctan x}{1+x^2}dx$;

(5) $\int_0^{+\infty} 3e^{-3x}dx$;

(6) $\int_1^e \frac{dx}{x\sqrt{1-(\ln x)^2}}$;

(7) $\int_0^1 \frac{x}{\sqrt{1-x^2}}dx$;

(8) $\int_0^1 \ln x\, dx$.

任务八 掌握定积分的几何应用

定积分是求某种总量的问题,在几何学、物理学以及其他各学科中都有广泛应用. 本次任务在阐明定积分的微元法的基础上,介绍定积分在几何学中的应用.

一、定积分的元素法

先来看曲边梯形面积的计算. 若 $y=f(x) \geqslant 0(x \in [a,b])$,如图 3-9 所示,则以 $[a,b]$ 为底的曲边梯形的面积 $A = \int_a^b f(x) \mathrm{d}x$.

积分上限函数 $A(x) = \int_a^x f(t)\mathrm{d}t$ 表示以 $[a,x]$ 为底的曲边梯形的面积,如图 3-9 中左边的白色区域所示.

微分 $\mathrm{d}A(x) = f(x)\mathrm{d}x$ 表示点 x 处以 $\mathrm{d}x$ 为宽的小曲边梯形面积的近似值,如图 3-9 中的矩形所示. $f(x)\mathrm{d}x$ 称为曲边梯形的 面积元素 或 面积微元.

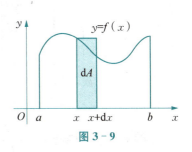

图 3-9

一般情况下,为求某一量 U,可以根据问题的具体情况,选取一个变量. 例如,x 作为积分变量,确定其变化区间 $[a,b]$,$\forall x \in [a,b]$,给予一个改变量,得到一个小区间 $[x, x+\mathrm{d}x]$,然后求出对应于这个小区间的部分量 ΔU 的近似值,即 U 在点 x 的微分 $\mathrm{d}U$.

如果能求出 $\mathrm{d}U = f(x)\mathrm{d}x$,则把这些微分在区间 $[a,b]$ 上作定积分,即得所求量

$$U = \int_a^b f(x)\mathrm{d}x.$$

这一方法称为定积分的 元素法 或 微元法.

二、定积分的几何应用

1. 平面图形的面积

根据定积分的几何意义,若 $f(x)$ 是区间 $[a,b]$ 上的非负连续函数,则 $f(x)$ 在 $[a,b]$ 上的曲边梯形的面积 $A = \int_a^b f(x)\mathrm{d}x$.

若函数 $f_1(x)$ 和 $f_2(x)$ 在 $[a,b]$ 上连续,如图 3-10 所示,且总有 $f_1(x) \geqslant f_2(x)$,则由两条连续曲线 $y = f_1(x)$,$y = f_2(x)$ 与两条直线 $x=a$,$x=b$ 所围成的平面图形的面积元素为

$$\mathrm{d}A = [f_1(x) - f_2(x)]\mathrm{d}x,$$

则所围成的平面图形的面积为

$$A = \int_a^b [f_1(x) - f_2(x)]\mathrm{d}x.$$

类似地,由连续的曲线 $x = \varphi_1(y)$,$x = \varphi_2(y)$ 与直线 $y=c$,$y=d$ 所围成的平面图形如图 3-11 所示,其面积为

$$A = \int_c^d [\varphi_1(y) - \varphi_2(y)]\mathrm{d}y.$$

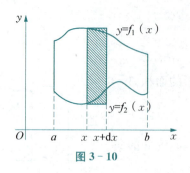
图 3-10

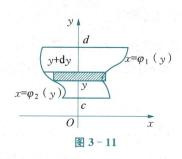
图 3-11

例 1 求由椭圆 $\dfrac{x^2}{a^2}+\dfrac{y^2}{b^2}=1$ 所围成的图形的面积.

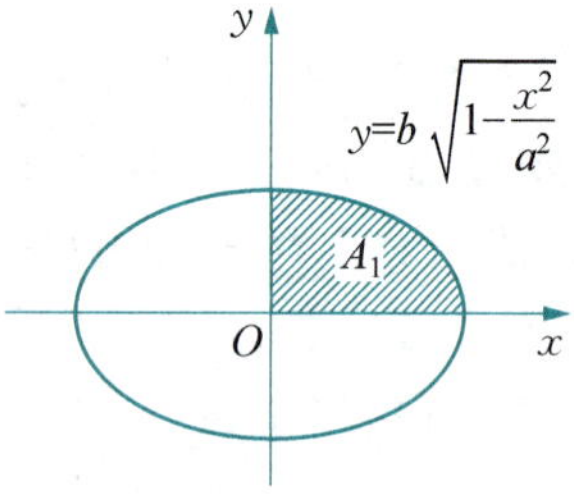

【解】 如图 3-12 所示,椭圆第一象限部分在 x 轴上的积分区间为 $[0,a]$,上、下曲线分别为 $y=b\sqrt{1-\dfrac{x^2}{a^2}}$ 和 $y=0$. 由椭圆的对称性,可知面积为

$$S=4\int_0^a b\sqrt{1-\dfrac{x^2}{a^2}}\,dx.$$

作变换 $x=a\sin t$,则 $dx=a\cos t\,dt$. 当 $x=0$ 时,$t=0$;当 $x=a$ 时,$t=\dfrac{\pi}{2}$. 故

$$S=4\int_0^a b\sqrt{1-\dfrac{x^2}{a^2}}\,dx=4\int_0^{\frac{\pi}{2}} b\cos t\cdot a\cos t\,dt$$
$$=2ab\int_0^{\frac{\pi}{2}}(1+\cos 2t)\,dt=2ab\left(t+\dfrac{1}{2}\sin 2t\right)\Big|_0^{\frac{\pi}{2}}=\pi ab.$$

图 3-12

例 2 计算由抛物线 $y^2=x$,$y=x^2$ 所围成的图形的面积.

【解】 作图 3-13. 由方程 $y^2=x$,$y=x^2$ 求出两条抛物线的交点为 $(0,0)$,$(1,1)$. 以 x 为积分变量,则积分区间为 $[0,1]$.

上、下曲线分别为 $f(x)=\sqrt{x}$ 和 $f(x)=x^2$,所以

$$S=\int_0^1(\sqrt{x}-x^2)\,dx=\left(\dfrac{2}{3}x^{\frac{3}{2}}-\dfrac{1}{3}x^3\right)\Big|_0^1=\dfrac{1}{3}.$$

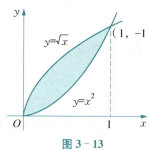
图 3-13

例 3 计算由抛物线 $y^2=2x$ 与直线 $y=x-4$ 所围成的图形的面积.

【解】 作图 3-14.

解方程组 $\begin{cases} y^2=2x,\\ y=x-4 \end{cases}$ 得交点为 $(2,-2)$ 和 $(8,4)$.

方法 1 以 y 为积分变量,则积分区间为 $y\in[-2,4]$. 两条曲线分别为 $x=\dfrac{y^2}{2}$ 和 $x=y+4$,故所求平面图形面积为

$$S = \int_{-2}^{4}\left(y+4-\frac{y^2}{2}\right)dy = \left(\frac{1}{2}y^2+4y-\frac{1}{6}y^3\right)\Big|_{-2}^{4} = 18.$$

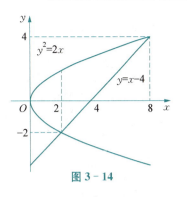

图 3-14

方法2 以 x 为积分变量,则积分区间为 $x\in[0,8]$,此时需要把图形分为 $[0,2]$ 和 $[2,8]$ 两个部分求面积.

在区间 $[0,2]$ 上,两条曲线分别为 $y=\sqrt{2x}$ 和 $y=-\sqrt{2x}$;
在区间 $[2,8]$ 上,两条曲线分别为 $y=\sqrt{2x}$ 和 $y=x-4$.
故所求平面图形面积为

$$\begin{aligned} S &= \int_0^2 [\sqrt{2x}-(-\sqrt{2x})]dx + \int_2^8 [\sqrt{2x}-(x-4)]dx \\ &= 2\sqrt{2}\int_0^2 \sqrt{x}\,dx + \int_2^8(\sqrt{2x}-x+4)dx \\ &= \frac{4\sqrt{2}}{3}x^{\frac{3}{2}}\Big|_0^2 + \left(\frac{2\sqrt{2}}{3}x^{\frac{3}{2}}-\frac{1}{2}x^2+4x\right)\Big|_2^8 \\ &= 18. \end{aligned}$$

2. 旋转体的体积

旋转体是指由一个平面图形绕着平面内一条直线 l 旋转一周而成的立体,直线 l 叫作旋转轴.

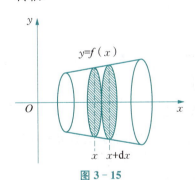

图 3-15

如图 3-15 所示,由连续曲线 $y=f(x)$,直线 $x=a$,$x=b$ 及 x 轴所围成的平面图形绕 x 轴旋转一周而成的旋转体的体积为

$$V = \int_a^b \pi[f(x)]^2 dx.$$

【证】$\forall x\in[a,b]$,过 x 作垂直于 x 轴的直线,区间 $[a,x]$ 上平面图形绕 x 轴旋转得到的旋转体的体积记为 $V(x)$. 给 x 以改变量 dx,则相应的旋转体体积的改变量的近似值为

$$dV(x) = \pi[f(x)]^2 dx.$$

于是得所求旋转体的体积为

$$V = \int_a^b \pi[f(x)]^2 dx.$$

例4 计算由椭圆 $\dfrac{x^2}{a^2}+\dfrac{y^2}{b^2}=1$ 所围成的图形绕 x 轴旋转而成的旋转体(旋转椭球体)的体积.

【解】如图 3-16 所示,这个旋转椭球体也可以看作由上半个椭圆

$$y = \frac{b}{a}\sqrt{a^2-x^2}$$

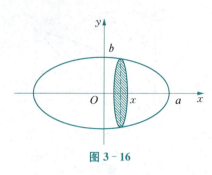

及 x 轴围成的图形绕 x 轴旋转而成的立体,体积元素为

$$dV(x) = \pi y^2 dx = \pi \left(\frac{b}{a}\sqrt{a^2-x^2}\right)^2 dx = \frac{\pi b^2}{a^2}(a^2-x^2)dx.$$

于是所求旋转椭球体的体积为

$$V = \int_{-a}^{a} \frac{\pi b^2}{a^2}(a^2-x^2)dx = \frac{\pi b^2}{a^2}\left(a^2 x - \frac{1}{3}x^3\right)\bigg|_{-a}^{a} = \frac{4}{3}\pi ab^2.$$

图 3-16

用与上面类似的方法可以推出:如图 3-17 所示,由曲线 $x=\varphi(y)$,直线 $y=c$,$y=d(c<d)$ 与 y 轴所围成的曲边梯形,绕 y 轴旋转一周而成的旋转体的体积为

$$V = \pi \int_c^d [\varphi(y)]^2 dy.$$

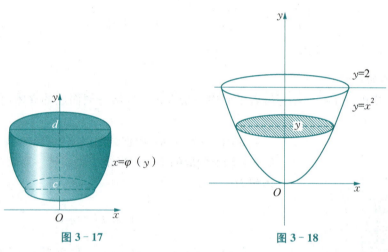

图 3-17　　　　　　图 3-18

例 5　求由曲线 $y=x^2$、直线 $y=2$ 以及 $x=0$ 所围成的图形绕 y 轴旋转得到的旋转体的体积.

【解】　如图 3-18 所示,绕 y 轴旋转,故 $y \in [0,2]$,体积元素为

$$dV(y) = \pi x^2 dy = \pi(\sqrt{y})^2 dy = \pi y dy.$$

于是所求旋转体的体积为

$$V = \int_0^2 \pi y dy = \frac{\pi}{2} y^2 \bigg|_0^2 = 2\pi.$$

任务训练 3-8

1. 求由曲线 $y=x^2$ 与直线 $y=x$ 围成的图形的面积.
2. 求由曲线 $y=\dfrac{1}{x}$ 与直线 $y=x$ 及 $x=2$ 围成的图形的面积.

3. 求由曲线 $y = \ln x$、y 轴与直线 $y = \ln a$, $y = \ln b (b > a > 0)$ 围成的图形的面积.

4. 求由直线 $y = 2x + 3$ 与曲线 $y = x^2$ 围成的图形的面积.

5. 求由曲线 $y = x^3$ 与直线 $x = 2$, $y = 0$ 围成的图形分别绕 x 轴、y 轴旋转一周所得旋转体的体积.

6. 求由抛物线 $y = \sqrt{2px}$、直线 $x = a(p, a > 0)$ 及 x 轴围成的曲边三角形绕 x 轴旋转而成的旋转体的体积.

7. 求由曲线 $y = x^2$, $x = y^2$ 围成的图形分别绕 x 轴、y 轴旋转一周所得旋转体的体积.

知识拓展

微积分是微分学和积分学的总称,它代表一种数学思想."无限细分"就是微分,"无限求和"就是积分. 公元前 240 年左右,古希腊的阿基米德在研究解决抛物弓形的面积、球和球冠的面积的问题中,就隐含着近代积分学的思想. 公元 263 年我国刘徽提出的割圆术也是同一思想. 积分是微分的逆运算,即从导数推算出原函数. 积分可分为定积分与不定积分. 微积分基本定理指出,求不定积分与求导函数互为逆运算,把上下限代入不定积分即得到积分值. 微积分学的发展与应用几乎影响了现代生活的所有领域,它与许多科学分支(如物理学、经济学等)都关系密切. 几乎所有现代技术都以微积分学作为基本数学工具. 微积分是与实际应用联系并发展起来的,特别是计算机的发明更有助于这些应用的不断发展.

在本项目中,学习了使用微元法计算曲边梯形的面积. 先取小矩形的面积作为面积微元,无限累积即可求出整个曲边梯形的面积. 一个小矩形的面积是微元,多个小矩形面积之和就是量变,无穷多个小矩形的面积之和就发生了质变(变成了曲边梯形的面积),这充分体现了量变到质变的规律.

项目三模拟题

1. 选择题.

(1) 设 $f(x)$ 是连续函数,$f(x) \neq 0$,$F_1(x)$,$F_2(x)$ 是 $f(x)$ 的两个不同的原函数,则必有( ).

A. $F_1(x) + F_2(x) = C$ B. $F_1(x) F_2(x) = C$
C. $F_1(x) = CF_2(x)$ D. $F_1(x) - F_2(x) = C$

(2) 若 $\int f(x) \mathrm{d}x = x^2 \mathrm{e}^{2x} + C$,则 $f(x) = ($).

A. $2x \mathrm{e}^{2x}$ B. $x \mathrm{e}^{2x}$ C. $2x^2 \mathrm{e}^{2x}$ D. $2x \mathrm{e}^{2x}(x+1)$

(3) $\int \dfrac{1}{x} \mathrm{d}\left(\dfrac{1}{x}\right) = ($).

A. $-\ln|x| + C$ B. $\ln|x| + C$ C. $-\dfrac{1}{2x^2} + C$ D. $\dfrac{1}{2x^2} + C$

(4) $\int \left(\dfrac{1-x}{x}\right)^2 \mathrm{d}x = ($).

A. $\dfrac{1}{x} - 2\ln|x| + x + C$ B. $-\dfrac{1}{x} - 2\ln|x| + x + C$
C. $-\dfrac{1}{x} - 2\ln|x| + C$ D. $\ln|x| + x + C$

(5) 下列函数中是广义积分的有（   ）.

A. $\int_2^e \dfrac{dx}{x\ln x}$ B. $\int_{-1}^1 (x-1)^5 dx$

C. $\int_{-1}^1 x^{-\frac{1}{4}} dx$ D. $\int_0^\pi x^2 \cos x\, dx$

2. 填空题.

(1) 设 $f(x)$ 的一个原函数为 $x\ln(1+x^2)$，则 $\int f'(x)dx =$ _____.

(2) $\int \dfrac{1-x^2}{1+x^2} dx =$ _____.

(3) $\int \dfrac{1}{\sqrt{1-x}} dx =$ _____.

(4) $\int_0^2 |x-1| dx =$ _____.

(5) $\int_{-\frac{\pi}{2}}^{\frac{\pi}{2}} \dfrac{\sin^5 x}{1+x^4} dx =$ _____.

3. 判断题.

(1) 一切初等函数在其定义区间上都有原函数.　　　　　　　　　　　　　　（　　）

(2) $f(x)$ 在 $[a,b]$ 上连续是 $f(x)$ 在 $[a,b]$ 上可积的充分条件，但不是必要条件.　（　　）

(3) 若 $\int_a^b f(x)dx = 0$，则在 $[a,b]$ 上 $f(x) \equiv 0$.　　　　　　　　　　　　（　　）

(4) $\int_0^\pi \sqrt{1-\sin^2 x}\, dx = 0$.　　　　　　　　　　　　　　　　　　　（　　）

(5) 函数 $y = \dfrac{1}{x}$ 和 $y = \ln x$ 是同一个函数的原函数.　　　　　　　　　（　　）

4. 计算下列积分.

(1) $\int \dfrac{1}{x^2} \sec^2 \dfrac{1}{x} dx$; (2) $\int_0^{\frac{\pi}{2}} \dfrac{\cos x}{1+\sin x} dx$;

(3) $\int \sqrt{1+e^x}\, dx$; (4) $\int_0^{\frac{\pi}{4}} \dfrac{x}{\cos^2 x} dx$;

(5) $\int_0^1 x\ln x\, dx$.

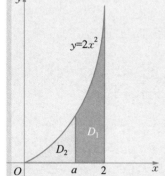

图 3-19

5. 应用题.

(1) 求由曲线 $y = e^x$, $y = e^{-x}$ 与直线 $x = 1$ 围成的图形的面积.

(2) 求由曲线 $y = \dfrac{1}{1+x^2}$ 绕 x 轴旋转一周所得旋转体的体积.

(3) 设由抛物线 $y = 2x^2$ 与直线 $x = a$, $x = 2$, $y = 0$ 围成的平面图形为 D_1，由抛物线 $y = 2x^2$ 与直线 $x = a$, $y = 0$ 围成的平面图形为 D_2，如图 3-19 所示，其中 $0 < a < 2$. D_1 绕 x 轴旋转而成的旋转体体积为 V_1，D_2 绕 y 轴旋转而成的旋转体体积为 V_2. 当 a 为何值时，$V_1 + V_2$ 能取到最大值？试求此最大值.

(4) 在传染病流行期间，人们被传染病的速度可以近似地表示为 $r = 1000t e^{-0.5t}$，这里 r 的单位是人/天，t 为传染病开始流行的天数. 问共有多少人患病？

(5) 学习完项目三之后，你是否有利用定积分解决问题的思路？尝试计算中国地图的面积.

项目四

常微分方程

知识图谱

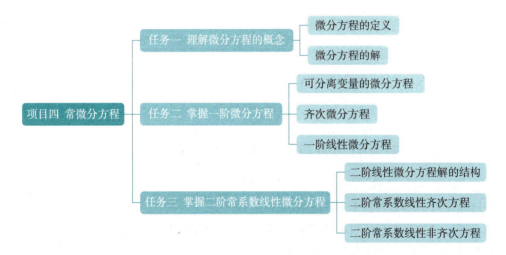

能力与素养

我们已经学习了微积分学. 随着微积分学的发展产生了微分方程,微分方程的形成与发展是和力学、天文学、物理学以及其他科学技术的发展密切相关的.

微分方程的概念在 1676 年由莱布尼茨第一次提出,直到 1937 年庞特里亚金提出了结构稳定性概念. 在 200 多年的发展历程中,有很多数学家为此倾注了大量的心血,如莱布尼茨、伯努利、欧拉、泰勒、柯西等. 例如,在求解一阶非齐次线性微分方程时,大家用得得心应手的常数变易法公式是拉格朗日历时 11 年的研究成果,这体现了数学家拉格朗日不放弃、不怕困难、锲而不舍、持之以恒的精神. 在学习数学专业知识的同时,要学习数学家这种科学研究的精神,明白做任何事情都不能急于求成. 在学习和工作中要有不怕困难、勇攀高峰的勇气和斗志,只有这样才能更好地发展,成为对国家有用的人才.

牛顿研究天体力学和机械动力学时利用了微分方程工具,从理论上得到了行星运动规律. 后来,法国天文学家勒维烈和英国天文学家亚当斯使用微分方程各自计算出在那时尚未被发现的海王星的位置. 这些都使数学家更加深信,微分方程在认识自然、改造自然方面有巨大的力量.

利用微分方程理论,可以精确地表述事物变化所遵循的基本规律——只要列出相应的微分方程,找到求解方程的方法.微分方程成为最有生命力的数学分支.

常微分方程在生活中有很多用途,如鉴定名画的真伪,测定考古发掘物的年龄,刑事侦查中死亡时间的鉴定,在军事上的应用,在社会经济学中计算物资的供给、需求与物价之间的关系等.下面的案例是利用导数与微分的相关知识来解决一个实际问题.

案例1 某社区的人口增长与当前社区内人口成正比:若2年后人口增加1倍,3年后是20 000人.试估计该社区最初的人口.

解 设 $N=N(t)$ 为任何时刻 t 该社区的人口,N_0 为最初的人口.因为

$$\frac{dN}{dt}=kN,$$

两边积分得

$$N=Ce^{kt}.$$

当 $t=0$ 时,$N=N_0$,解得 $C=N_0$,于是

$$N=N_0 e^{kt}.$$

当 $t=2$ 时,$N=2N_0$,故 $2N_0=N_0 e^{2k}$,解得 $k=\frac{1}{2}\ln 2 \approx 0.347$,于是

$$N=N_0 e^{0.347t}.$$

当 $t=3$ 时,$N=20\,000$,代入得 $20\,000=N_0 e^{0.347\times 3}=N_0 \times 2.832$,解得

$$N_0=7\,062.$$

所以该社区最初人口为 7 062 人.

想一想 常微分方程可以解决实际生活中的一些难题.例如,建立流感疫情的传染模型,疫情数据的准确性会对决策起到相当大的作用.

在科学研究和实际问题中,常常需要寻求变量之间的函数关系.这种函数关系有时可以直接建立,有时却只能找到未知函数与其导数(或微分)之间的某种函数关系.这种联系自变量、未知函数及未知函数的导数(或微分)的关系式就是微分方程.本项目将介绍微分方程的一些基本概念以及几种常见微分方程的解法.

任务一 理解微分方程的概念

一、微分方程的定义

例1 一条曲线通过点 $(1,2)$,且在该曲线上任意点 $M(x,y)$ 处切线的斜率等于该点横坐标平方的3倍,求此曲线方程.

【解】 设所求的曲线为 $y=y(x)$,由导数的几何意义知,

$$\frac{dy}{dx} = 3x^2,$$

即

$$dy = 3x^2 dx.$$

两边求不定积分得

$$y = x^3 + C \quad (C \text{ 为任意常数}).$$

由于曲线通过点$(1,2)$,故将$x=1$,$y=2$代入上式可得$C=1$. 因此所求曲线为

$$y = x^3 + 1.$$

例2 一质量为m的质点,从高h处只受重力作用由静止状态自由下落,试求其运动规律.

【解】 取质点下落的铅垂线为s轴,它与地面的交点为原点,并规定正面朝上,如图4-1所示.

设质点在时刻t的位置为$s(t)$,由牛顿第二定律$F=ma$,得

$$m\frac{d^2 s(t)}{dt^2} = -mg,$$

即

$$\frac{d^2 s(t)}{dt^2} = -g.$$

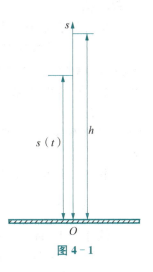

图 4-1

两边求不定积分得

$$\frac{ds(t)}{dt} = -g\int dt = -gt + C_1.$$

对上式两边再求不定积分得

$$s(t) = -\int(gt + C_1)dt = -\frac{1}{2}gt^2 + C_1 t + C_2 \quad (C_1, C_2 \text{ 为任意常数}).$$

由$s = s(t)$满足条件$s(0) = h$,$\left.\dfrac{ds}{dt}\right|_{t=0} = 0$,可得$C_1 = 0$,$C_2 = h$. 故物体的运动规律为

$$s(t) = -\frac{1}{2}gt^2 + h.$$

上面两个例子都无法直接找出问题中变量之间的函数关系,而是通过题设条件利用导数的几何意义或物理意义等,先建立含有未知函数的导数的方程,然后通过积分等手段求出满足该方程的附加条件的未知函数. 这类问题及解决问题的过程具有普遍意义. 下面介绍有关微分方程的概念.

定义1 含有未知函数的导数(或微分)的方程叫作微分方程. 未知函数为一元函数的微分方程称为常微分方程. 微分方程中未知函数的导数的最高阶数称为微分方程的阶.

本教材只讨论常微分方程,简称微分方程. 下列方程都是常微分方程:

$$y' = 2x, \quad dy = \frac{1}{x}dx, \quad y' = y + \sqrt{y^2 - x^2}, \quad y'' = 2y'^2 + y + x,$$

其中,前 3 个是一阶方程,第四个是二阶方程.

n 阶微分方程有两种一般形式,分别为

$$F(x, y, y', \cdots, y^{(n)}) = 0 \text{ 或 } y^{(n)} = f(x, y, y', \cdots, y^{(n-1)}),$$

其中,x 是自变量,y 是未知函数,F 和 f 是已知函数.

二、微分方程的解

定义 2 如果函数 $y = y(x)$ 代入微分方程能使两端恒等,则称函数 $y = y(x)$ 为该微分方程的解.

从例 1 可以知道,微分方程的解可能含有任意常数,也可能不含任意常数.

定义 3 若微分方程的解中含有任意常数,且任意常数的个数与微分方程的阶数相同,则称此解为微分方程的**通解**(或一般解).当通解中各任意常数都取特定值时,所得到的解为方程的**特解**.用于确定通解中常数值的条件称为**初始条件**.

在例 1 中,$y = x^3 + C$ 是方程的通解,$y = x^3 + 1$ 是由初始条件 $y(1) = 2$ 确定的特解. 一般地,为了确定方程的特解,先要求出方程的通解,再由初始条件求出任意常数的值,从而得到特解.

例 3 判断下列函数是否为微分方程 $xy' + 2y = 1$ 的解?如果是解,是特解还是通解?

(1) $y = x^2$;   (2) $y = \dfrac{C}{x^2} + \dfrac{1}{2}$.

【解】 (1) 将 $y = x^2, y' = 2x$ 代入微分方程.

左端 $= x \cdot 2x + 2x^2 = 4x^2 \neq 1$,即左端 $\neq$ 右端,所以 $y = x^2$ 不是该方程的解.

(2) 将 $y = \dfrac{C}{x^2} + \dfrac{1}{2}, y' = -\dfrac{2C}{x^3}$ 代入微分方程.

左端 $= x \cdot \left(-\dfrac{2C}{x^3}\right) + 2\left(\dfrac{C}{x^2} + \dfrac{1}{2}\right) = 1 =$ 右端,所以 $y = \dfrac{C}{x^2} + \dfrac{1}{2}$ 是该方程的解,是通解.

例 4 设一物体从点 O 出发,其运动规律是任意时刻速度的大小为运动时间的 3 倍,求物体的运动方程.

【解】 建立如图 4-2 所示的坐标轴,即:取点 O 为原点,物体运动方向为坐标轴的正方向.

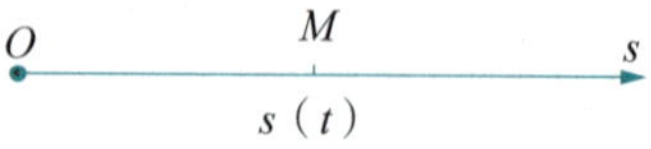

设物体在时刻 t 到达点 M,其坐标为 $s(t)$. 由导数的物理意义知,$s'(t)$ 就是物体运动的速度,所以得 $s'(t) = 3t$.

图 4-2

初始条件:当 $t = 0$ 时,$s = 0$,即 $s(0) = 0$. 由此求物体的运动方程已转化为求解初值问题,

$$\begin{cases} s'(t) = 3t, \\ s|_{t=0} = 0. \end{cases}$$

由方程 $s'(t) = 3t$ 积分后得到通解 $s(t) = \dfrac{3}{2}t^2 + C$.

再将初始条件代入通解中得 $C = 0$.

所以,物体的运动方程为 $s(t)=\dfrac{3}{2}t^2$.

利用微分方程解决实际问题一般分为 4 个步骤.

第一步,列出微分方程;

第二步,列出初始条件;

第三步,求出通解;

第四步,由初始条件确定所求的特解.

任务训练 4-1

1. 试说出下列微分方程的阶数.
   (1) $x^2 y'' - xy' + y = 0$;
   (2) $(7x - 6y)dx + (x+y)dy = 0$;
   (3) $\dfrac{dy}{dx} + x = \sin^2 x$;
   (4) $\dfrac{d^2 y}{dx^2} + 2\dfrac{dy}{dx} - 3y = 2$.

2. 验证 $y = C_1 e^{-x} + C_2 e^{2x}$ 是微分方程 $y'' - 2y' - 3y = 0$ 的通解.

3. 验证 $y = (C_1 + C_2 x)e^{2x}$ 是微分方程 $y'' - 4y' + 4y = 0$ 的通解,并求满足初始条件 $y(0) = 0$, $y'(0) = 1$ 的特解.

4. 写出由下列条件所确定的曲线所满足的微分方程.
   (1) 曲线在点 (x,y) 处的切线方程的斜率等于该点横坐标的立方;
   (2) 曲线过点 $(1,3)$,且它在两坐标轴之间的任一切线段被切点平分.

任务二　掌握一阶微分方程

一阶微分方程的一般形式为
$$y' = f(x, y)$$
与
$$P(x, y)dx + Q(x, y)dy = 0.$$

一、可分离变量的微分方程

例 1　一曲线通过点 $(2, 2)$,且曲线上任意点 $M(x, y)$ 的切线与直线 OM 垂直,求此曲线的方程.

【解】　设所求曲线方程为 $y = f(x)$,α 为曲线在 M 处的切线的倾斜角,β 为直线 OM 的倾斜角,如图 4-3 所示,则
$$\tan\alpha = \dfrac{dy}{dx}.$$

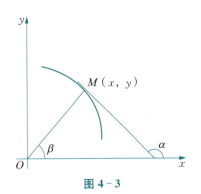

图 4-3

直线 OM 的斜率为 $\tan\beta = \dfrac{y}{x}$,因为切线与直线 OM 垂直,所以

$$\dfrac{dy}{dx} \cdot \dfrac{y}{x} = -1, 即 \dfrac{dy}{dx} = -\dfrac{x}{y}.$$

方程变形为

$$y\,dy = -x\,dx.$$

方程的左边只含有未知函数 y 及其微分 dy,右边只含有自变量 x 及其微分 dx,也就是变量分离在等式两边.

对这种形式的方程给出如下定义.

定义 1 形如 $\dfrac{dy}{dx} = f(x)g(y)$ 的方程,称为可分离变量的微分方程.

此类方程的求解一般分为 4 个步骤.

第一步,分离变量,$\dfrac{1}{g(y)}dy = f(x)dx$;

第二步,两端积分,$\displaystyle\int \dfrac{1}{g(y)}dy = \int f(x)dx$;

第三步,求出积分,得到通解 $G(y) = F(x) + C$,其中,$G(y)$,$F(x)$ 分别是 $\dfrac{1}{g(y)}$ 与 $f(x)$ 的原函数,C 是任意常数;

第四步,根据初始条件确定常数 C,得到方程的特解.

这种求微分方程的方法称为 **分离变量法**.

例 2 求微分方程 $\dfrac{dy}{dx} = \dfrac{x}{y}$ 的通解.

【解】 分离变量得

$$y\,dy = x\,dx.$$

两边积分得

$$\int y\,dy = \int x\,dx,$$

$$\dfrac{1}{2}y^2 = \dfrac{1}{2}x^2 + C_1,$$

所以方程的通解为

$$y^2 - x^2 = C,$$

其中,C 是任意常数. 或者解出 y,写出显函数形式的解为

$$y = \pm\sqrt{x^2 + C}.$$

例 3 求微分方程 $y' = y^2 \cos x$ 的通解及满足初始条件 $y(0) = 1$ 的特解.

【解】 分离变量得

$$\dfrac{1}{y^2}dy = \cos x\,dx.$$

两边积分得
$$\int \frac{1}{y^2}dy = \int \cos x \, dx,$$

有
$$-\frac{1}{y} = \sin x + C,$$

所以方程的通解为
$$y = \frac{-1}{\sin x + C}.$$

显然，方程还有解 $y=0$.

代入初始条件 $y(0)=1$，$1 = \frac{-1}{\sin 0 + C}$，得 $C=-1$，故所求特解为
$$y = \frac{1}{1-\sin x}.$$

例4 求微分方程 $(x+xy^2)dx + (y-x^2y)dy = 0$.

【解】 原方程变形为
$$x(1+y^2)dx = y(x^2-1)dy,$$

此微分方程是可分离变量的，
$$\int \frac{y}{1+y^2}dy = \int \frac{x}{x^2-1}dx,$$

得
$$\frac{1}{2}\ln(1+y^2) = \frac{1}{2}\ln(x^2-1) + \frac{1}{2}\ln C,$$

整理得
$$\frac{y^2+1}{x^2-1} = C,$$

这就是该微分方程的隐式通解.

例5 铀的衰变速度与当时未衰变的原子含量 M 成正比. 已知 $t=0$ 时铀的含量为 M_0，求在衰变过程中铀含量 $M(t)$ 随时间 t 变化的规律.

【解】 铀的衰变速度就是 $M(t)$ 对时间 t 的导数 $\frac{dM}{dt}$. 由于铀的衰变速度与其含量成正比，故得微分方程
$$\frac{dM}{dt} = -\mu M,$$

其中，$\mu(\mu>0)$ 是常数，μ 前的负号表示当 t 增加时 M 单调减少，即 $\frac{dM}{dt} < 0$.

由题意,初始条件为
$$M\big|_{t=0} = M_0.$$

将方程分离变量得
$$\frac{\mathrm{d}M}{M} = -\mu\,\mathrm{d}t.$$

两边积分,得 $\int \frac{\mathrm{d}M}{M} = \int (-\mu)\,\mathrm{d}t$. 整理得 $\ln|M| = -\mu t + \ln|C|$,因此原方程的通解为 $M = Ce^{-\mu t}$.

以后为了方便起见,将 $\ln|C|$ 写成 $\ln C$,但要明确的是,最终结果中的 C 是可正、可负的任意常数.

二、齐次微分方程

形如 $\dfrac{\mathrm{d}y}{\mathrm{d}x} = f\left(\dfrac{y}{x}\right)$ 的方程称为齐次微分方程,简称齐次方程.

对于齐次方程,可通过变量代换,将其化为可分离变量的方程进行求解.

令 $u = \dfrac{y}{x}$,则 $y = xu$,$\dfrac{\mathrm{d}y}{\mathrm{d}x} = u + x\dfrac{\mathrm{d}u}{\mathrm{d}x}$. 代入齐次方程,得

$$u + x\frac{\mathrm{d}u}{\mathrm{d}x} = f(u).$$

分离变量并积分得

$$\int \frac{\mathrm{d}u}{f(u) - u} = \int \frac{1}{x}\,\mathrm{d}x.$$

由上式解出 $u = u(x, C)$,即可得到齐次方程的通解为 $y = xu(x, C)$.

例 6 求微分方程 $y' = \dfrac{y}{x+y}$ 的通解.

【解】 把原方程化为

$$\frac{\mathrm{d}y}{\mathrm{d}x} = \frac{\dfrac{y}{x}}{1 + \dfrac{y}{x}}.$$

令 $u = \dfrac{y}{x}$,即 $y = xu$,则 $\dfrac{\mathrm{d}y}{\mathrm{d}x} = u + x\dfrac{\mathrm{d}u}{\mathrm{d}x}$. 代入上式,得

$$\frac{1+u}{u^2}\mathrm{d}u = -\frac{1}{x}\mathrm{d}x.$$

两边积分得

$$-\frac{1}{u} + \ln u = -\ln x + C.$$

将 $u = \dfrac{y}{x}$ 回代到上式,得

$$-\frac{x}{y}+\ln\frac{y}{x}=-\ln x+C,$$

则通解为

$$x+Cy-y\ln y=0.$$

例7 求微分方程 $y'=\frac{y}{x}+\tan\frac{y}{x}$ 的通解.

【解】 令 $u=\frac{y}{x}$,则 $y=xu$,$y'=u+xu'$.

代入方程得

$$u+xu'=u+\tan u,$$

即

$$\cot u\,\mathrm{d}u=\frac{\mathrm{d}x}{x}.$$

两边积分得

$$\ln\sin u=\ln x+\ln C.$$

去对数符号得

$$\sin u=Cx.$$

将 $u=\frac{y}{x}$ 代入上式,得原方程的通解为

$$\sin\frac{y}{x}=Cx.$$

三、一阶线性微分方程

定义2 形如 $y'+P(x)y=Q(x)$ 的微分方程称为**一阶线性微分方程**,其中,$P(x)$,$Q(x)$为 x 的已知函数. 当 $Q(x)$不恒为零时,称为**一阶线性非齐次微分方程**. 当 $Q(x)$恒为零时,称为**一阶线性齐次微分方程**.

1. 一阶线性齐次微分方程的解法

显然,一阶线性齐次微分方程 $y'+P(x)y=0$ 是可分离变量的方程.
分离变量得

$$\frac{\mathrm{d}y}{y}=-P(x)\mathrm{d}x.$$

两边积分得

$$\ln y=-\int P(x)\mathrm{d}x+\ln C,$$

可以得到一阶线性齐次微分方程的通解公式为

$$y = Ce^{-\int P(x)dx}.$$

例8 求方程 $(y-xy)dx + xdy = 0$ 的通解和满足初始条件 $y|_{x=1} = e$ 的特解.

【解】 原方程化为一阶线性齐次形式,

$$\frac{dy}{dx} + \left(\frac{1}{x} - 1\right)y = 0,$$

其中,$P(x) = \frac{1}{x} - 1$.

由公式得到通解

$$y = Ce^{-\int\left(\frac{1}{x}-1\right)dx} = Ce^{-\ln x + x}.$$

代入初始条件 $y|_{x=1} = e$,可得 $e = Ce^{-\ln 1 + 1}$.

由于 $C = 1$,故满足初始条件的特解为 $y = e^{-\ln x + x}$.

2. 一阶线性非齐次微分方程的解法

用"常数变易法"解一阶线性非齐次微分方程,通常分两步完成.

(1) 求出对应的一阶线性齐次微分方程的通解;

(2) 用函数替代常数的"常数变易法"改写通解,代入原方程,求出替代函数.

具体方法如下.

设一阶线性非齐次微分方程为

$$y' + P(x)y = Q(x). \tag{4-1}$$

写出对应的一阶线性齐次微分方程,

$$y' + P(x)y = 0,$$

其通解为

$$y = Ce^{-\int P(x)dx} \quad (C \text{ 为任意常数}).$$

将任意常数 C 换为 x 的函数 $C(x)$,即令

$$y = C(x)e^{-\int P(x)dx}, \tag{4-2}$$

对上式求导数,

$$y' = C'(x)e^{-\int P(x)dx} - C(x)P(x)e^{-\int P(x)dx}. \tag{4-3}$$

将式(4-2)和式(4-3)代入一阶线性非齐次微分方程(4-1),

$$\left[C'(x)e^{-\int P(x)dx} - C(x)P(x)e^{-\int P(x)dx}\right] + P(x)C(x)e^{-\int P(x)dx} = Q(x),$$

整理得

$$C'(x) = Q(x)e^{\int P(x)dx}.$$

两边积分得

$$C(x) = \int Q(x) e^{\int P(x)dx} dx + C.$$

将上式代入式(4-2),故得一阶线性非齐次微分方程 $y' + P(x)y = Q(x)$ 的通解公式为

$$y = e^{-\int P(x)dx} \left(\int Q(x) e^{\int P(x)dx} dx + c \right). \tag{4-4}$$

例 9 求方程 $(1+x^2)y' - 2xy = (1+x^2)^2$ 的通解.

【解】 该方程是一阶线性非齐次微分方程,将其改写成

$$y' - \frac{2x}{1+x^2} y = 1 + x^2.$$

于是

$$P(x) = \frac{-2x}{1+x^2}, \ Q(x) = 1 + x^2.$$

由一阶线性非齐次微分方程通解公式得到方程的通解为

$$y = e^{\int \frac{2x}{1+x^2} dx} \left[\int (1+x^2) e^{-\int \frac{2x}{1+x^2} dx} dx + C \right] = e^{\ln(1+x^2)} \left[\int \frac{(1+x^2)}{(1+x^2)} dx + C \right]$$
$$= (1+x^2)(x+C).$$

有些方程经过适当变形后可转化为线性方程.

例 10 求微分方程 $y' = \dfrac{y}{x - y^3}$ 的通解及满足初始条件 $y(2) = 1$ 的特解.

【解】 可以把 y 看作自变量,x 为函数 $x = x(y)$,将原方程化为未知函数为 $x = x(y)$ 的线性方程,

$$\frac{dx}{dy} = \frac{x - y^3}{y}, \ 即 \frac{dx}{dy} - \frac{x}{y} = -y^2.$$

于是

$$P(y) = -\frac{1}{y}, \ Q(y) = -y^2.$$

用公式可得所求通解为

$$x = e^{\int \frac{1}{y} dy} \left[\int (-y^2) e^{-\int \frac{1}{y} dy} dy + C \right] = e^{\ln y} \left(-\int y^2 \cdot e^{-\ln y} dy + C \right)$$
$$= y \left(-\int y dy + C \right) = Cy - \frac{1}{2} y^3.$$

将初始条件 $y(2) = 1$ 代入上式,可得 $C = \dfrac{5}{2}$,故所求特解为

$$x = \frac{5y - y^3}{2}.$$

例 11 求微分方程 $\dfrac{dx}{dy} + \dfrac{1}{y}x = y^2$.

【解】 $x = e^{-\int \frac{1}{y}dy}\left[\int y^2 e^{\int \frac{1}{y}dy}dy + C_1\right] = \dfrac{1}{y}\left(\dfrac{1}{4}y^4 + C_1\right).$

通解可写成
$$4xy = y^4 + C \quad (C = 4C_1).$$

例 12 求微分方程 $y' - y\tan x = \sec x$ 满足条件 $y|_{x=0} = 0$ 的特解.

【解】 因 $P(x) = -\tan x$, $Q(x) = \sec x$, 所以通解为
$$y = e^{\int \tan x\, dx}\left(\int \sec x\, e^{-\int \tan x\, dx}dx + C\right) = e^{-\ln\cos x}\left(\int \sec x\, e^{\ln\cos x}dx + C\right)$$
$$= \dfrac{1}{\cos x}\left(\int \sec x \cdot \cos x\, dx + C\right) = \dfrac{1}{\cos x}(x + C).$$

把条件 $y|_{x=0} = 0$ 代入得 $C = 0$, 所以得方程的特解为 $y = \dfrac{x}{\cos x}$.

任务训练 4-2

1. 求下列可分离变量的微分方程的通解.

   (1) $y' = e^{x-y}$;　　　　　　　　　　(2) $xy' - y\ln y = 0$;

   (3) $(xy + x^3 y)dy = (1 + y^2)dx$;　　(4) $\dfrac{dy}{dx} = \dfrac{x + xy}{xy - y}$.

2. 求下列已给微分方程满足初始条件的特解.

   (1) $y'\sin x = y\ln y$, $y\big|_{x=\frac{\pi}{2}} = e$;　(2) $y' = e^{2x-y}$, $y\big|_{x=0} = 0$.

3. 求下列齐次方程.

   (1) $\dfrac{dy}{dx} = \dfrac{y}{x} + \dfrac{x}{y}$;　　　　　　　(2) $\dfrac{dy}{dx} = \dfrac{2y}{x - 2y}$;

   (3) $\dfrac{dy}{dx} = \dfrac{y}{x} + \cos\dfrac{y-x}{x}$, $y(2) = 2$.

4. 求下列线性方程的通解.

   (1) $xy' - 3y = x^2$;　　　　　　　　(2) $\dfrac{dy}{dx} + \dfrac{y}{x\ln x} = 1$;

   (3) $\dfrac{dy}{dx} = \dfrac{2}{x+1}y + (x+1)^{\frac{5}{2}}$;　　(4) $y^2 \dfrac{dx}{dy} + xy = 1$.

5. 求下列满足初始条件的特解.

   (1) $\dfrac{dy}{dx} + \dfrac{1-2x}{x^2}y = 1$, $y(1) = 0$;　(2) $y' - y\tan x = \sec x$, $y(0) = 0$.

任务三　掌握二阶常系数线性微分方程

任务二讨论了一阶线性微分方程

$$y' + P(x)y = Q(x) \tag{4-5}$$

通解的求法.本任务讨论二阶线性微分方程的通解求法,先介绍解的结构.

一、二阶线性微分方程解的结构

形如
$$y'' + P(x)y' + Q(x)y = f(x) \tag{4-6}$$

的微分方程称为二阶线性微分方程.

如果 $f(x) = 0$,方程
$$y'' + P(x)y' + Q(x)y = 0 \tag{4-7}$$

称为二阶线性齐次微分方程.

若 $f(x) \neq 0$,则称方程(4-6)为二阶线性非齐次微分方程.

定理1 如果 $y_1(x)$ 与 $y_2(x)$ 都是方程(4-7)的解,那么 $C_1 y_1(x) + C_2 y_2(x)$ 也是方程(4-7)的解.

【证】 令 $y = C_1 y_1 + C_2 y_2$,则
$$y' = C_1 y_1' + C_2 y_2', \quad y'' = C_1 y_1'' + C_2 y_2''.$$

代入方程(4-7),有
$$\begin{aligned}
左边 &= (C_1 y_1'' + C_2 y_2'') + P(x)(C_1 y_1' + C_2 y_2') + Q(x)(C_1 y_1 + C_2 y_2) \\
&= C_1 [y_1'' + P(x) y_1' + Q(x) y_1] + C_2 [y_2'' + P(x) y_2' + Q(x) y_2] \\
&= C_1 \cdot 0 + C_2 \cdot 0 = 0 = 右边.
\end{aligned}$$

定理2 如果 $y_1(x)$ 与 $y_2(x)$ 都是方程(4-7)的解,且 $\dfrac{y_1(x)}{y_2(x)} \neq C$($C$ 为常数),则 $y = C_1 y_1(x) + C_2 y_2(x)$ 是方程(4-7)的通解.

定理3 设 $y^*(x)$ 是二阶线性非齐次微分方程(4-6)的一个特解,$Y(x)$ 是方程(4-6)对应的齐次方程(4-7)的通解,那么
$$y = Y(x) + y^*(x)$$

是二阶线性非齐次微分方程(4-6)的通解.

【证】 把 $y = Y(x) + y^*(x)$ 代入方程(4-6),有
$$\begin{aligned}
左边 &= (Y + y^*)'' + P(x)(Y + y^*)' + Q(x)(Y + y^*) \\
&= (Y'' + y^{*''}) + P(x)(Y' + y^{*'}) + Q(x)Y + Q(x)y^* \\
&= [Y'' + P(x)Y' + Q(x)Y] + [y^{*''} + P(x)y^{*'} + Q(x)y^*] \\
&= 0 + f(x) = f(x) = 右边,
\end{aligned}$$

则 $y = Y(x) + y^*(x)$ 是方程(4-6)的解.

又因为 $Y(x)$ 中含有两个任意常数,则 $y = Y(x) + y^*(x)$ 是方程(4-6)的通解.

二、二阶常系数线性齐次方程

在微分方程(4-7)中,如果 $P(x), Q(x)$ 是常数,即方程成为

$$y'' + py' + qy = 0, \qquad (4-8)$$

其中, p, q 是常数, 称为二阶常系数齐次线性微分方程.

由定理 2 可知, 只要找到齐次线性微分方程的两个解 $y_1(x)$ 和 $y_2(x)$, 且 $\dfrac{y_1(x)}{y_2(x)} \neq C$, 则 $y = C_1 y_1(x) + C_2 y_2(x)$ 是方程(4-8)的通解.

方程(4-8)中未知函数 y 及其导数 y' 和 y'' 各项乘以常数相加后为 0, 则可以设 $y = e^{rx}$ 为其中一个特解, 从而有

$$y' = r e^{rx}, \quad y'' = r^2 e^{rx}.$$

代入方程(4-8), 有

$$(r^2 + pr + q) e^{rx} = 0,$$

即

$$r^2 + pr + q = 0. \qquad (4-9)$$

由此可见, 只要 r 满足方程(4-9), 则函数 $y = e^{rx}$ 就是微分方程(4-8)的解, 称方程(4-9)是微分方程(4-8)的特征方程, 特征方程的根为特征根.

特征方程(4-9)是一个一元二次代数方程, 下面分 3 种情况进行讨论.

(1) $p^2 - 4q > 0$, 即特征方程有两个不相等的实根 r_1, r_2, 则

$$y_1 = e^{r_1 x}, \quad y_2 = e^{r_2 x}$$

是微分方程(4-8)的两个解, 且

$$\frac{y_1}{y_2} = \frac{e^{r_1 x}}{e^{r_2 x}} = e^{(r_1 - r_2)x} \neq C,$$

故微分方程(4-8)的通解为

$$y = C_1 e^{r_1 x} + C_2 e^{r_2 x}.$$

(2) $p^2 - 4q = 0$, 即特征方程有两个相等的实根 $r_1 = r_2 = -\dfrac{p}{2}$, 则只能找到方程(4-8)的一个解,

$$y_1 = e^{r_1 x}.$$

令 $y_2 = u(x) e^{r_1 x}$ 也是方程(4-8)的解, 将其代入微分方程(4-8), 有

$$y_2' = u'(x) e^{r_1 x} + r_1 u(x) e^{r_1 x},$$

$$y_2'' = u''(x) e^{r_1 x} + 2 r_1 u'(x) e^{r_1 x} + r_1^2 u(x) e^{r_1 x},$$

$$e^{r_1 x} [(u'' + 2 r_1 u' + r_1^2 u) + p(u' + r_1 u) + q u] = 0,$$

即

$$u'' + (2 r_1 + p) u' + (r_1^2 + p r_1 + q) u = 0.$$

由于 r_1 是二重根,因此
$$2r_1 + p = 0, r_1^2 + pr_1 + q = 0,$$
从而有
$$u'' = 0.$$
取 $u(x) = x$,则 $y_2 = x\mathrm{e}^{r_1 x}$,因此微分方程(4-8)的通解为
$$y = (C_1 + C_2 x)\mathrm{e}^{r_1 x}.$$

(3) $p^2 - 4q < 0$,即特征方程有一对共轭复根 $r_{1,2} = \alpha \pm \mathrm{i}\beta$,此时可以找到微分方程(4-8)的两个解为
$$y_1 = \mathrm{e}^{\alpha x}\cos\beta x, \quad y_2 = \mathrm{e}^{\alpha x}\sin\beta x.$$
因此微分方程(4-8)的通解为
$$y = \mathrm{e}^{\alpha x}(C_1\cos\beta x + C_2\sin\beta x).$$

综上所述,根据特征方程根的情况,对应的微分方程的解如表4-1所示.

表 4-1

特征方程 $r^2 + pr + q = 0$ 的根	微分方程 $y'' + py' + qy = 0$ 的通解
两个不等实根 $r_1 \neq r_2$	$y = C_1\mathrm{e}^{r_1 x} + C_2\mathrm{e}^{r_2 x}$
两个相等实根 $r_1 = r_2$	$y = (C_1 + C_2 x)\mathrm{e}^{r_1 x}$
一对共轭复根 $r_{1,2} = \alpha \pm \mathrm{i}\beta$	$y = \mathrm{e}^{\alpha x}(C_1\cos\beta x + C_2\sin\beta x)$

例1 求微分方程 $y'' - 2y' - 3y = 0$ 的通解.

【解】 特征方程为
$$r^2 - 2r - 3 = 0,$$
其根为
$$r_1 = -1, r_2 = 3.$$
故所求微分方程的通解为
$$y = C_1\mathrm{e}^{-x} + C_2\mathrm{e}^{3x}.$$

例2 求微分方程 $y'' + 2y' + y = 0$ 满足 $y(0) = 4, y'(0) = -2$ 的特解.

【解】 微分方程的特征方程为
$$r^2 + 2r + 1 = 0,$$
$$r_1 = r_2 = -1.$$
微分方程的通解为
$$y = (C_1 + C_2 x)\mathrm{e}^{-x}.$$

代入 $y(0)=4$，得 $C_1=4$，则

$$y=(4+C_2x)\mathrm{e}^{-x},$$
$$y'=(C_2-4-C_2x)\mathrm{e}^{-x}.$$

代入 $y'(0)=-2$，得 $C_2=2$，故所求微分方程的特解为

$$y=(4+2x)\mathrm{e}^{-x}.$$

例 3 求微分方程 $y''+2y'+3y=0$ 的通解.

【解】 特征方程为

$$r^2+2r+3=0,$$
$$r_{1,2}=\frac{-2\pm\sqrt{2^2-12}}{2}=-1\pm\sqrt{2}\,\mathrm{i}.$$

所求微分方程通解为

$$y=\mathrm{e}^{-x}(C_1\cos\sqrt{2}\,x+C_2\sin\sqrt{2}\,x).$$

三、二阶常系数线性非齐次方程

形如

$$y''+py'+qy=f(x)$$

的微分方程称为二阶常系数非齐次线性微分方程，其中，p，q 是常数.

由定理 3 可知，非齐次方程的解等于对应的齐次方程的解加上它自身的一个特解，而前面已经讨论了齐次方程的通解，下面只给出求非齐次微分方程特解的方法.

这里只讨论 $f(x)=P_n(x)\mathrm{e}^{\lambda x}$ 的情形. 此时方程为

$$y''+py'+qy=P_n(x)\mathrm{e}^{\lambda x}, \tag{4-10}$$

其中，λ 为常数，$P_n(x)$ 为 n 次多项式，

$$P_n(x)=a_0x^n+a_1x^{n-1}+\cdots+a_{n-1}x+a_n.$$

由方程(4-10)两端的特征，设 $y^*=Q(x)\mathrm{e}^{\lambda x}$ 是方程的特解，则

$$y^{*\prime}=Q'(x)\mathrm{e}^{\lambda x}+\lambda Q(x)\mathrm{e}^{\lambda x},$$
$$y^{*\prime\prime}=Q''(x)\mathrm{e}^{\lambda x}+2\lambda Q'(x)\mathrm{e}^{\lambda x}+\lambda^2 Q(x)\mathrm{e}^{\lambda x}.$$

代入方程(4-10)，得到

$$\mathrm{e}^{\lambda x}\{[Q''(x)+2\lambda Q'(x)+\lambda^2 Q(x)]+p[Q'(x)+\lambda Q(x)]+qQ(x)\}=P_n(x)\mathrm{e}^{\lambda x},$$

即

$$Q''(x)+(2\lambda+p)Q'(x)+(\lambda^2+p\lambda+q)Q(x)=P_n(x). \tag{4-11}$$

(1) 若 λ 不是特征根，即 $\lambda^2+p\lambda+q\neq 0$，则式(4-11)左端 x 的最高次幂应含在 $Q(x)$ 中. 可设

$$Q(x) = Q_n(x) = b_0 x^n + b_1 x^{n-1} + \cdots + b_{n-1} x + b_n,$$

其中,$b_0, b_1, \cdots, b_{n-1}, b_n$ 是待定系数,可代入式(4-11)中求出,此时特解为

$$y^* = Q_n(x) e^{\lambda x}.$$

(2) 若 λ 是特征单根,即 $\lambda^2 + p\lambda + q = 0$,$2\lambda + p \neq 0$,则式(4-11)左端 x 的最高次幂应含在 $Q'(x)$ 中. 可设

$$Q(x) = x Q_n(x),$$

此时特解为

$$y^* = x Q_n(x) e^{\lambda x}.$$

(3) 若 λ 是二重特征根,即 $\lambda^2 + p\lambda + q = 0$,$2\lambda + p = 0$,则式(4-11)左端 x 的最高次幂应含在 $Q''(x)$ 中. 可设

$$Q(x) = x^2 Q_n(x),$$

此时特解为

$$y^* = x^2 Q_n(x) e^{\lambda x}.$$

综上所述,微分方程(4-10)的特解形式为

$$y^* = x^k Q_n(x) e^{\lambda x},$$

其中,$Q_n(x)$ 是与 $P_n(x)$ 同次的多项式. k 按照 λ 不是特征根,是单根,是二重根,分别取 0,1,2.

例 4 求微分方程 $y'' + 5y' + 4y = 1 + 4x$ 的一个特解.

【解】 对应的齐次方程的特征方程为

$$r^2 + 5r + 4 = 0,$$

特征根为

$$r_1 = -1, r_2 = -4.$$

由于 $\lambda = 0$ 不是特征根,可设 $y^* = b_0 x + b_1$. 代入原方程,得

$$5b_0 + 4(b_0 x + b_1) = 1 + 4x.$$

比较两端同次幂的系数,得

$$\begin{cases} 5b_0 + 4b_1 = 1, \\ 4b_0 = 4, \end{cases}$$

解得 $b_0 = 1, b_1 = -1$,故所求的一个特解为

$$y^* = x - 1.$$

例 5 求微分方程 $y'' - 3y' - 10y = 2e^{-2x}$ 的通解.

【解】 对应的齐次方程的特征方程为

$$r^2 - 3r - 10 = 0,$$

特征根为
$$r_1 = -2, r_2 = 5.$$

齐次方程的通解为
$$Y = C_1 e^{-2x} + C_2 e^{5x}.$$

由于 $\lambda = -2$ 是特征方程的单根，设 $y^* = Ax e^{-2x}$，因此
$$y^{*\prime} = A(1-2x)e^{-2x}, \quad y^{*\prime\prime} = A(4x-4)e^{-2x}.$$

代入原微分方程，得
$$y'' - 3y' - 10y = -7A e^{-2x} = 2e^{-2x},$$

则
$$A = -\frac{2}{7}.$$

所求微分方程的通解为
$$y = C_1 e^{-2x} + C_2 e^{5x} - \frac{2}{7} x e^{-2x}.$$

例6 求微分方程 $y'' - 6y' + 9y = 6e^{3x}$ 的一个特解.

【解】 对应的齐次方程的特征方程为
$$r^2 - 6r + 9 = 0,$$

特征根为
$$r_1 = r_2 = 3.$$

由于 $\lambda = 3$ 是特征方程的二重根，设 $y^* = Ax^2 e^{3x}$. 令 $Q(x) = Ax^2$，代入原方程，得
$$A = 3.$$

故所求特解为
$$y^* = 3x^2 e^{3x}.$$

任务训练 4-3

1. 求下列微分方程的通解.
   (1) $y'' + 4y' + 3y = 0$;　　　　　　　(2) $y'' - 2y' = 0$;
   (3) $y'' + 4y = 0$;　　　　　　　　　 (4) $y'' + y' + 2y = 0$;
   (5) $y'' - 2y' - 3y = 3x + 1$;　　　　(6) $y'' - 6y' + 9y = (x+1)e^{3x}$.

2. 求下列满足初始条件的特解.
   (1) $y'' - 4y' + 3y = 0, y\big|_{x=0} = 6, y'\big|_{x=0} = 10$;

(2) $y'' + 25y = 0$, $y\big|_{x=0} = 2$, $y'\big|_{x=0} = 5$;

(3) $y'' - 4y' = 5$, $y\big|_{x=0} = 1$, $y'\big|_{x=0} = 0$;

(4) $y'' - 6y' + 8y = 4$, $y\big|_{x=0} = 0$, $y'\big|_{x=0} = 0$;

(5) $y'' - 10y' + 9y = e^{2x}$, $y\big|_{x=0} = \dfrac{6}{7}$, $y'\big|_{x=0} = \dfrac{33}{7}$.

知识拓展

常微分方程是数学的分支之一,也是高等数学体系的重要组成部分之一,与人们日常生产、生活有着紧密的内在联系,不仅在生物学、物理学等领域有广泛运用,还与电子科技、信息技术等领域息息相关.数学建模的目的是在分析规律、抓住问题矛盾的同时,找出解决问题的办法,在此过程中常微分方程就是数学模型求解的重要工具,它不仅有丰富的理论知识,还具有广泛的应用性.可以说微分方程在我们的生活中无处不在,它们能够描述不同的物理变化和现象,以及在这些物理变化过程中所需要考虑的更复杂的因素.

在金融经济领域,微分方程常用于衡量流通资金数量对市场价格的影响,分析在意外事件影响下市场价格发生的变化,分析证券定价、投资策略制定等诸多问题.

在水力学领域,微分方程也可用来解决水的流量、速度和压力的变化,因此可以用微分方程来深入分析潮流,耦合计算各种河道流速、波浪分布和噪声分布情况,用来解决礁区、航道及其他工程计算问题.

在传热传质领域,变温过程和变风速过程等典型问题都可以采用微分方程来描述,用以分析变温运动以及穿梭在各种环境条件下的空气流动问题.

在外层空间技术方面,导航、控制和追踪宇宙飞船的姿态和轨道运动问题也可以用微分方程来描述.

总之,微分方程在金融经济、水力学、传热传质以及外层空间技术等多个领域有具体的应用,可谓无处不在.

项目四模拟题

1. 选择题.

(1) 下列方程为线性微分方程的是( ).

A. $y'' + (\ln x)y' + \cos x y = 0$ B. $y'' - 2y' + y^2 = e^x$

C. $y' - xy = \ln x$ D. $(y')^2 - y' = 3x + 7$

(2) 微分方程 $y'' y''' - 3(y')^8 = x^6 \ln x$ 的阶数是( ).

A. 5 B. 8 C. 6 D. 3

(3) 下列方程中,通解为 $y = (C_1 + C_2 x)e^x$ 的微分方程是( ).

A. $y'' - 2y' + y = 0$ B. $y'' - 2y' + y = 1$

C. $y' + y = 0$ D. $y' = y$

(4) 微分方程 $\dfrac{d^2 y}{dx^2} + 2\dfrac{dy}{dx} + y = \cos x$ 是( ).

A．二阶齐次微分方程　　　　　　　　B．二阶非线性微分方程
C．二阶常系数非齐次线性微分方程　　D．不是常微分方程

(5) 方程 $y' - \dfrac{1}{x}y = x$ 的通解为（　　）．

A．$Cx^2 + x$　　　　B．$x^2 + x + C$　　　　C．$x^2 + Cx$　　　　D．$Cx^2 - x$

2. 填空题．

(1) $x + 3x^2 - y' = 0$ 的通解为 _____．

(2) $y'' + y' - x = 0$ 的特征方程为 _____．

(3) $y'' + y = x$ 的一个特解为 _____．

(4) $y' = 2(y+1)x$ 的通解为 _____．

(5) $y'' - 4y' = 0$ 的通解为 _____．

3. 判断题．

(1) $(y')^2 + 3xy = 4\sin x$ 是二阶微分方程． (　　)

(2) $y = -x^2 + C_1 + C_2$ 是微分方程 $y' + 2x = 0$ 的通解． (　　)

(3) $\mathrm{d}y = \mathrm{e}^{x+y}\mathrm{d}x$ 是可分离变量方程． (　　)

(4) $x' + x = \mathrm{e}^{-y}$ 是一阶非齐次线性方程． (　　)

(5) $y'' - 5y' + 6y = 0$ 有两个相等的特征根． (　　)

4. 计算题．

求微分方程 $y'' - 6y' + 9y = \mathrm{e}^{3x}(2x+1)$ 的通解．

5. 思考题．

在学习了项目四之后，可以利用常微分方程建立数学模型来解决生活中的哪些实际问题？

项目五

多元函数微积分

知识图谱

能力与素质

"横看成岭侧成峰,远近高低各不同.不识庐山真面目,只缘身在此山中."人生就像一幅连绵不断的画卷,起起落落是必经之路,是成长的需要.跌入谷底不气馁,甘于平淡不放任,伫立高峰不张扬.要学会用运动的观点看待问题,低谷与顶峰只是人生道路上的转折点.

多元函数的概念很早就出现在物理学中,因为人们常常要研究取决于多个其他变量的物理量.例如,托马斯·布拉德华曾试图寻找运动物体的速度、动力和阻力之间的关系.不过从 17 世纪开始,这个概念有了长足发展.1667 年,詹姆斯·格雷果里在"*Vera circuli et hyperbolae quadratura*"一文中给出了多元函数早期定义之一:"(多元)函数是由几个量经过一系列代数运算或别的可以想象的运算得到的量."18 世纪,人们发展了基于无穷小量的微积分,并研究了常微分方程和偏微分方程的解法,那时多元函数的运算与一元函数类似.直到 19 世纪末和 20 世纪初,人们才严格建立起偏导数(包括二阶偏导数)的计算法则.

多元函数微积分在生活中有着各种各样的用途,如在经济学中进行多变量的计算.通过学习,利用导数与微分的相关知识解决一些实际问题.

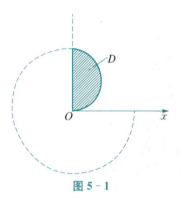

图 5-1

案例 1 如图 5-1 所示,设平面薄片所占的闭区域 D 由螺线 $r=2\theta\left(0\leqslant\theta\leqslant\dfrac{\pi}{2}\right)$ 与直线 $\theta=0, \theta=\dfrac{\pi}{2}$ 围成的面密度为 $\mu(x, y)=x^2+y^2$,求该薄片的质量.

【解】 该薄片的质量为

$$m=\iint\limits_{D}\mu(x,y)\mathrm{d}\sigma=\iint\limits_{D}(x^2+y^2)\mathrm{d}\sigma=\iint\limits_{D}r^2\cdot r\mathrm{d}r\mathrm{d}\theta.$$

由于 D 由 $\begin{cases}0\leqslant r\leqslant 2\theta,\\ 0\leqslant\theta\leqslant\dfrac{\pi}{2}\end{cases}$ 围成,因此

$$m=\int_0^{\frac{\pi}{2}}\mathrm{d}\theta\int_0^{2\theta}r^3\mathrm{d}r=\int_0^{\frac{\pi}{2}}\frac{1}{4}r^4\Big|_0^{2\theta}\mathrm{d}\theta=4\int_0^{\frac{\pi}{2}}\theta^4\mathrm{d}\theta=\frac{4}{5}\theta^5\Big|_0^{\frac{\pi}{2}}=\frac{\pi^5}{40}.$$

想一想 多元函数是复杂的,但只要勇于探索,难题也会被攻克解决.在生活中,你是否也拥有不畏困难、勇于探索的精神?

任务一 理解空间直角坐标系

一、空间直角坐标系

过空间定点 O 作 3 条互相垂直的数轴,各个数轴的正向符合右手法则,形成空间直角坐标系.如图 5-2 所示,4 根手指环绕指向 x 轴正向,旋转 90°指向 y 轴正向,然后拇指的指向为 z 轴的正向.其中,O 称为坐标原点;3 个数轴为坐标轴,分别是 x 轴(横轴)、y 轴(纵轴)、z 轴(竖轴);每两条坐标轴确定的平面为坐标面,分别是 xOy 面、yOz 面和 zOx 面.3 个坐标面把空间分成 8 个部分,每个部分是一个卦限.其中,x 轴、y 轴、z 轴的正半轴形成的卦限称为第Ⅰ卦限,xOy 面的上方按逆时针方向依次是第Ⅰ,Ⅱ,Ⅲ,Ⅳ卦限,xOy 面的下方依次是第Ⅴ,

Ⅵ,Ⅶ,Ⅷ卦限,如图 5-3 所示.

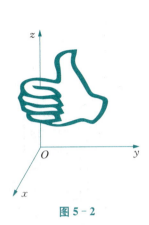

图 5-2

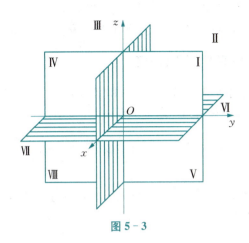

图 5-3

设 P 为空间一点,过点 P 分别作垂直于 3 个坐标轴的平面,分别与 x 轴、y 轴、z 轴相交于 A,B,C 这 3 个点,且这 3 个点在 x 轴、y 轴、z 轴上的坐标依次为 x,y,z,则点 P 唯一地确定了一组有序数组 x,y,z. 反之,设给定一组有序数组 x,y,z,且它们在 x 轴、y 轴、z 轴上依次对应于点 A,B,C,过点 A,B,C 分别作平面垂直于所在坐标轴,则这 3 个平面确定了唯一的交点 P. 这样,空间的点 P 与一组有序数组 x,y,z 之间建立了一一对应关系,如图 5-4 所示. 有序数组 x,y,z 就是点 P 的坐标,记为 $P(x,y,z)$,分别是 x 坐标、y 坐标、z 坐标.

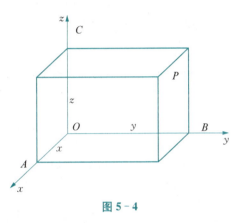

图 5-4

显然,原点 O 的坐标为 $(0,0,0)$,x 轴上任意一点的坐标为 $(x,0,0)$,y 轴上任意一点的坐标为 $(0,y,0)$,z 轴上任意一点的坐标为 $(0,0,z)$,xOy 面上任意一点的坐标为 $(x,y,0)$,xOz 面上任意一点的坐标为 $(x,0,z)$,yOz 面上任意一点的坐标为 $(0,y,z)$. 各卦限点的坐标特征如表 5-1 所示.

表 5-1

卦限	Ⅰ	Ⅱ	Ⅲ	Ⅳ	Ⅴ	Ⅵ	Ⅶ	Ⅷ
x	+	−	−	+	+	−	−	+
y	+	+	−	−	+	+	−	−
z	+	+	+	+	−	−	−	−

容易看出,设空间一点的坐标为 $M(x,y,z)$,它关于 xOy 面的对称点的坐标为 $M(x,y,-z)$,关于 x 轴的对称点的坐标为 $M(x,-y,-z)$,关于原点的对称点的坐标为 $M(-x,-y,-z)$,其他类推.

可以称数轴为一维空间,平面直角坐标系为二维空间,空间直角坐标系为三维空间.

例 1 在空间直角坐标系中,求出点 $A(3,1,2)$ 关于 yOz 面、y 轴、原点的对称点的坐标.

【解】 (1) 点 $A(3,1,2)$ 关于 yOz 面的对称点为 $(-3,1,2)$.

(2) 点 $A(3,1,2)$ 关于 y 轴的对称点为 $(-3,1,-2)$.

(3) 点 $A(3,1,2)$ 关于原点的对称点为 $(-3,-1,-2)$.

二、空间两点间的距离

设空间有 $A(x_1,y_1,z_1)$ 和 $B(x_2,y_2,z_2)$ 两点, 由图 5-5 可以看出 AB 之间的距离为

$$d=\sqrt{(x_2-x_1)^2+(y_2-y_1)^2+(z_2-z_1)^2}. \quad (5-1)$$

特别地, 平面 xOy 上 $A(x_1,y_1,0)$ 与 $B(x_2,y_2,0)$ 两点的距离为

$$d=\sqrt{(x_2-x_1)^2+(y_2-y_1)^2}. \quad (5-2)$$

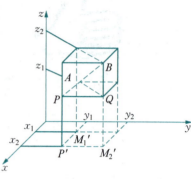

图 5-5

例 2 在 z 轴上求与 $A(-4,1,7)$ 和 $B(3,5,-2)$ 等距离的点.

【解】 设 z 轴上点的坐标为 $C(0,0,z)$. 由题意可得
$$|AC|=|BC|,$$

于是 $z=\dfrac{14}{9}$, 所以此点为 $\left(0,0,\dfrac{14}{9}\right)$.

任务训练 5-1

1. 在空间直角坐标系中, 求点 $A(4,-5,6)$ 关于各坐标面、各坐标轴、原点的对称点的坐标.
2. 求点 $(4,-3,5)$ 到坐标原点、各坐标轴、各坐标面的距离.
3. 试证: 以 $A(4,1,9)$, $B(10,-1,6)$, $C(2,4,3)$ 为顶点的三角形是等腰直角三角形.
4. 在 xOy 面上找一点, 使它的 x 坐标为 1, 且与点 $(1,-2,2)$ 和点 $(2,-1,4)$ 等距离.

任务二　掌握空间向量及其运算

一、向量的概念

在物理学中存在既有大小又有方向的量, 如力、位移、速度、加速度等, 这种量叫作向量或矢量, 一般用 a, b, c 或 $\overrightarrow{AB}$ 等表示. $\overrightarrow{AB}$ 表示始点为 A、终点为 B 的有向线段.

向量的大小称为向量的模, 用 $|a|$ 或 $|\overrightarrow{AB}|$ 表示. 模为 1 的向量称为单位向量, 与 a 同方向的单位向量记作 a^0. 模为 0 的向量称为零向量, 记为 $\mathbf{0}$, 方向不定.

方向相同、模相等的向量称为相等向量,记作 $a=b$. 可以自由平移的向量称为自由向量,本教材所研究的向量是自由向量.

二、向量的几何运算

1. 加法运算

设两个非零向量 a,b 有共同的起点 O,则以 O 为起点、以 a,b 为邻边的平行四边形的对角线 $\overrightarrow{OC}$ 表示向量 a 与 b 的和,记为 $a+b$,如图 5-6(a)所示. 这个法则称为向量加法的平行四边形法则.

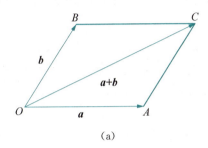
(a)

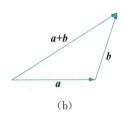
(b)

图 5-6

平移向量 b 至向量 a 的终点,以 a 的起点为起点、以 b 的终点为终点的向量也表示 $a+b$,这种方法称为向量加法的三角形法则,如图 5-6(b)所示. 这个法则可以推广到有限多个向量相加.

向量的加法满足交换律和结合律,

$$a+b=b+a,$$
$$(a+b)+c=a+(b+c).$$

2. 减法运算

与向量 b 的模相等而方向相反的向量称为 b 的负向量,记作 $-b$.

由于 $a-b=a+(-b)$,将向量 a 和 b 的起点移到同一点 O,易得以 b 的终点为起点、以 a 的终点为终点的向量是 $a-b$,如图 5-7 所示. 这种方法称为向量减法的三角形法则.

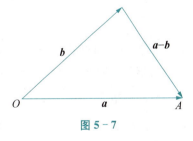

图 5-7

3. 数乘向量

定义1 设 a 是一个非零向量,λ 是一个非零实数,则 a 与 λ 的乘积仍是向量,称为**数乘向量**,记作 λa. 且 λa 的大小为 $|\lambda a|=|\lambda||a|$;λa 的方向与 a 同向时,$\lambda>0$,与 a 反向时,$\lambda<0$.

若 $\lambda=0$ 或 $a=\mathbf{0}$,规定 $\lambda a=\mathbf{0}$.

数乘向量满足结合律与分配律,

$$\mu(\lambda a)=(\lambda\mu)a,$$

$$\lambda(\boldsymbol{a}+\boldsymbol{b})=\lambda\boldsymbol{a}+\lambda\boldsymbol{b},$$
$$(\lambda+\mu)\boldsymbol{a}=\lambda\boldsymbol{a}+\mu\boldsymbol{a},$$

其中, λ, μ 都是实数.

由数乘向量 $\lambda\boldsymbol{a}$ 的定义可知, $\lambda\boldsymbol{a}$ 与 $\boldsymbol{a}$ 是共线向量,也称平行向量.

三、向量的坐标表示法

1. 向量的坐标表示

在空间直角坐标系中,与 x 轴、y 轴、z 轴的正向同向的单位向量分别记为 $\boldsymbol{i}$, $\boldsymbol{j}$, $\boldsymbol{k}$ 或 $\vec{i}$, $\vec{j}$, $\vec{k}$,称为基本单位向量.

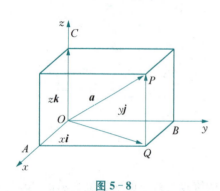

图 5-8

如图 5-8 所示,设向量 $\overrightarrow{OP}$ 的起点为坐标原点 O,终点为 $P(x,y,z)$,过点 P 做 3 个平面分别垂直于 3 个坐标轴,垂足分别为 A, B, C,则 $\overrightarrow{OA}=x\boldsymbol{i}$, $\overrightarrow{OB}=y\boldsymbol{j}$, $\overrightarrow{OC}=z\boldsymbol{k}$.

由向量的加法法则得
$$\overrightarrow{OP}=\overrightarrow{OQ}+\overrightarrow{QP}=\overrightarrow{OA}+\overrightarrow{OB}+\overrightarrow{OC}=x\boldsymbol{i}+y\boldsymbol{j}+z\boldsymbol{k}.$$

类似地,由空间两点 $A(x_1, y_1, z_1)$ 和 $B(x_2, y_2, z_2)$ 构成的向量 $\overrightarrow{AB}$ 的坐标表示为
$$\overrightarrow{AB}=(x_2-x_1)\boldsymbol{i}+(y_2-y_1)\boldsymbol{j}+(z_2-z_1)\boldsymbol{k},$$

或表示为 $\boldsymbol{a}=a_x\boldsymbol{i}+a_y\boldsymbol{j}+a_z\boldsymbol{k}$,也可以简写为 $\boldsymbol{a}=(a_x, a_y, a_z)$.

2. 用坐标表示的向量的加法、减法及数乘

设向量 $\boldsymbol{a}=(a_x, a_y, a_z)$, $\boldsymbol{b}=(b_x, b_y, b_z)$,则
$$\boldsymbol{a}\pm\boldsymbol{b}=(a_x\pm b_x, a_y\pm b_y, a_z\pm b_z), \tag{5-3}$$
$$\lambda\boldsymbol{a}=(\lambda a_x, \lambda a_y, \lambda a_z). \tag{5-4}$$

例 1 设向量 $\boldsymbol{a}=(2,-3,1)$, $\boldsymbol{b}=(-1,2,-3)$,求 $2\boldsymbol{a}+\boldsymbol{b}$, $3\boldsymbol{a}-2\boldsymbol{b}$.

【解】 $2\boldsymbol{a}+\boldsymbol{b}=2(2,-3,1)+(-1,2,-3)=(3,-4,-1)$.

$3\boldsymbol{a}-2\boldsymbol{b}=3(2,-3,1)-2(-1,2,-3)=(8,-13,9)$.

3. 向量的模

设向量 $\overrightarrow{OP}=(x,y,z)$,则向量 $\overrightarrow{OP}$ 的模 $|\overrightarrow{OP}|$ 为
$$|\overrightarrow{OP}|=\sqrt{x^2+y^2+z^2}.$$

设 A, B 两点的坐标为 $A(x_1, y_1, z_1)$, $B(x_2, y_2, z_2)$,则
$$\overrightarrow{AB}=(x_2-x_1, y_2-y_1, z_2-z_1),$$
$$|\overrightarrow{AB}|=\sqrt{(x_2-x_1)^2+(y_2-y_1)^2+(z_2-z_1)^2},$$

简写为

$$|a|=\sqrt{a_x^2+a_y^2+a_z^2}. \qquad (5-5)$$

例 2 设 A,B 两点的坐标为 $A(2,2,1)$，$B(1,3,0)$，求向量 $\overrightarrow{AB}$ 的坐标表示、向量的模 $|\overrightarrow{AB}|$.

【解】 (1) $\overrightarrow{AB}=(1-2,3-2,0-1)=(-1,1,-1)$.

(2) $|\overrightarrow{AB}|=\sqrt{(-1)^2+1^2+(-1)^2}=\sqrt{3}$.

4. 平行向量

设向量 $a=(a_x,a_y,a_z)$，$b=(b_x,b_y,b_z)$. 因为 $a\parallel b\Leftrightarrow b=\lambda a$，易得

$$a\parallel b\Leftrightarrow b_x=\lambda a_x,\ b_y=\lambda a_y,\ b_z=\lambda a_z. \qquad (5-6)$$

例 3 设向量 $a=2i-j+2k$ 与向量 b 平行，且 b 为单位向量，求向量 b.

【解】 由于 $a=(2,-1,2)$，且 $a\parallel b$，设

$$b=(2k,-k,2k).$$

由于 b 为单位向量，因此

$$\sqrt{4k^2+k^2+4k^2}=1.$$

于是 $|3k|=1$，$k=\pm\dfrac{1}{3}$. 所以

$$b=\pm\dfrac{1}{3}(2,-1,2).$$

四、向量的数量积和向量积

1. 两向量的数量积

定义 2 设有非零向量 a 与 b，且平行移动其中一个向量使它们的起点相同，如图 5-9 所示. 在这两个向量所决定的平面内，规定 a 与 b 正方向之间不超过 $180°$ 的夹角为 a，b 的**夹角**，记作 $(\widehat{a,b})$ 或 $(\widehat{b,a})$.

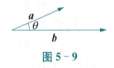

图 5-9

定义 3 两向量 a，b 的模及其夹角余弦的乘积，称为向量 a，b 的**数量积**或**点积**，记作 $a\cdot b$. 有

$$a\cdot b=|a||b|\cos(\widehat{a,b}), \qquad (5-7)$$

易得

$$a\cdot a=|a||a|\cos(\widehat{a,a})=|a|^2,$$
$$a\perp b\Leftrightarrow a\cdot b=0.$$

所以坐标系的基本单位向量满足

$$i\cdot i=1,\quad j\cdot j=1,\quad k\cdot k=1,$$
$$i\cdot j=0,\quad j\cdot k=0,\quad i\cdot k=0.$$

设向量 $a=(a_x,a_y,a_z)$，$b=(b_x,b_y,b_z)$，容易推出它们的数量积为

$$a\cdot b=a_xb_x+a_yb_y+a_zb_z. \qquad (5-8)$$

两向量 a 与 b 的夹角为

$$\cos(\widehat{\pmb{a},\pmb{b}}) = \frac{\pmb{a}\cdot\pmb{b}}{|\pmb{a}||\pmb{b}|} = \frac{a_x b_x + a_y b_y + a_z b_z}{\sqrt{a_x^2 + a_y^2 + a_z^2}\sqrt{b_x^2 + b_y^2 + b_z^2}} \quad [0 \leqslant (\widehat{\pmb{a},\pmb{b}}) \leqslant \pi]. \quad (5\text{-}9)$$

若两向量 $\pmb{a}$ 与 $\pmb{b}$ 垂直,则

$$\pmb{a}\cdot\pmb{b} = a_x b_x + a_y b_y + a_z b_z = 0. \qquad (5\text{-}10)$$

例 4 设向量 $\pmb{a}=\pmb{i}+2\pmb{j}-3\pmb{k}$,$\pmb{b}=-2\pmb{i}+\pmb{j}-\pmb{k}$,求 $\pmb{a}\cdot\pmb{b}$.

【解】 $\pmb{a}\cdot\pmb{b} = 1\times(-2)+2\times 1+(-3)\times(-1)=3$.

例 5 证明:向量 $\pmb{a}=3\pmb{i}-\pmb{j}+\pmb{k}$ 与 $\pmb{b}=\pmb{i}-2\pmb{j}-5\pmb{k}$ 互相垂直.

【证】 因为 $\pmb{a}\cdot\pmb{b}=3\times 1+(-1)\times(-2)+1\times(-5)=0$,所以向量 $\pmb{a}$ 与 $\pmb{b}$ 垂直.

例 6 已知 4 个点坐标分别为 $A(1,2,3)$,$B(5,-1,7)$,$C(1,1,1)$,$D(3,3,2)$,求 $\overrightarrow{AB}$,$\overrightarrow{CD}$ 的夹角 θ 的余弦.

【解】 因为

$$\overrightarrow{AB}=(5-1,-1-2,7-3)=(4,-3,4),$$
$$\overrightarrow{CD}=(3-1,3-1,2-1)=(2,2,1),$$

有

$$\overrightarrow{AB}\cdot\overrightarrow{CD}=4\times 2+(-3)\times 2+4\times 1=6,$$
$$|\overrightarrow{AB}|=\sqrt{4^2+(-3)^2+4^2}=\sqrt{41},\quad |\overrightarrow{CD}|=\sqrt{2^2+2^2+1^2}=3.$$

所以

$$\cos\theta = \frac{\overrightarrow{AB}\cdot\overrightarrow{CD}}{|\overrightarrow{AB}||\overrightarrow{CD}|}=\frac{6}{\sqrt{41}\cdot 3}=\frac{2}{\sqrt{41}}.$$

2. 两向量的向量积

设 O 为杠杆 L 的支点,杠杆 L 上点 P 受力 $\pmb{F}$ 的作用,$\pmb{F}$ 与 $\overrightarrow{OP}$ 的夹角为 θ,如图 5-10 所示. 由力学知识,力 $\pmb{F}$ 对支点 O 的力矩 $\pmb{M}$ 是一个向量:$\pmb{M}$ 的模等于力的大小与力臂的乘积,即 $|\pmb{M}|=|\overrightarrow{OP}||\pmb{F}|\sin\theta$;它的方向垂直于 $\overrightarrow{OP}$ 与 $\pmb{F}$ 所在的平面,其正方向按右手法则确定,如图 5-11 所示.

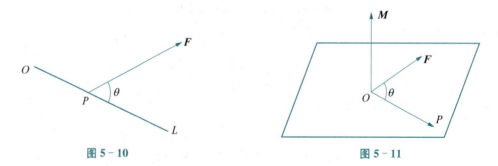

图 5-10　　　　　　　　图 5-11

定义 4 设有两向量 $\pmb{a}$,$\pmb{b}$,若向量 $\pmb{c}$ 满足

(1) $|\pmb{c}|=|\pmb{a}||\pmb{b}|\sin(\widehat{\pmb{a},\pmb{b}})$;

(2) $\pmb{c}$ 垂直于 $\pmb{a}$,$\pmb{b}$ 所决定的平面,它的正方向由右手法则确定,

则向量 c 称为向量 a 与 b 的向量积,记为 $a \times b$,即 $c = a \times b$.

在定义 4 前的介绍中,$M = \overrightarrow{OP} \times F$.

由定义可知,$a \times b$ 的模等于以 a,b 为邻边的平行四边形的面积,如图 5-12 所示. 易得

$$i \times j = k, \; j \times k = i, \; k \times i = j;$$
$$i \times i = 0, \; j \times j = 0, \; k \times k = 0.$$

设向量 $a = x_1 i + y_1 j + z_1 k$,$b = x_2 i + y_2 j + z_2 k$,可以推出

$$a \times b = (y_1 z_2 - z_1 y_2) i + (z_1 x_2 - x_1 z_2) j + (x_1 y_2 - y_1 x_2) k. \quad (5-11)$$

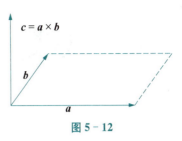

图 5-12

为了方便记忆,上式可用行列式表示为

$$a \times b = \begin{vmatrix} i & j & k \\ x_1 & y_1 & z_1 \\ x_2 & y_2 & z_2 \end{vmatrix}.$$

例 7 设 $a = i + j - k$,$b = i - j + 2k$,求 $a \times b$.

【解】 $a \times b = \begin{vmatrix} i & j & k \\ 1 & 1 & -1 \\ 1 & -1 & 2 \end{vmatrix} = i - 3j - 2k.$

例 8 求以 $A(2, -2, 0)$,$B(-1, 0, 1)$,$C(1, 1, 2)$ 为顶点的 $\triangle ABC$ 的面积.

【解】 由向量积的定义可知

$$S_{\triangle ABC} = \frac{1}{2} |\overrightarrow{AB} \times \overrightarrow{AC}|.$$

$$\overrightarrow{AB} = (-3, 2, 1), \; \overrightarrow{AC} = (-1, 3, 2).$$

$$\overrightarrow{AB} \times \overrightarrow{AC} = \begin{vmatrix} i & j & k \\ -3 & 2 & 1 \\ -1 & 3 & 2 \end{vmatrix} = i + 5j - 7k.$$

所以 $\triangle ABC$ 的面积

$$S = \frac{1}{2} |\overrightarrow{AB} \times \overrightarrow{AC}| = \frac{5}{2} \sqrt{3}.$$

如图 5-13 所示,在对扳钳施加力 F 转动螺栓时,产生作用于螺栓的轴的转矩并驱动螺栓前进. 转矩的大小取决于力作用在扳钳上多远的地方、作用点垂直于扳钳的力有多大. 用来度量转矩大小的数字,是扳钳杠杆臂 r 的长度与 F 垂直于 r 的纯量分量的乘积.

如图 5-13 所示,转矩向量的大小等于 $|r||F|\sin\theta$ 或者等于 $|r \times F|$. 如果令 n 是沿螺栓轴在转矩方向的单位向量,那么转矩向量可用 $r \times F = (|r||F|\sin\theta)n$ 描述.

当 u 同 v 平行时,曾把 $u \times v$ 定义为 0. 这与对转矩的解释是一致的. 如果图 5-13 中的力 F 与扳钳平行,表明试图用沿扳钳把手的直线上的推力或者拉手转动螺栓,产生的转矩为零.

例 9 在图 5-14 中,求由力 F 在支点 P 产生的转矩的大小.

【解】 $|\overrightarrow{PQ} \times \boldsymbol{F}| = |\overrightarrow{PQ}||\boldsymbol{F}|\sin 60° = 5 \times 20 \times \sin 60° \approx 86.6$(牛·米).

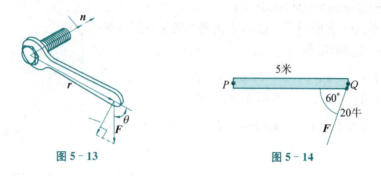

图 5 - 13　　　　　　　　　　图 5 - 14

任务训练 5 - 2

1. 已知平行四边形 $ABCD$,其对角线交点为 M. 设 $\overrightarrow{AB} = \boldsymbol{a}$, $\overrightarrow{AD} = \boldsymbol{b}$,试用 $\boldsymbol{a}$, $\boldsymbol{b}$ 表示向量 $\overrightarrow{AC}$, $\overrightarrow{BD}$, $\overrightarrow{MA}$, $\overrightarrow{MD}$.

2. 设 $\boldsymbol{a} = (1, 5, -1)$, $\boldsymbol{b} = (2, 3, 4)$, $\boldsymbol{c} = (1, -1, 3)$,求
   (1) $2\boldsymbol{a} - 3\boldsymbol{b} + \boldsymbol{c}$;　　　　　　　(2) $|2\boldsymbol{a} - 3\boldsymbol{b} + \boldsymbol{c}|$.

3. 已知向量 $\boldsymbol{a} = \boldsymbol{i} + \boldsymbol{j} + 2\boldsymbol{k}$ 的始点为 $(2, -1, 3)$,求向量 $\boldsymbol{a}$ 终点的坐标.

4. 已知 $|\boldsymbol{a}| = 3$, $|\boldsymbol{b}| = 1$, $(\boldsymbol{a}, \boldsymbol{b}) = \dfrac{\pi}{3}$,求
   (1) $\boldsymbol{a} \cdot \boldsymbol{b}$;　　　　　　　　　　(2) $(2\boldsymbol{a} + 3\boldsymbol{b}) \cdot (\boldsymbol{a} - \boldsymbol{b})$.

5. 设 $\boldsymbol{a} = (2, -1, 1)$, $\boldsymbol{b} = (1, 1, 1)$,求
   (1) $\boldsymbol{a} \cdot \boldsymbol{b}$;　　　　　　　　　　(2) $(2\boldsymbol{a} + 3\boldsymbol{b}) \cdot (\boldsymbol{a} + \boldsymbol{b})$.

6. 设 $\boldsymbol{a} = (1, -1, 2)$, $\boldsymbol{b} = (2, 3, 4)$,求 $\boldsymbol{a} \times \boldsymbol{b}$.

任务三　掌握空间平面、直线、曲面及其方程

一、空间的平面方程

过空间一点可以且只可以作一个平面与一条已知直线垂直,称垂直于平面的向量为平面的法向量.

1. 平面的点法式方程

设平面 Π 上有一点 $M_0(x_0, y_0, z_0)$,它的一个法向量为 $\boldsymbol{n} = (A, B, C)$. 下面建立平面 Π 的方程.

如图 5 - 15 所示,在平面 Π 上任取一点 $M(x, y, z)$,则 $\boldsymbol{n} \cdot \overrightarrow{M_0 M} = 0$,即得平面 Π 的点法式方程

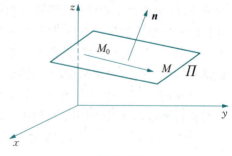

图 5 - 15

$$A(x-x_0)+B(y-y_0)+C(z-z_0)=0. \tag{5-12}$$

显然,不在平面 Π 上的点是不满足该方程的.

例 1 求过空间一点 $M_0(2,-3,0)$,且以 $\boldsymbol{n}=(1,-2,3)$ 为法向量的平面方程.

【解】 根据平面的点法式方程,有

$$1\cdot(x-2)+(-2)\cdot(y+3)+3\cdot(z-0)=0.$$

整理得

$$x-2y+3z-8=0.$$

2. 平面的一般式方程

记 $D=-Ax_0-By_0-Cz_0$,则平面的点法式方程

$$A(x-x_0)+B(y-y_0)+C(z-z_0)=0$$

可以写成

$$Ax+By+Cz+D=0. \tag{5-13}$$

称方程(5-13)为平面的一般式方程.

例 2 求过 3 点 $M_1(2,3,2)$,$M_2(3,3,3)$,$M_3(4,5,5)$ 的平面方程.

【解】 因为平面的法向量 $\boldsymbol{n}$ 和向量 $\overrightarrow{M_1M_2}=(1,0,1)$,$\overrightarrow{M_1M_3}=(2,2,3)$ 均垂直,所以可取法向量为

$$\boldsymbol{n}=\overrightarrow{M_1M_2}\times\overrightarrow{M_1M_3}=\begin{vmatrix} \boldsymbol{i} & \boldsymbol{j} & \boldsymbol{k} \\ 1 & 0 & 1 \\ 2 & 2 & 3 \end{vmatrix}=-2\boldsymbol{i}-\boldsymbol{j}+2\boldsymbol{k},$$

即 $\boldsymbol{n}=(-2,-1,2)$.

又因点 M_1 在平面上,于是所求平面的方程为

$$-2(x-2)+(-1)(y-3)+2(z-2)=0,$$

即

$$2x+y-2z-3=0.$$

例 3 求通过 x 轴和点 $M_0(4,-3,-1)$ 的平面方程.

【解】 设所求平面方程为

$$Ax+By+Cz+D=0.$$

由于平面经过坐标原点,故 $D=0$. 又因平面的法向量垂直于 x 轴,故 $A=0$,所求平面为

$$By+Cz=0.$$

将点 $M_0(4,-3,-1)$ 代入此方程,得 $-3B-C=0$,即 $C=-3B$,得

$$By-3Bz=0.$$

因为 $B\neq 0$,所以所求平面为 $y-3z=0$.

根据上面所举的例子可以发现,当方程(5-13)中的系数或常数取特殊值时,表示特殊情形的平面. 例如,若 $D=0$,则表示通过原点的平面;若 $A=0$,此时,因平面的法向量 $\boldsymbol{n}=(0,$

B,C)垂直于 x 轴,则表示平行于 x 轴的平面或包含 x 轴的平面;若 $A=0$,$B=0$,此时,因平面的法向量 $\boldsymbol{n}=(0,0,C)$ 既垂直于 x 轴,又垂直于 y 轴,则表示与 xOy 面平行或重合的平面. 具体情况如下.

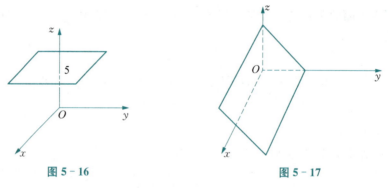

例 4 分别说出 $x=0$,$y=0$,$z=0$ 表示的图形.

【解】 $x=0$ 表示 yOz 面,$y=0$ 表示 xOz 面,$z=0$ 表示 xOy 面.

例 5 画出 $z=5$ 的图形.

【解】 $z=5$ 表示平行于 xOy 面,且 z 值为 5 的一个平面,如图 5-16 所示.

图 5-16

图 5-17

例 6 画出 $y+z-1=0$ 的图形.

【解】 $y+z-1=0$ 的图形如图 5-17 所示.

3. 平面的截距式方程

例 7 如图 5-18 所示,求过 $P(a,0,0)$,$Q(0,b,0)$,$R(0,0,c)$ 的平面方程,其中,$a\neq 0$,$b\neq 0$,$c\neq 0$.

【解】 设平面方程为 $Ax+By+Cz+D=0$. 由已知

$$\begin{cases} Aa+D=0, \\ Bb+D=0, \\ Cc+D=0 \end{cases}$$

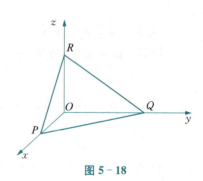

图 5-18

解得

$$A=-\frac{D}{a},\ B=-\frac{D}{b},\ C=-\frac{D}{c},$$

则平面方程为

$$-\frac{Dx}{a}-\frac{Dy}{b}-\frac{Dz}{c}+D=0.$$

整理得

$$\frac{x}{a}+\frac{y}{b}+\frac{z}{c}=1. \tag{5-14}$$

将式(5-14)称为平面的截距式方程,其中,a,b,c分别为平面在x轴、y轴、z轴上的截距.

可以看出,不是任何空间平面都可以写成截距式方程的.

二、空间的直线方程

过空间一点可以且只可以作一条直线与一已知直线平行.与已知直线平行的非零向量称为直线的方向向量.

1. 点向式方程

如图 5-19 所示,过空间一点 $M_0(x_0,y_0,z_0)$ 作直线 L 使之平行于一已知非零向量 $\boldsymbol{s}=(m,n,p)$. 在直线 L 上任取一点 $M(x,y,z)$,则有 $\overrightarrow{M_0M} \parallel \boldsymbol{s}$,即

$$\frac{x-x_0}{m}=\frac{y-y_0}{n}=\frac{z-z_0}{p}. \tag{5-15}$$

凡不在直线 L 上的点都不适合方程(5-15),因此方程(5-15)表示空间直线 L,其中,$\boldsymbol{s}=(m,n,p)$ 称为直线 L 的方向向量,方程(5-15)称为空间直线的点向式方程.

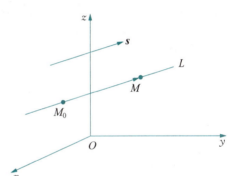

图 5-19

例8 求经过 $A(1,-1,2)$ 和 $B(-1,0,2)$ 的直线方程.

【解】 $\overrightarrow{AB}=(-2,1,0)$,取 $\boldsymbol{s}=(-2,1,0)$,所求直线为

$$\frac{x-1}{-2}=\frac{y+1}{1}=\frac{z-2}{0}.$$

2. 参数式方程

在点向式方程中,随着点 $M_0(x_0,y_0,z_0)$ 在直线 L 上变动,比值 $\frac{x-x_0}{m}=\frac{y-y_0}{n}=\frac{z-z_0}{p}=t$ 也在变动,反过来也一样.

从 $\frac{x-x_0}{m}=\frac{y-y_0}{n}=\frac{z-z_0}{p}=t$ 中,解出 x,y,z,就得到直线的参数式方程

$$\begin{cases}x=x_0+mt,\\ y=y_0+nt,\\ z=z_0+pt\end{cases}(t\text{ 为参数}). \tag{5-16}$$

例9 求直线 $L: \frac{x-2}{1}=\frac{y-3}{1}=\frac{z-4}{2}$ 与平面 $\Pi: 2x+y+z-6=0$ 的交点.

【解】 把直线 L 写成参数式方程,

$$x=2+t, y=3+t, z=4+2t.$$

代入平面方程中,解出 $t=-1$,再代回 $x=2+t, y=3+t, z=4+2t$ 中,得到交点 $(1, 2, 2)$.

3. 一般式方程

由于任何一条空间直线都可以看成两个既不平行也不重合的平面的交线,任何两个既不平行也不重合的平面也交成一条直线,因此,当 A_1, B_1, C_1 与 A_2, B_2, C_2 不成比例时,方程组

$$\begin{cases} A_1 x + B_1 y + C_1 z + D_1 = 0, \\ A_2 x + B_2 y + C_2 z + D_2 = 0 \end{cases} \tag{5-17}$$

表示空间直线,方程组(5-17)称为直线 L 的一般式方程.

方程中两个相交平面的法向量分别为 $\boldsymbol{n}_1=(A_1, B_1, C_1)$,$\boldsymbol{n}_2=(A_2, B_2, C_2)$. 直线的方向向量 $\boldsymbol{s}=\boldsymbol{n}_1 \times \boldsymbol{n}_2$.

例 10 求过点 $M_0(1, 2, 1)$ 且与直线

$$L_1 \begin{cases} x+2y-z+1=0 \\ x-y+z-1=0 \end{cases} \text{和} L_2 \begin{cases} 2x-y+z=0, \\ x-y+z=0 \end{cases}$$

平行的平面方程.

【解】 $\boldsymbol{s}_1 = \begin{vmatrix} \boldsymbol{i} & \boldsymbol{j} & \boldsymbol{k} \\ 1 & 2 & -1 \\ 1 & -1 & 1 \end{vmatrix} = (1, -2, -3)$, $\boldsymbol{s}_2 = \begin{vmatrix} \boldsymbol{i} & \boldsymbol{j} & \boldsymbol{k} \\ 2 & -1 & 1 \\ 1 & -1 & 1 \end{vmatrix} = (0, -1, -1)$.

$$\boldsymbol{n} = \boldsymbol{s}_1 \times \boldsymbol{s}_2 = \begin{vmatrix} \boldsymbol{i} & \boldsymbol{j} & \boldsymbol{k} \\ 1 & -2 & -3 \\ 0 & -1 & -1 \end{vmatrix} = (-1, 1, -1).$$

所求平面方程为

$$-1 \cdot (x-1) + (y-2) + (-1) \cdot (z-1) = 0,$$

化简得

$$x - y + z = 0.$$

三、简单的二次曲面

任何曲面都可以看作点的轨迹. 如果空间曲面 Σ 上的任一点的坐标 (x, y, z) 都满足方程 $F(x, y, z)=0$,而满足 $F(x, y, z)=0$ 的 (x, y, z) 值均在曲面 Σ 上,则称 $F(x, y, z)=0$ 为曲面 Σ 的方程,称曲面 Σ 为方程 $F(x, y, z)=0$ 的图形. 若方程是二次的,所表示的曲面为二次曲面. 下面主要研究几类特殊的二次曲面,如球面、柱面、旋转曲面等.

1. 球面、柱面、旋转曲面方程

(1) 球面.

空间中与一定点的距离为定长的点的轨迹称为球面,定点称为球心,定长称为半径. 如图

5-20 所示,设球心为 (a,b,c),半径为 R,则球面方程标准形式为

$$(x-a)^2+(y-b)^2+(z-c)^2=R^2. \tag{5-18}$$

特别地,如图 5-21 所示,以原点为球心、半径为 R 的球面方程为

$$x^2+y^2+z^2=R^2. \tag{5-19}$$

将球面方程(5-18)稍作整理,得

$$x^2+y^2+z^2-2ax-2by-2cz+a^2+b^2+c^2-R^2=0.$$

令 $-2a=D,-2b=E,-2c=F,a^2+b^2+c^2-R^2=G$,得到球面的一般式方程为

$$x^2+y^2+z^2+Dx+Ey+Fz+G=0. \tag{5-20}$$

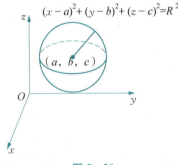

图 5-20

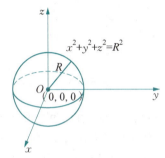

图 5-21

例 11 方程 $2x^2+2y^2+2z^2+2x-2z-1=0$ 表示怎样的曲面?

【解】 方程变为 $x^2+y^2+z^2+x-z=\dfrac{1}{2}$,配方得

$$\left(x+\dfrac{1}{2}\right)^2+y^2+\left(z-\dfrac{1}{2}\right)^2=1.$$

所以,原方程表示球心在 $\left(-\dfrac{1}{2},0,\dfrac{1}{2}\right)$、半径为 1 的球面.

(2) 母线平行于坐标轴的柱面方程.

将一直线 L 沿一给定的平面曲线 C 平行移动,直线 L 的轨迹形成一曲面,称为柱面. 其中,直线 L 称为柱面的母线,曲线 C 称为柱面的准线.

下面只研究母线平行于坐标轴的柱面方程.

设柱面的准线是 xOy 面上的曲线 $C:F(x,y)=0$,柱面的母线平行于 z 轴,在柱面上任取一点 $M(x,y,z)$,过点 M 作平行于 z 轴的直线,交曲线 C 于点 $M_1(x,y,0)$,如图 5-22 所示. 故点 M_1 的坐标满足方程 $F(x,y)=0$,因为方程中不含变量 z,而点 M_1 和点 M 有相同的横坐标和纵坐标,所以点 M 的坐标也满足此方程,因此方程 $F(x,y)=0$ 就是母线平行于 z 轴的柱面的方程.

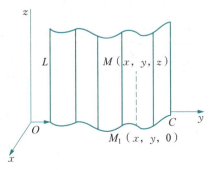

图 5-22

可以看出,母线平行于 z 轴的柱面的方程中不含有变量 z. 同理,仅含有 x,z 的方程 $F(x,z)=0$、仅含有 y,z 的方程 $F(y,z)=0$ 分别表示母线平行于 y 轴和 x 轴的柱面方程.

例 12 指出 $x^2+z^2=R^2$ 在空间直角坐标系中是什么图形.

【解】 因为方程中不含有字母 y,所以在空间直角坐标系中 $x^2+z^2=R^2$ 表示一个柱面,其母线平行于 y 轴(如图 5-23). 它是以 xOz 面上的圆 $x^2+z^2=R^2$ 为准线,母线平行于 y 轴的圆柱面.

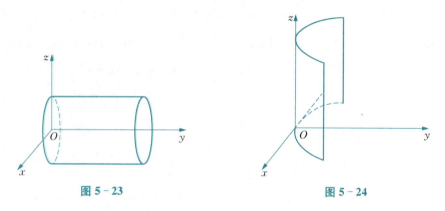

图 5-23   图 5-24

例 13 指出 $y=x^2$ 在空间直角坐标系中是什么图形.

【解】 因为该方程不含有 z,所以在空间直角坐标系中 $y=x^2$ 表示一个柱面,其母线平行 z 轴(如图 5-24). 它是以 xOy 面上的曲线 $y=x^2$ 为准线,母线平行 z 轴的抛物柱面.

(3) 以坐标轴为旋转轴的旋转曲面的方程.

将 xOy 面上的曲线 $f(x,y)=0$ 绕 x 轴旋转一周,就得到一个旋转曲面,它的方程为

$$f(x,\pm\sqrt{y^2+z^2})=0. \tag{5-21}$$

类似地,绕 y 轴旋转而成的旋转曲面的方程为

$$f(\pm\sqrt{x^2+z^2},y)=0. \tag{5-22}$$

一般地,平面曲线绕哪个坐标轴旋转,方程中对应此轴的变量保持不变,而把另一个变量变成其余两个变量的平方和再开方的正负值.

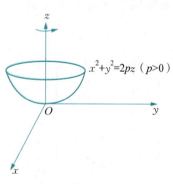

图 5-25

比如,yOz 面上的抛物线 $y^2=2pz(p>0)$ 绕 z 轴旋转而成的旋转曲面的方程为 $x^2+y^2=2pz$,称为旋转抛物面方程(如图 5-25).

xOy 面上的双曲线 $\dfrac{x^2}{a^2}-\dfrac{y^2}{b^2}=1$ 绕 x 轴旋转而成的旋转曲面的方程为 $\dfrac{x^2}{a^2}-\dfrac{y^2+z^2}{b^2}=1$,称为旋转双叶双曲面;绕 y 轴旋转而成的旋转曲面的方程为 $\dfrac{x^2+z^2}{a^2}-\dfrac{y^2}{b^2}=1$,称为旋转单叶双曲面,分别如图 5-26 和图 5-27 所示.

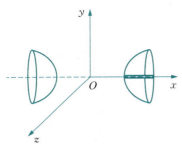

图 5－26

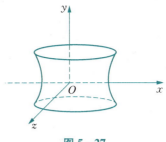

图 5－27

综上所述易得下面的特征.

2. 球面方程、柱面方程、旋转曲面方程的特征

(1) 球面方程的特征:含有 x,y,z 的二次项系数相等,用配方法易求出球心、半径.

(2) 母线平行于坐标轴的柱面方程的特征:x,y,z 项中少一字母,且少的字母就是母线平行的轴.

(3) 旋转曲面方程的特征:xOy 面上曲线 $f(x,y)=0$,若绕 x 轴旋转,旋转曲面方程为 $f(x,\pm\sqrt{y^2+z^2})=0$;若绕 y 轴旋转,旋转曲面方程为 $f(\pm\sqrt{x^2+z^2},y)=0$. 其他类推.

例 14 说明方程 $\dfrac{x^2}{a^2}+\dfrac{y^2}{b^2}=1$ 表示什么曲面.

【解】 因为方程 $\dfrac{x^2}{a^2}+\dfrac{y^2}{b^2}=1$ 少字母 z,所以它表示柱面. 它是以 xOy 面的椭圆 $\dfrac{x^2}{a^2}+\dfrac{y^2}{b^2}=1$ 为准线、母线平行于 z 轴的椭圆柱面,如图 5－28 所示.

例 15 说明方程 $\dfrac{x^2}{a^2}+\dfrac{y^2}{b^2}+\dfrac{z^2}{a^2}=1$ 表示什么曲面.

【解】 因为方程中字母 x,z 的系数相同,且不缺少字母,所以它是由 xOy 面上的曲线 $\dfrac{x^2}{a^2}+\dfrac{y^2}{b^2}=1$ 绕 y 轴旋转而成的旋转椭球面.

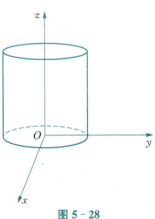

图 5－28

例 16 下列各方程的图形是什么?

(1) $x^2-y^2=36$;　　(2) $x^2-y^2=z^2$;

(3) $3x^2+4y^2+4z^2=12$.

【解】 (1) 由于方程中缺少字母 z,故其图形为一柱面. 它表示母线平行 z 轴、以 xOy 面上曲线 $x^2-y^2=36$ 为准线的双曲柱面,如图 5－29 所示.

(2) 由于 $x^2=y^2+z^2$,其中 z^2,y^2 的系数相等,可判定为旋转曲面. 曲面可写为 $x=\pm\sqrt{y^2+z^2}$,因此它是由 xOy 面上的直线 $x=\pm y$ 绕 x 轴旋转而成的圆锥曲面,如图 5－30 所示.

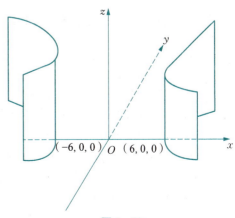

图 5－29

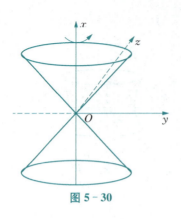
图 5-30

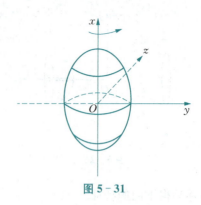
图 5-31

（3）由于在 $3x^2+4y^2+4z^2=12$ 中 y^2，z^2 系数相同，可判定为旋转曲面．曲面方程可写为 $3x^2+4(\pm\sqrt{y^2+z^2})^2=12$，因此它是由 xOy 面上的曲线 $3x^2+4y^2=12$ 绕 x 轴旋转而成的旋转椭球面，如图 5-31 所示．

任务训练 5-3

1. 指出下列平面的特殊性质．
   (1) $x-y+z=0$；　　　　　　　　(2) $x+2y=0$；
   (3) $z=5$；　　　　　　　　　　 (4) $x+y-1=0$.
2. 求过 $A(1,2,-1)$，$B(2,1,-2)$，$C(3,-1,0)$ 这 3 点的平面方程．
3. 求过点 $(1,2,-1)$ 且在 3 个坐标轴上的截距相等的平面方程．
4. 求过点 $A(4,-1,3)$ 且平行于已知直线 $L: \dfrac{x-3}{2}=\dfrac{y}{1}=\dfrac{z-1}{5}$ 的直线方程．
5. 求与两平面 $x-4z=3$ 和 $2x-y-5z=1$ 的交线平行且过点 $(-3,2,5)$ 的直线方程．
6. 一直线过点 $A(2,-3,4)$，且和 y 轴垂直相交，求其方程．
7. 求通过直线 $L: \dfrac{x-2}{3}=y+3=\dfrac{z-2}{-1}$ 和点 $A(1,2,-2)$ 的平面方程．

任务四　理解多元函数的概念

一、多元函数的基本概念

在实际生活与生产实践中，许多函数依赖于多个自变量．先看两个例子．

引例 1　圆柱体的体积 V 和它的底面半径 r、高 h 之间的关系为 $V=\pi r^2 h$．在 3 个变量 V，r，h 中，体积 V 是随着 r，h 的变化而变化的．当 r，h 在 $r>0$，$h>0$ 的范围内取定一对数值 (r,h) 时，V 有唯一确定的值与之对应．

引例 2　长方体的体积 V 和它的长度 x、宽度 y、高度 z 之间的关系为 $V=xyz$．在 4 个变量 V，x，y，z 中，体积 V 随着 x，y，z 的变化而变化．当 x，y，z 在 $x>0$，$y>0$，$z>0$

的范围内取一组数值(x,y,z)时,V有唯一确定的值与之对应.

撇开上面两个引例的具体意义,它们有共同的属性,即都是多元函数.

1. 二元函数的定义

定义 1 设有变量 x,y,z,若当 x,y 在一定范围内取一对数值时,变量 z 按照一定的规律 f 总有确定的数值与之对应,则称 z 是 x,y 的**二元函数**,记作 $z=f(x,y)$,其中,x,y 称为**自变量**,z 称为**因变量**,自变量 x,y 的取值范围称为函数的定义域 D,二元函数在点 (x_0,y_0) 的函数值记为 $z\Big|_{\substack{x=x_0\\y=y_0}}$,$z|_{(x_0,y_0)}$ 或 $f(x_0,y_0)$.

类似地,可定义三元函数 $z=f(x_1,x_2,x_3)$ 或多元函数 $z=f(x_1,x_2,\cdots,x_n)$,多于一个自变量的函数统称为多元函数. 无论是一元函数,还是多元函数,可以设自变量为 P,函数可记为 $z=f(P)$.

虽然二元函数比一元函数复杂一些,但很多地方有相似的知识点,也有一定的区别. 二元函数的定义域一般称为区域,是指在 xOy 面上由一条或几条曲线所围成的部分平面. 围成区域的曲线叫作区域的边界. 包括边界在内的区域叫作闭区域,不包括边界在内的区域叫作开区域. 通常用 D 表示区域.

例 1 求函数 $z=\arcsin(x^2+y^2)$ 的定义域.

【解】 要使该函数有意义,只需 $x^2+y^2\leqslant 1$,所以定义域为 $D=\{(x,y)\,|\,x^2+y^2\leqslant 1\}$. 如图 5-32 所示,区域 D 是闭区域,且是有界闭区域.

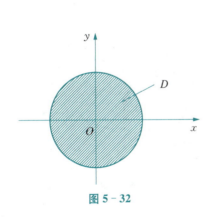

图 5-32

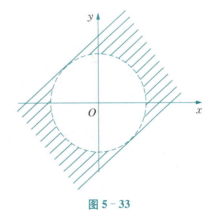

图 5-33

例 2 求函数 $z=\dfrac{1}{\sqrt{x^2+y^2-4}}$ 的定义域.

【解】 要使该函数有意义,只需 $x^2+y^2-4>0$,所以定义域为 $D=\{(x,y)\,|\,x^2+y^2>4\}$. 如图 5-33 所示,区域 D 是开区域,且是无界开区域.

例 3 求函数 $z=\dfrac{1}{\sqrt{x+y}}+\dfrac{1}{\sqrt{x-y}}$ 的定义域.

【解】 要使该函数有意义,应满足 $\begin{cases}x+y>0,\\x-y>0,\end{cases}$ 所以定义域为

$$D=\{(x,y)\,|\,-x<y<x\}.$$

它是直线 $x+y=0$(不包括边界)上侧与直线 $x-y=0$(不包括边界)下侧的公共部分.

如图 5-34 所示,区域 D 是开区域,且是无界开区域.

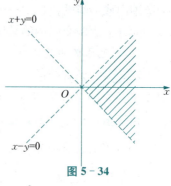

图 5-34

例 4 设函数 $f(x,y)=x^2+y^2-xy\tan\dfrac{x}{y}$,求 $f\left(\dfrac{\pi}{4},1\right)$.

【解】 将 $x=\dfrac{\pi}{4}$,$y=1$ 代入 $f(x,y)$,得

$$f\left(\dfrac{\pi}{4},1\right)=\left(\dfrac{\pi}{4}\right)^2+1^2-\dfrac{\pi}{4}\tan\dfrac{\pi}{4}=\dfrac{\pi^2}{16}+1-\dfrac{\pi}{4}=\dfrac{\pi^2-4\pi+16}{16}.$$

2. 二元函数的几何意义

在平面直角坐标系中,一元函数 $y=f(x)$ 一般表示一条曲线.类似地,在空间直角坐标系中,二元函数 $z=f(x,y)$ 一般表示一张空间曲面.设 $P(x,y)$ 是二元函数 $z=f(x,y)$ 的定义域 D 内的任意点,则相应的函数值为 $z=f(x,y)$.当点 P 在 D 内变动时,对应的点 M 就在空间变动,一般地形成一张曲面 Σ,称它为二元函数 $z=f(x,y)$ 的图形,如图 5-35 所示.定义域 D 就是曲面 Σ 在 xOy 面上的投影区域.

例如,函数 $z=\sqrt{a^2-x^2-y^2}$ $(a>0)$ 的图形是球心在原点、半径为 a 的上半球面,如图 5-36 所示.

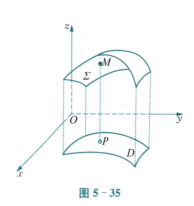

图 5-35

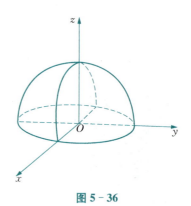

图 5-36

二、二元函数的极限与连续

1. 二元函数的极限

一元函数极限在研究自变量变化时,$x\to x_0$ 只有两个方向,而二元函数的自变量 $(x,y)\to(x_0,y_0)$ 时,比一元函数复杂得多,但无论多复杂,当 $(x,y)\to(x_0,y_0)$ 时,总可以用 $\rho=\sqrt{(x-x_0)^2+(y-y_0)^2}\to 0$ 表示.

定义 2 设 $z=f(x,y)$ 在点 $P_0(x_0,y_0)$ 的某一邻域有定义(P_0 可除外).若当点 $P(x,y)$ 以任何方式无限接近点 $P_0(x_0,y_0)$ 时,函数 $f(x,y)$ 无限趋向于一个确定的常数 A,则称 A 为 $f(x,y)$ 当 $(x,y)\to(x_0,y_0)$ 时的极限,记为

$$\lim_{(x,y)\to(x_0,y_0)}f(x,y)=A \text{ 或 } \lim_{\substack{x\to x_0\\ y\to y_0}}f(x,y)=A.$$

求二元函数的极限可类似地使用一元函数极限的运算法则及定理.

例 5 求 $\lim\limits_{(x,y)\to(\infty,\infty)} \dfrac{\sin(x^2+y^2)}{x^2+y^2}$.

【解】 当 $x\to\infty$，$y\to\infty$ 时，$\dfrac{1}{x^2+y^2}$ 是无穷小量，$\sin(x^2+y^2)$ 是有界变量.
根据无穷小的性质，有界函数与无穷小的乘积仍为无穷小，有
$$\lim_{(x,y)\to(\infty,\infty)} \frac{\sin(x^2+y^2)}{x^2+y^2}=0.$$

例 6 求 $\lim\limits_{(x,y)\to(0,0)} \dfrac{xy}{\sqrt{xy+2}-\sqrt{2}}$.

【解】
$$\lim_{(x,y)\to(0,0)} \frac{xy}{\sqrt{xy+2}-\sqrt{2}} = \lim_{(x,y)\to(0,0)} \frac{xy(\sqrt{xy+2}+\sqrt{2})}{xy}$$
$$= \lim_{(x,y)\to(0,0)} (\sqrt{xy+2}+\sqrt{2}) = 2\sqrt{2}.$$

例 7 求 $\lim\limits_{(x,y)\to(\infty,\infty)} \left(1-\dfrac{1}{x^2+y^2}\right)^{x^2+y^2}$.

【解】 令 $x^2+y^2=t$. 因为 $(x,y)\to(\infty,\infty)$，所以 $t\to+\infty$.
$$\lim_{(x,y)\to(\infty,\infty)} \left(1-\frac{1}{x^2+y^2}\right)^{(x^2+y^2)} = \lim_{t\to+\infty}\left(1-\frac{1}{t}\right)^t$$
$$= \left[\lim_{t\to+\infty}\left(1+\frac{1}{-t}\right)^{-t}\right]^{-1} = e^{-1}.$$

例 8 判断 $\lim\limits_{(x,y)\to(0,0)} \dfrac{xy}{x^2+y^2}$ 是否存在.

【解】 令 $y=kx$，则
$$\lim_{(x,y)\to(0,0)} \frac{xy}{x^2+y^2} = \lim_{(x,y)\to(0,0)} \frac{x\cdot kx}{x^2+k^2x^2} = \frac{k}{1+k^2},$$

其值随 k 的不同而变化，不是唯一确定的常数，所以极限不存在.

2. 二元函数的连续性

定义 3 设函数 $f(x,y)$ 在点 $P_0(x_0,y_0)$ 的某一邻域内有定义. 若当 $P(x,y)$ 趋向于 $P_0(x_0,y_0)$ 时，函数 $z=f(x,y)$ 的极限存在，且等于它在点 $P_0(x_0,y_0)$ 处的函数值，即
$$\lim_{(x,y)\to(x_0,y_0)} f(x,y) = f(x_0,y_0),$$

则称函数 $f(x,y)$ 在点 $P_0(x_0,y_0)$ 处连续，否则称 $f(x,y)$ 在点 $P_0(x_0,y_0)$ 处不连续或间断，称 P_0 为不连续点或间断点.

由定义可知，$f(x,y)$ 在点 (x_0,y_0) 连续应满足 3 点：① $f(x,y)$ 在点 (x_0,y_0) 及其某一邻域内有定义；② $\lim\limits_{(x,y)\to(x_0,y_0)} f(x,y)$ 存在；③ $\lim\limits_{(x,y)\to(x_0,y_0)} f(x,y) = f(x_0,y_0)$.

上述 3 点中有一点不满足就为间断点.

若函数 $z=f(x,y)$ 在区域 D 内的每一点都连续，则称函数 $z=f(x,y)$ 在区域 D 内连续.
一般地，研究的多元函数在其定义区域内均连续，其在某点的极限值即为该点的函数值.

这为求函数在连续点的极限提供了理论依据.

例如,在计算 $\lim\limits_{(x,y)\to(2,1)}\dfrac{3xy}{\sqrt{5-x^2}}$ 时,有

$$\lim\limits_{(x,y)\to(2,1)}\dfrac{3xy}{\sqrt{5-x^2}}=\dfrac{3\times 2\times 1}{\sqrt{5-2^2}}=6.$$

与闭区间上一元连续函数的性质相类似,有界闭区域上的二元函数有以下定理.

定理1 (最值定理) 在有界闭区域上连续的二元函数在该区域上一定能取得最大值和最小值.

定理2 (介值定理) 在有界闭区域上连续的二元函数必能取得介于它的两个最值之间的任何值至少一次.

任务训练 5-4

1. 求下列函数的定义域.

    (1) $z=\dfrac{1}{x^2+y^2}$;　　　　　　　(2) $z=\dfrac{1}{\sqrt{x^2+y^2-1}}$;

    (3) $z=\ln(x^2+y^2-4)$;　　　　　(4) $z=\arccos\dfrac{x+y}{2}$.

2. 设 $f(x,y)=\dfrac{x^2-y^2}{2xy}$,求 $f(-2,1)$,$f(a,a)$.

3. 求下列各极限.

    (1) $\lim\limits_{(x,y)\to(1,0)}\arctan\sqrt{x^2+y^2}$;　　(2) $\lim\limits_{(x,y)\to(\infty,\infty)}\left(1+\dfrac{1}{x^2+y^2}\right)^{x^2+y^2}$;

    (3) $\lim\limits_{(x,y)\to(0,0)}\dfrac{\sin 3(x^2+y^2)}{x^2+y^2}$;　　(4) $\lim\limits_{(x,y)\to(0,0)}\dfrac{xy}{\sqrt{xy+1}-1}$;

    (5) $\lim\limits_{(x,y)\to(0,1)}(1-xy)^{\frac{1}{x}}$;　　　　(6) $\lim\limits_{(x,y)\to(0,0)}\dfrac{\sin xy}{y}$.

4. 判断 $\lim\limits_{(x,y)\to(0,0)}\dfrac{x+y}{x-y}$ 是否存在.

任务五　掌握多元函数的偏导数与全微分

多元函数的微积分是以一元函数的微积分为基础,把微积分一次运用于一个变量上.因为二元函数有两个自变量,在计算函数变化率时要分别考虑函数对两个自变量的变化率,所以引出了偏导数的概念.

一、偏导数

1. 偏导数定义

定义1 设函数 $z=f(x,y)$ 在点 (x_0,y_0) 的某一邻域内有定义,若

$\lim\limits_{\Delta x \to 0} \dfrac{f(x_0 + \Delta x, y_0) - f(x_0, y_0)}{\Delta x}$ 存在,则称此极限值为 $z = f(x, y)$ 在点 (x_0, y_0) 处对 x 的**偏导数**,记为 $\left.\dfrac{\partial z}{\partial x}\right|_{(x_0, y_0)}$,$\left.\dfrac{\partial f}{\partial x}\right|_{(x_0, y_0)}$,$z'_x(x_0, y_0)$,$f'_x(x_0, y_0)$.

同理,若 $\lim\limits_{\Delta y \to 0} \dfrac{f(x_0, y_0 + \Delta y) - f(x_0, y_0)}{\Delta y}$ 存在,则称此极限值为 $z = f(x, y)$ 在点 (x_0, y_0) 处对 y 的**偏导数**,记为 $\left.\dfrac{\partial z}{\partial y}\right|_{(x_0, y_0)}$,$\left.\dfrac{\partial f}{\partial y}\right|_{(x_0, y_0)}$,$z'_y(x_0, y_0)$,$f'_y(x_0, y_0)$.

若 $z = f(x, y)$ 在其定义域 D 内的任意点 (x, y) 对 x 的偏导数存在,那么这个偏导数仍是 x,y 的函数,称为 $z = f(x, y)$ 对 x 的偏导函数,记作 $\dfrac{\partial z}{\partial x}$,$\dfrac{\partial f}{\partial x}$,$z'_x$,$f'_x(x, y)$.

同理,$z = f(x, y)$ 对 y 的偏导函数,记作 $\dfrac{\partial z}{\partial y}$,$\dfrac{\partial f}{\partial y}$,$z'_y$,$f'_y(x, y)$.

2. 偏导数求法

在求多元函数对某一个自变量的偏导数时,应把其余变量看作常量,用一元函数求导法则和导数公式对该变量求导. 因此求函数的偏导数不需要建立新的运算方法. 将偏导函数中的 (x, y) 用 (x_0, y_0) 代入,便得到函数在 (x_0, y_0) 处的偏导数.

例 1 求 $z = x^3 + 2xy + y^2$ 在点 $(1, 2)$ 处的偏导数.

【解】 因为 $\dfrac{\partial z}{\partial x} = 3x^2 + 2y$,$\dfrac{\partial z}{\partial y} = 2x + 2y$,所以

$$\left.\dfrac{\partial z}{\partial x}\right|_{(1, 2)} = 7, \left.\dfrac{\partial z}{\partial y}\right|_{(1, 2)} = 6.$$

例 2 设 $z = x^y (x > 0)$,求 $\dfrac{\partial z}{\partial x}$,$\dfrac{\partial z}{\partial y}$.

【解】 $\dfrac{\partial z}{\partial x} = y \cdot x^{y-1}$(把 y 看作常数,用幂函数求导公式).

$\dfrac{\partial z}{\partial y} = x^y \ln x$(把 x 看作常数,用指数函数求导公式).

3. 偏导数的几何意义

我们知道,一元函数 $y = f(x)$ 的导数的几何意义是曲线 $y = f(x)$ 在点 (x_0, y_0) 处切线的斜率,而二元函数 $z = f(x, y)$ 在点 (x_0, y_0) 处的偏导数,实际上就是一元函数 $z = f(x, y_0)$ 及 $z = f(x_0, y)$ 分别在点 $x = x_0$ 及 $y = y_0$ 处的导数. 因此二元函数 $z = f(x, y)$ 的偏导数的几何意义也是曲线切线的斜率.

例如,$\left.\dfrac{\partial z}{\partial x}\right|_{\substack{x = x_0 \\ y = y_0}}$ 是曲线 $\begin{cases} z = f(x, y), \\ y = y_0 \end{cases}$ 在点 $(x_0, y_0, f(x_0, y_0))$ 处沿 x 轴方向的切线的斜率,如图 5-37 所示,即 $\left.\dfrac{\partial z}{\partial x}\right|_{\substack{x = x_0 \\ y = y_0}} = \tan \alpha$. 同理,$\left.\dfrac{\partial z}{\partial y}\right|_{\substack{x = x_0 \\ y = y_0}}$ 是曲线 $\begin{cases} z = f(x, y), \\ x = x_0 \end{cases}$ 在

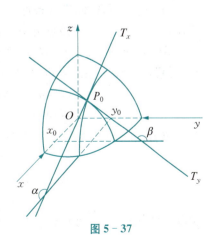

图 5-37

点 $(x_0, y_0, f(x_0, y_0))$ 处沿 y 轴方向的切线的斜率,即 $\dfrac{\partial z}{\partial y}\bigg|_{\substack{x=x_0 \\ y=y_0}} = \tan\beta$.

二、全微分

一元函数 $y=f(x)$ 在点 x_0 处的微分是这样定义的:若 $y=f(x)$ 在 x_0 的增量 Δy 可表示为 $\Delta y = f'(x_0)\Delta x + o(\Delta x)$,其中,$o(\Delta x)$ 是 Δx 的高阶无穷小,则称 $\mathrm{d}y = f'(x_0)\Delta x$ 为函数 $y=f(x)$ 在 x_0 处的微分. 与此类似,二元函数的全微分定义如下.

定义 2 若二元函数 $z = f(x, y)$ 在点 (x_0, y_0) 的全增量

$$\Delta z = f(x_0 + \Delta x, y_0 + \Delta y) - f(x_0, y_0)$$

可表示为 $\Delta z = \dfrac{\partial z}{\partial x}\bigg|_{(x_0, y_0)} \Delta x + \dfrac{\partial z}{\partial y}\bigg|_{(x_0, y_0)} \Delta y + o(\rho)$,其中,$\rho = \sqrt{(\Delta x)^2 + (\Delta y)^2}$,则称 $\dfrac{\partial z}{\partial x}\bigg|_{(x_0, y_0)} \Delta x + \dfrac{\partial z}{\partial y}\bigg|_{(x_0, y_0)} \Delta y$ 为 $z = f(x, y)$ 在 (x_0, y_0) 处的**全微分**,记为 $\mathrm{d}z$,即

$$\mathrm{d}z\big|_{(x_0, y_0)} = \dfrac{\partial z}{\partial x}\bigg|_{(x_0, y_0)} \Delta x + \dfrac{\partial z}{\partial y}\bigg|_{(x_0, y_0)} \Delta y, \tag{5-23}$$

这时也称函数 $z = f(x, y)$ 在点 (x_0, y_0) **可微**.

若 $z = f(x, y)$ 在区域 D 内每一点均可微,则称它在 D 内可微. 在 D 内任一点的微分可写成 $\mathrm{d}z = \dfrac{\partial z}{\partial x}\Delta x + \dfrac{\partial z}{\partial y}\Delta y$,将 $\Delta x, \Delta y$ 改写成 $\mathrm{d}x, \mathrm{d}y$,则

$$\mathrm{d}z = \dfrac{\partial z}{\partial x}\mathrm{d}x + \dfrac{\partial z}{\partial y}\mathrm{d}y. \tag{5-24}$$

多元函数在一点可微、连续、偏导数存在,它们之间有什么关系呢?

定理 1 (可微的必要条件) 若函数 $z = f(x, y)$ 在点 (x, y) 处可微,则它在点 (x, y) 处连续.

定理 2 (可微的必要条件) 若函数 $z = f(x, y)$ 在点 (x, y) 处可微,则它在 (x, y) 处偏导数一定存在.

定理 3 (可微的充分条件) 若函数 $z = f(x, y)$ 的两个偏导数在点 (x, y) 处存在且连续,则 $z = f(x, y)$ 在该点可微.

例 3 求 $z = x^2 + y$ 在点 $(1, 1)$ 处,当 $\Delta x = 0.1, \Delta y = -0.1$ 时的全增量及全微分.

【**解**】 全增量 $\Delta z = f(x_0 + \Delta x, y_0 + \Delta y) - f(x_0, y_0)$
$= [(x_0 + \Delta x)^2 + y_0 + \Delta y] - (x_0^2 + y_0)$
$= (1.1^2 + 0.9) - (1 + 1) = 1.21 + 0.9 - 2 = 0.11.$

因为

$$\dfrac{\partial z}{\partial x}\bigg|_{(1,1)} = 2x\big|_{(1,1)} = 2, \quad \dfrac{\partial z}{\partial y}\bigg|_{(1,1)} = 1\big|_{(1,1)} = 1,$$

所以全微分 $\mathrm{d}z = \dfrac{\partial z}{\partial x}\Delta x + \dfrac{\partial z}{\partial y}\Delta y = 2 \times 0.1 + 1 \times (-0.1) = 0.1.$

由此也可理解全增量与全微分之间相差高阶无穷小.

例 4 设 $z = e^{xy}$，求 dz.

【解】 $dz = \dfrac{\partial z}{\partial x}dx + \dfrac{\partial z}{\partial y}dy$. 因为

$$\frac{\partial z}{\partial x} = y e^{xy}, \quad \frac{\partial z}{\partial y} = x e^{xy},$$

所以 $dz = y e^{xy} dx + x e^{xy} dy$.

三、高阶偏导数

对函数 $z = f(x, y)$ 的两个偏导数 $\dfrac{\partial z}{\partial x}, \dfrac{\partial z}{\partial y}$ 而言，一般地，仍然是 x, y 的函数. 如果这两个函数关于 x, y 的偏导数也存在，则称它们的偏导数是 $f(x, y)$ 的二阶偏导数，二阶偏导数分别为

$$\frac{\partial}{\partial x}\left(\frac{\partial z}{\partial x}\right) = \frac{\partial^2 z}{\partial x^2} = f''_{xx}(x, y) = z''_{xx},$$

$$\frac{\partial}{\partial y}\left(\frac{\partial z}{\partial x}\right) = \frac{\partial^2 z}{\partial x \partial y} = f''_{xy}(x, y) = z''_{xy},$$

$$\frac{\partial}{\partial x}\left(\frac{\partial z}{\partial y}\right) = \frac{\partial^2 z}{\partial y \partial x} = f''_{yx}(x, y) = z''_{yx},$$

$$\frac{\partial}{\partial y}\left(\frac{\partial z}{\partial y}\right) = \frac{\partial^2 z}{\partial y^2} = f''_{yy}(x, y) = z''_{yy},$$

其中，$f''_{xy}(x, y)$ 及 $f''_{yx}(x, y)$ 称为二阶混合偏导数. 一般地，二阶混合偏导数具有下述定理.

定理 4 若函数 $z = f(x, y)$ 在区域 D 上的两个混合偏导数 $\dfrac{\partial^2 z}{\partial x \partial y}, \dfrac{\partial^2 z}{\partial y \partial x}$ 连续，则在区域 D 上有 $\dfrac{\partial^2 z}{\partial x \partial y} = \dfrac{\partial^2 z}{\partial y \partial x}$.（证明略）

例 5 求 $z = e^x \cos y$ 的所有二阶偏导数.

【解】 $\dfrac{\partial z}{\partial x} = e^x \cos y, \dfrac{\partial z}{\partial y} = -e^x \sin y$.

$\dfrac{\partial^2 z}{\partial x^2} = e^x \cos y, \dfrac{\partial^2 z}{\partial y \partial x} = -e^x \sin y$.

$\dfrac{\partial^2 z}{\partial x \partial y} = -e^x \sin y, \dfrac{\partial^2 z}{\partial y^2} = -e^x \cos y$.

从本题也可看出，所研究的函数二阶混合偏导数是相等的，所以在求二阶偏导数时，只需求 3 个二阶偏导数.

例 6 求 $z = \ln(x + y^2)$ 的二阶偏导数.

【解】 $\dfrac{\partial z}{\partial x} = \dfrac{1}{x + y^2}, \dfrac{\partial z}{\partial y} = \dfrac{1}{x + y^2} \cdot 2y = \dfrac{2y}{x + y^2}$.

$\dfrac{\partial^2 z}{\partial x^2} = -(x + y^2)^{-2} \cdot 1 = -\dfrac{1}{(x + y^2)^2}$.

$\dfrac{\partial^2 z}{\partial y^2} = 2 \cdot \dfrac{(x + y^2) \cdot 1 - y \cdot 2y}{(x + y^2)^2} = \dfrac{2(x - y^2)}{(x + y^2)^2}$.

$$\frac{\partial^2 z}{\partial x \partial y} = -(x+y^2)^{-2} \cdot 2y = -\frac{2y}{(x+y^2)^2}.$$

四、多元复合函数的求导法（链式法则）

我们学过一元函数的复合函数的求导法则，若 $y=f(u)$ 对 u 可导，$u=\varphi(x)$ 对 x 可导，则

$$\frac{dy}{dx} = \frac{dy}{du} \cdot \frac{du}{dx} = f'_u \cdot u'_x.$$

多元复合函数的求导法与一元复合函数的求导法有相似之处。

定理 5 如果函数 $z=f(u,v)$ 在点 (u,v) 可导，而 $u=\varphi(x,y)$，$v=\psi(x,y)$ 在点 (x,y) 都存在偏导数，则复合函数 $z=f[\varphi(x,y),\psi(x,y)]$ 在点 (x,y) 的两个偏导数存在，且有

$$\frac{\partial z}{\partial x} = \frac{\partial z}{\partial u} \cdot \frac{\partial u}{\partial x} + \frac{\partial z}{\partial v} \cdot \frac{\partial v}{\partial x}, \tag{5-25}$$

$$\frac{\partial z}{\partial y} = \frac{\partial z}{\partial u} \cdot \frac{\partial u}{\partial y} + \frac{\partial z}{\partial v} \cdot \frac{\partial v}{\partial y}. \tag{5-26}$$

上述公式称为"链式法则"。"链式法则"可以是一元的，也可以是多元的（自变量及中间变量的个数可以变化）。

如设 $z=f(u,v)$ 在 (u,v) 处可导，$u=\varphi(t)$，$v=\psi(t)$ 在 t 处可导，则全导数

$$\frac{dz}{dt} = \frac{\partial z}{\partial u} \cdot \frac{du}{dt} + \frac{\partial z}{\partial v} \cdot \frac{dv}{dt}. \tag{5-27}$$

如设 $z=f(u,v,w)$ 在 (u,v,w) 处可导，$u=\varphi(x,y)$，$v=\psi(x,y)$，$w=\omega(x,y)$ 在点 (x,y) 可导，则

$$\frac{\partial z}{\partial x} = \frac{\partial z}{\partial u} \cdot \frac{\partial u}{\partial x} + \frac{\partial z}{\partial v} \cdot \frac{\partial v}{\partial x} + \frac{\partial z}{\partial w} \cdot \frac{\partial w}{\partial x}, \tag{5-28}$$

$$\frac{\partial z}{\partial y} = \frac{\partial z}{\partial u} \cdot \frac{\partial u}{\partial y} + \frac{\partial z}{\partial v} \cdot \frac{\partial v}{\partial y} + \frac{\partial z}{\partial w} \cdot \frac{\partial w}{\partial y}. \tag{5-29}$$

例 7 设 $z=u^2 \ln v$，$u=\dfrac{x}{y}$，$v=x-y$，求 $\dfrac{\partial z}{\partial x}$，$\dfrac{\partial z}{\partial y}$。

【解】
$$\frac{\partial z}{\partial x} = \frac{\partial z}{\partial u} \cdot \frac{\partial u}{\partial x} + \frac{\partial z}{\partial v} \cdot \frac{\partial v}{\partial x} = 2u \ln v \cdot \frac{1}{y} + \frac{u^2}{v} \cdot 1$$

$$= \frac{2x \ln(x-y)}{y^2} + \frac{x^2}{(x-y)y^2}.$$

$$\frac{\partial z}{\partial y} = \frac{\partial z}{\partial u} \cdot \frac{\partial u}{\partial y} + \frac{\partial z}{\partial v} \cdot \frac{\partial v}{\partial y} = 2u \ln v \cdot \left(-\frac{x}{y^2}\right) + \frac{u^2}{v} \cdot (-1)$$

$$= -\frac{2x^2 \ln(x-y)}{y^3} - \frac{x^2}{(x-y)y^2}.$$

例 8 设 $z=uv$，而 $u=e^t$，$v=\cos t$，求全导数 $\dfrac{dz}{dt}$。

【解】 $\dfrac{dz}{dt} = \dfrac{\partial z}{\partial u} \cdot \dfrac{du}{dt} + \dfrac{\partial z}{\partial v} \cdot \dfrac{dv}{dt} = v e^t - u \sin t = e^t(\cos t - \sin t).$

例 9 设 $z = f(x^2 - y^2, e^{xy})$,求 $\dfrac{\partial z}{\partial x}$.

【解】 设 $u = x^2 - y^2$, $v = e^{xy}$,则 $z = f(u, v)$.
这里用 f'_u, f'_v 表示对中间变量的导数,故

$$\dfrac{\partial z}{\partial x} = \dfrac{\partial z}{\partial u} \cdot \dfrac{\partial u}{\partial x} + \dfrac{\partial z}{\partial v} \cdot \dfrac{\partial v}{\partial x} = f'_u \cdot 2x + f'_v \cdot e^{xy} \cdot y = 2x f'_u + y e^{xy} f'_v.$$

上式中为了方便,用 f'_i 表示对第 i 个中间变量的偏导数($i = 1, 2$),这种记号取代了中间变量 u, v. 这样上式又可表示为

$$\dfrac{\partial z}{\partial x} = 2x f'_1 + y e^{xy} f'_2.$$

五、隐函数求导公式

前面已经讨论了多元函数中的显函数求导法,下面介绍隐函数的求导公式.
先从一元隐函数着手. 设 $F(x, y) = 0$,确定函数 $y = y(x)$.

$$F(x, y) = 0.$$

两端对 x 求导,

$$F'_x + F'_y \cdot \dfrac{dy}{dx} = 0.$$

若 $F'_y \neq 0$,则

$$\dfrac{dy}{dx} = -\dfrac{F'_x}{F'_y}. \tag{5-30}$$

用此思路递推,设 $F(x, y, z) = 0$,确定 $z = z(x, y)$,若 F'_x, F'_y, F'_z 连续, $F'_z \neq 0$,则

$$\dfrac{\partial z}{\partial x} = -\dfrac{F'_x}{F'_z}, \quad \dfrac{\partial z}{\partial y} = -\dfrac{F'_y}{F'_z}. \tag{5-31}$$

例 10 设 $y^2 - x^2 - \sin xy = 0$,求 $\dfrac{dy}{dx}$.

【解】 令 $F(x, y) = y^2 - x^2 - \sin xy$,则

$$F'_x = -2x - y\cos xy, \quad F'_y = 2y - x\cos xy.$$

$$\dfrac{dy}{dx} = -\dfrac{F'_x}{F'_y} = \dfrac{-2x - y\cos xy}{2y - x\cos xy} = \dfrac{2x + y\cos xy}{2y - x\cos xy}.$$

例 11 设 $x^3 + y^3 = 16x$,求 $\dfrac{dy}{dx}$.

【解】 令 $F(x, y) = x^3 + y^3 - 16x$,则

$$F'_x = 3x^2 - 16, \quad F'_y = 3y^2.$$

$$\dfrac{dy}{dx} = -\dfrac{F'_x}{F'_y} = -\dfrac{3x^2 - 16}{3y^2}.$$

例 12 设方程 $x+2y-z=e^z$ 确定了函数 $z=z(x, y)$,求 $\dfrac{\partial z}{\partial x}$,$\dfrac{\partial z}{\partial y}$.

【解】 令 $F(x, y, z)=x+2y-z-e^z$,则 $F'_x=1$,$F'_y=2$,$F'_z=-1-e^z$. 所以

$$\frac{\partial z}{\partial x}=-\frac{F'_x}{F'_z}=-\frac{1}{-1-e^z}=\frac{1}{1+e^z},$$

$$\frac{\partial z}{\partial y}=-\frac{F'_y}{F'_z}=-\frac{2}{-1-e^z}=\frac{2}{1+e^z}.$$

例 13 设 $x^2+2y^2+3z^2=4$,求 $\dfrac{\partial z}{\partial x}$,$\dfrac{\partial^2 z}{\partial x^2}$.

【解】 令 $F(x, y, z)=x^2+2y^2+3z^2-4$,则

$$F'_x=2x,\ F'_y=4y,\ F'_z=6z.$$

$$\frac{\partial z}{\partial x}=-\frac{F'_x}{F'_z}=-\frac{2x}{6z}=-\frac{x}{3z},$$

$$\frac{\partial^2 z}{\partial x^2}=\frac{\partial}{\partial x}\left(\frac{\partial z}{\partial x}\right)=\frac{\partial}{\partial x}\left(-\frac{x}{3z}\right)=-\frac{1}{3}\cdot\frac{z-x\cdot\dfrac{\partial z}{\partial x}}{z^2}$$

$$=-\frac{1}{3}\cdot\frac{z-x\cdot\left(-\dfrac{x}{3z}\right)}{z^2}=-\frac{1}{3}\cdot\frac{3z^2+x^2}{3z^3}=-\frac{3z^2+x^2}{9z^3}.$$

在实际问题中,隐函数的求导应用更为普遍.

例 14 已知电阻为 R 的电阻器是由电阻 R_1,R_2,R_3 并联而成的,R 可以由方程

$$\frac{1}{R}=\frac{1}{R_1}+\frac{1}{R_2}+\frac{1}{R_3}$$

确定. 求 $\dfrac{\partial R}{\partial R_2}$ 在 $R_1=30$ 欧姆、$R_2=45$ 欧姆和 $R_3=90$ 欧姆时的值.

【解】 求 $\dfrac{\partial R}{\partial R_2}$ 时,把 R_1 和 R_3 看作常数,并且利用隐函数求导法求方程两端对于 R_2 的导数,即有

$$\frac{\partial}{\partial R_2}\left(\frac{1}{R}\right)=\frac{\partial}{\partial R_2}\left(\frac{1}{R_1}+\frac{1}{R_2}+\frac{1}{R_3}\right),$$

$$-\frac{1}{R^2}\frac{\partial R}{\partial R_2}=0-\frac{1}{R_2^2}+0,$$

$$\frac{\partial R}{\partial R_2}=\frac{R^2}{R_2^2}=\left(\frac{R}{R_2}\right)^2.$$

当 $R_1=30$ 欧姆、$R_2=45$ 欧姆和 $R_3=90$ 欧姆时,

$$\frac{1}{R}=\frac{1}{30}+\frac{1}{45}+\frac{1}{90}=\frac{3+2+1}{90}=\frac{6}{90}=\frac{1}{15},$$

所以 $R=15$ 欧姆,则有

$$\frac{\partial R}{\partial R_2} = \left(\frac{15}{45}\right)^2 = \left(\frac{1}{3}\right)^2 = \frac{1}{9}.$$

因此,在给定的 3 个电阻值时,R_2 的微小变化导致 R 值发生大约 $\frac{1}{9}$ 的变化.

任务训练 5-5

1. 求函数对各自变量的一阶偏导数.

(1) $z = \dfrac{x-y}{x+y}$;

(2) $z = x^2 + 3xy + y - 1$;

(3) $z = \arctan \dfrac{y}{x}$;

(4) $f(x, y, z) = \sin xy + 2z^3$.

2. 求下列函数的全微分.

(1) $z = \dfrac{y}{x} + x^2 y^2$;

(2) $z = \ln(x^2 + y^2)$.

3. 求下列函数的二阶偏导数.

(1) $z = x^4 y + x^2 y^3$;

(2) $z = \ln(xy + y^2)$;

(3) $z = \sqrt{xy}$;

(4) $z = e^{xy}$;

(5) $z = x\cos y + y e^x$.

4. 设 $z = u^2 + v^2 + uv, u = \cos t, v = t^3$,求 $\dfrac{dz}{dt}$.

5. 求由下列方程确定的隐函数的导数 $\dfrac{dy}{dx}$.

(1) $x^3 + y^3 = 16x$;

(2) $x^2 + y^2 = \ln(x^2 + y)$.

6. 求由下列方程确定的隐函数 $z = z(x, y)$ 的偏导数 $\dfrac{\partial z}{\partial x}, \dfrac{\partial z}{\partial y}$.

(1) $x^2 + y^2 + z^2 + 2x + 2y + 2z = 0$;

(2) $e^{xy} + z - e^z = 0$.

7. 设 $x^2 + y^2 + z^2 = 4z$,求 $\dfrac{\partial^2 z}{\partial x^2}$.

任务六　掌握多元函数的极值和最值

一、二元函数的极值

1. 二元函数极值的定义和求法

我们用导数求一元函数的极值. 类似地,可以用偏导数求二元函数的极值.

定义 设函数 $z = f(x, y)$ 在点 (x_0, y_0) 的某邻域内有定义,若在该邻域不同于 (x_0, y_0) 的点 (x, y) 都有 $f(x, y) < f(x_0, y_0)$ [或 $f(x, y) > f(x_0, y_0)$],则称 $f(x_0, y_0)$ 为 $f(x, y)$ 的**极大值**(或**极小值**),极大值和极小值统称为**极值**. 使函数取得极大值的点(或极小

值的点)(x_0, y_0)称为**极大值点**(或**极小值点**),极大值点和极小值点统称为**极值点**.

例如,函数$z = 3x^2 + 3y^2$在$(0, 0)$处有极小值$f(0, 0) = 0$,是因为在$(0, 0)$的某一邻域内异于$(0, 0)$的任意点(x, y),均有$f(x, y) > f(0, 0) = 0$,如图 5-38 所示.

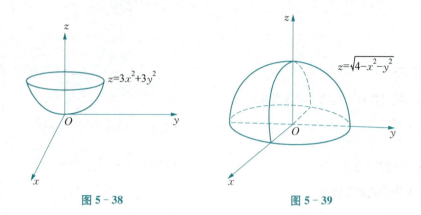

图 5-38　　　　　　　　　图 5-39

再如,函数$z = \sqrt{4 - x^2 - y^2}$在$(0, 0)$处有极大值$f(0, 0) = 2$,是因为在$(0, 0)$处某邻域内异于点$(0, 0)$的(x, y),均有$f(x, y) < f(0, 0) = 2$,如图 5-39 所示.

定理 1 (极值存在的必要条件) 设函数$z = f(x, y)$在点(x_0, y_0)的偏导数$f'_x(x_0, y_0)$,$f'_y(x_0, y_0)$存在,且在(x_0, y_0)处有极值,则在该点的偏导数必为零,即

$$\begin{cases} f'_x(x_0, y_0) = 0, \\ f'_y(x_0, y_0) = 0. \end{cases}$$

满足$\begin{cases} f'_x(x_0, y_0) = 0, \\ f'_y(x_0, y_0) = 0 \end{cases}$的点$(x_0, y_0)$称为$f(x, y)$的驻点.

我们知道,一元函数的驻点不一定是极值点,多元函数也是如此.

定理 2 (极值存在的充分条件) 设(x_0, y_0)是函数$z = f(x, y)$的驻点,且函数在点(x_0, y_0)的邻域内二阶偏导数连续,令$A = f''_{xx}(x_0, y_0)$,$B = f''_{xy}(x_0, y_0)$,$C = f''_{yy}(x_0, y_0)$,$\Delta = B^2 - AC$,则

(1) 当$\Delta < 0$且$A < 0$时,$f(x_0, y_0)$是极大值;当$\Delta < 0$且$A > 0$时,$f(x_0, y_0)$是极小值.

(2) 当$\Delta > 0$时,$f(x_0, y_0)$不是极值.

(3) 当$\Delta = 0$时,函数$f(x, y)$在(x_0, y_0)可能有极值,也可能无极值.

综上所述,若函数$z = f(x, y)$的二阶偏导数连续,则求该函数极值的步骤如下.

(1) 求一阶偏导数f'_x,f'_y.

(2) 令$\begin{cases} f'_x(x, y) = 0, \\ f'_y(x, y) = 0, \end{cases}$求出驻点.

(3) 求二阶偏导数f''_{xx},f''_{xy},f''_{yy}.

(4) 根据定理 2 判定驻点是否为极值点,并求出极值.

例1 说明函数$z = x^2 - (y - 1)^2$无极值.

【解】 由于$z = x^2 - (y - 1)^2$,则$z'_x = 2x$,$z'_y = -2(y - 1)$.

令 $\begin{cases} z'_x = 2x = 0, \\ z'_y = -2(y-1) = 0, \end{cases}$ 得驻点 $(0, 1)$.

由于 $z = x^2 - (y-1)^2$ 处处可微，z 若有极值，必在驻点达到.
$$A = z''_{xx}|_{(0,1)} = 2, B = z''_{xy}|_{(0,1)} = 0, C = z''_{yy}|_{(0,1)} = -2,$$
$$B^2 - AC = 4 > 0,$$

故 z 在 $(0,1)$ 处无极值，即 $z = x^2 - (y-1)^2$ 无极值.

例 2 求函数 $f(x, y) = x^3 - 2x^2 + 2xy + y^2$ 的极值.

【解】 (1) $f'_x = 3x^2 - 4x + 2y, f'_y = 2x + 2y$.

(2) $\begin{cases} f'_x(x, y) = 3x^2 - 4x + 2y = 0, \\ f'_y(x, y) = 2x + 2y = 0, \end{cases}$ 得出驻点 $(0, 0), (2, -2)$.

(3) $A = f''_{xx} = 6x - 4, C = f''_{yy} = 2, B = f''_{xy} = 2$.

(4) 列表判定极值，如表 5-2 所示.

表 5-2

(x_0, y_0)	A	B	C	$B^2 - AC$ 的符号	结论
$(0, 0)$	-4	2	2	$+$	$f(0, 0)$ 不是极值
$(2, -2)$	8	2	2	$-$	极小值为 $f(2, -2) = -4$

所以 $f(0, 0)$ 不是极值，极小值为 $f(2, -2) = -4$.

2. 最大值和最小值

在有界闭区域 D 上的连续函数一定有最大值和最小值. 由于在有界闭区域 D 上的最大值和最小值只可能在驻点、一阶偏导数不存在的点、区域的边界上的点取到，因此在求有界闭区域 D 上二元函数的最大值和最小值时，需要求出函数在 D 内的驻点以及偏导数不存在的点，将这些点的函数值与 D 的边界上的函数值作比较，最大者为 D 上的最大值，最小者为 D 上的最小值.

在解决实际问题时，若知道函数在开区域 D 内一定有最大值（或最小值），函数在 D 内可微，且只有唯一的驻点，则该点的函数值就是所求函数的最大值（或最小值）.

例 3 设有断面面积为 S 的等腰梯形渠道，两岸倾角为 x，高为 y，底边为 z，如图 5-40 所示. 问 x, y, z 各为多大时才能使周长最小？

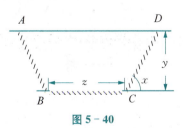

图 5-40

【解】 设周长为 u，
$$u = AB + BC + CD = z + \frac{2y}{\sin x}.$$

$$S = (z + y\cot x)y, z = \frac{S}{y} - y\cot x,$$

则
$$u = \frac{S}{y} + \frac{2 - \cos x}{\sin x} y \quad \left(0 < x < \frac{\pi}{2}, 0 < y < +\infty\right),$$

$$\begin{cases} u'_x = \dfrac{1-2\cos x}{\sin^2 x} y = 0, \\ u'_y = -\dfrac{S}{y^2} + \dfrac{2-\cos x}{\sin x} = 0. \end{cases}$$

求出唯一的驻点 $\left(\dfrac{\pi}{3}, \dfrac{\sqrt{S}}{\sqrt[4]{3}}\right)$. 由于驻点唯一,由题意又知周长一定有最小值,因此在 $\left(\dfrac{\pi}{3}, \dfrac{\sqrt{S}}{\sqrt[4]{3}}\right)$ 处,u 取最小值. 所以在倾斜角 $x = \dfrac{\pi}{3}$、高 $y = \dfrac{\sqrt{S}}{\sqrt[4]{3}}$、底边 $z = \dfrac{2\sqrt{S}}{\sqrt[4]{3} \cdot \sqrt{3}}$ 时,其周长最小.

例 4 要制造一个无盖的长方体水槽,已知它的底部造价为 18 元/平方米,侧面造价为 6 元/平方米,设计的总造价为 216 元. 问如何选取尺寸,才能使水槽容积最大?

【解】 设水槽的长、宽、高分别为 x, y, z,则容积为

$$V = xyz \quad (x > 0, y > 0, z > 0).$$

由题设知

$$18xy + 6(2xz + 2yz) = 216,$$

即

$$3xy + 2z(x+y) = 36,$$

解出 z,得

$$z = \dfrac{36 - 3xy}{2(x+y)} = \dfrac{3}{2} \cdot \dfrac{12 - xy}{x+y}.$$

将上式代入 $V = xyz$ 中,得二元函数

$$V = \dfrac{3}{2} \cdot \dfrac{12xy - x^2 y^2}{x+y}.$$

$$\dfrac{\partial V}{\partial x} = \dfrac{3}{2} \cdot \dfrac{(12y - 2xy^2)(x+y) - (12xy - x^2 y^2)}{(x+y)^2},$$

$$\dfrac{\partial V}{\partial y} = \dfrac{3}{2} \cdot \dfrac{(12x - 2x^2 y)(x+y) - (12xy - x^2 y^2)}{(x+y)^2}.$$

令 $\dfrac{\partial V}{\partial x} = 0$,$\dfrac{\partial V}{\partial y} = 0$,得方程组

$$\begin{cases} (12y - 2xy^2)(x+y) - (12xy - x^2 y^2) = 0, \\ (12x - 2x^2 y)(x+y) - (12xy - x^2 y^2) = 0. \end{cases}$$

解之,得 $x = 2, y = 2, z = 3$.

由问题的实际意义,函数 $V(x,y)$ 在 $x > 0, y > 0$ 时确有最大值,又因为 $V = V(x,y)$ 只有一个驻点,所以取长为 2 米、宽为 2 米、高为 3 米,此时水槽的容积最大.

说明 在例 3 和例 4 中,因为定义域内只找到唯一驻点,且实际问题的最值是存在的,则最值就在这个唯一的驻点处,所以可以省去通过极值的充分条件讨论再判断驻点是否为极值点. 在实际问题中,根据问题的实际意义,已知函数在区域 D 内存在最大值(或最小值),且函

数在 D 内有唯一的极值点,那么这个点处的函数值就是所求的最大值(或最小值).

虽然定理 2 能够有效地判别驻点是否为极值,但是它具有一定的局限性. 这个定理不能应用到函数定义域的边界点上求极值,函数在边界点即使具有非零导数,依然可能取极值. 此外,定理不能应用到 f'_x 或者 f'_y 不存在的点.

二、条件极值问题的拉格朗日乘数法

在实际问题中,求多元函数的极值时,自变量往往受到一些条件的限制,把这类问题称为条件极值问题. 反之,称为无条件极值问题.

当条件简单时,条件极值可化为无条件极值来处理. 当条件较复杂时,求函数的极值往往采用求条件极值的方法——拉格朗日乘数法.

求二元函数 $z = f(x, y)$ 在条件 $\varphi(x, y) = 0$ 下的最值问题,可用下面的步骤求解.

(1) 构造函数 $F(x, y) = f(x, y) + \lambda \varphi(x, y)$,其中,$\lambda$ 为待定常数.

(2) 求解 $\begin{cases} F'_x = 0, \\ F'_y = 0, \\ \varphi(x, y) = 0, \end{cases}$ 即 $\begin{cases} f'_x(x, y) + \lambda \varphi'_x(x, y) = 0, \\ f'_y(x, y) + \lambda \varphi'_y(x, y) = 0, \\ \varphi(x, y) = 0. \end{cases}$

求出可能的极值点 (x, y). 在实际问题中,若只有一个可能的极值点,则该点往往就是所求的最值点.

拉格朗日乘数法可以推广到两个以上自变量或一个以上约束条件的情况.

例 5 要造一个容积为 V 的长方体无盖盒子,如何设计长、宽、高使所需的材料最省?

【解】 设盒子的长为 x、宽为 y、高为 z,表面积为 S.

要求的问题是 $S = xy + 2xz + 2yz (x > 0, y > 0, z > 0)$ 在条件 $xyz = V$ 下的最大值. 构造函数 $F(x, y, z) = xy + 2xz + 2yz + \lambda(xyz - V)$. 由

$$\begin{cases} F'_x = y + 2z + \lambda yz = 0, \\ F'_y = x + 2z + \lambda xz = 0, \\ F'_z = 2x + 2y + \lambda xy = 0, \\ xyz = V, \end{cases}$$

解得 $x = y = \sqrt[3]{2V}$,$z = \dfrac{1}{2}\sqrt[3]{2V}$,$\lambda = -\sqrt[3]{\dfrac{32}{V}}$.

由于 $\left(\sqrt[3]{2V}, \sqrt[3]{2V}, \dfrac{1}{2}\sqrt[3]{2V}\right)$ 是唯一驻点,且根据实际意义知 S 有最小值,因此当长方体长和宽均为 $\sqrt[3]{2V}$、高为 $\dfrac{1}{2}\sqrt[3]{2V}$ 时,所需材料最省.

例 6 如图 5-41 所示,经过点 $(1, 1, 1)$ 的所有平面中,哪一个平面与坐标面在第一卦限所围立体的体积最小? 并求此最小体积.

【解】 设所求平面方程为 $\dfrac{x}{a} + \dfrac{y}{b} + \dfrac{z}{c} = 1 (a > 0, b > 0, c > 0)$. 因为平面过点 $(1, 1, 1)$,所以该点坐标满足方程,即

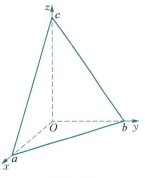

图 5-41

$$\frac{1}{a}+\frac{1}{b}+\frac{1}{c}=1.$$

又设所求平面与 3 个坐标面在第一卦限所围立体的体积为 V,有

$$V=\frac{1}{6}abc.$$

所以问题是求函数 $V=\frac{1}{6}abc$ 在条件 $\frac{1}{a}+\frac{1}{b}+\frac{1}{c}=1(a>0,b>0,c>0)$ 下的最小值.

构造辅助函数 $F(a,b,c)=\frac{1}{6}abc+\lambda\left(\frac{1}{a}+\frac{1}{b}+\frac{1}{c}-1\right)$. 设

$$\begin{cases} F'_a=0, \\ F'_b=0, \\ F'_c=0, \\ \frac{1}{a}+\frac{1}{b}+\frac{1}{c}=1, \end{cases}$$

$$\begin{cases} \frac{1}{6}bc-\frac{\lambda}{a^2}=0, \\ \frac{1}{6}ac-\frac{\lambda}{b^2}=0, \\ \frac{1}{6}ab-\frac{\lambda}{c^2}=0, \\ \frac{1}{a}+\frac{1}{b}+\frac{1}{c}-1=0, \end{cases}$$

解得 $a=b=c=3$.

由问题的性质可知最小值必定存在,又因为驻点唯一,所以当平面为 $x+y+z=3$ 时,它与 3 个坐标面所围立体的体积 V 最小,这时的体积为 $V=\frac{1}{6}\times 3^3=\frac{9}{2}$.

任务训练 5-6

1. 求下列函数的极值.

(1) $f(x,y)=x^2+3xy+3y^2-6x-3y-6$;

(2) $f(x,y)=x^3+y^3-9xy+27$.

2. 求函数 $z=xy$ 在满足 $x+y=1$ 条件下的极值.

3. 求内接于半径为 R 的球、而体积为最大的圆柱体的高.

4. 要造一个容积等于定数 k 的长方体无盖水池,应如何选择水池的尺寸,方可使它的表面积最小?

5. 某工厂要建造一座长方体形状的厂房,其体积为 1 500 000 立方米,前墙和房顶的每单位面积所需造价分别是其他墙造价的 3 倍和 1.5 倍,问厂房前墙的长度和厂房的高度分别为多少时,厂房的造价最小?

任务七　掌握二重积分

二重积分是定积分的推广.定积分是一元函数"和式"的极限,二重积分是二元函数"和式"的极限,二者在本质上是相同的.

一、二重积分的概念与性质

下面从实际问题出发,引出二重积分的定义.

1. 二重积分的定义

引例 1　求曲顶柱体的体积.

如图 5-42 所示,曲顶柱体是以二元函数 $z=f(x,y)(z\geqslant 0)$ 为曲顶面、以其在 xOy 面的投影区域 D 为底面、以通过 D 的边界且母线平行于 z 轴的柱面为侧面所围成的立体.

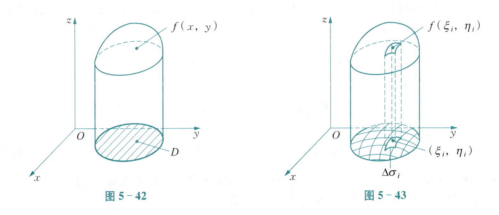

图 5-42　　　　　　　　图 5-43

下面仿照求曲边梯形面积的方法来求曲顶柱体的体积.

将 D 任意分割成 n 个小闭区域 $\Delta\sigma_i(i=1,2,\cdots,n)$,$\Delta\sigma_i$ 同时表示第 i 个小闭区域的面积. 相应地,曲顶柱体被分成 n 个小曲顶柱体. 在 $\Delta\sigma_i$ 上任取点 (ξ_i,η_i),对应的小曲顶柱体体积近似为平顶柱体体积 $f(\xi_i,\eta_i)\Delta\sigma_i$,如图 5-43 所示. 把所有小柱体体积加起来,得台阶柱体的体积为 $\sum_{i=1}^{n}f(\xi_i,\eta_i)\Delta\sigma_i$. 再让分割无限变细:记 λ 为所有小区域 $\Delta\sigma_i$ 的最大直径,令 $\lambda\to 0$,则极限 $V=\lim_{\lambda\to 0}\sum_{i=1}^{n}f(\xi_i,\eta_i)\Delta\sigma_i$ 就是曲顶柱体的体积.

引例 2　求质量非均匀分布的平面薄片的质量.

设在 xOy 面上有一平面薄片 D,如图 5-44 所示. 它在点 (x,y) 处的面密度为 $\rho(x,y)$,则整个薄片 D 的质量 M 也是通过分割、近似、求和、取极限的方法得到的,即

$$M=\lim_{\lambda\to 0}\sum_{i=1}^{n}\rho(\xi_i,\eta_i)\Delta\sigma_i.$$

虽然上面两个引例的意义不同,但解决问题的数学方法是相同的,都是求和式的极限,于是引出二重积分的定义.

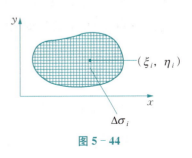

图 5-44

定义 设二元函数 $z=f(x,y)$ 在有界闭区域 D 上有定义,将区域 D 任意分成 n 个子域,每一子域的面积为 $\Delta\sigma_i(i=1,2,\cdots,n)$,在第 i 个子域上任取一点 $(\xi_i,\eta_i)(i=1,2,\cdots,n)$,作和式 $\sum_{i=1}^{n}f(\xi_i,\eta_i)\Delta\sigma_i$. 如果各个子域直径的最大值 $\lambda\to 0$ 时,此和式的极限存在,则称该极限值为函数 $f(x,y)$ 在区域 D 上的**二重积分**,记为 $\iint\limits_D f(x,y)\mathrm{d}\sigma$,即

$$\iint\limits_D f(x,y)\mathrm{d}\sigma = \lim_{\lambda\to 0}\sum_{i=1}^{n}f(\xi_i,\eta_i)\Delta\sigma_i, \tag{5-32}$$

这时也称 $f(x,y)$ 在 D 上**可积**. 一般称 $f(x,y)$ 为被积函数,$f(x,y)\mathrm{d}\sigma$ 为**被积表达式**,$\mathrm{d}\sigma$ 为**面积元素**,D 为**积分域**,$\iint$ 为**二重积分号**.

由二重积分的定义得到下面的结论.

(1) 若二重积分存在,它的值与区域 D 的划分无关,所以可以分别用平行于 x 轴、y 轴的直线划分区域 D,这样每个子域大体上为小矩形. 设小矩形的长为 Δx、宽为 Δy,则其面积为 $\Delta\sigma_i = \Delta x_i \cdot \Delta y_i$,于是 $\mathrm{d}\sigma = \mathrm{d}x\mathrm{d}y$,

$$\iint\limits_D f(x,y)\mathrm{d}\sigma = \iint\limits_D f(x,y)\mathrm{d}x\mathrm{d}y.$$

(2) 当 $f(x,y)\geqslant 0$ 时,二重积分 $\iint\limits_D f(x,y)\mathrm{d}\sigma$ 表示的是以 D 为底、以 $f(x,y)$ 为曲顶的曲顶柱体的体积;当 $f(x,y)\leqslant 0$ 时,$\iint\limits_D f(x,y)\mathrm{d}\sigma$ 表示的是以 D 为底、以 $f(x,y)$ 为曲顶的曲顶柱体的体积的负值. 所以 $f(x,y)$ 在 D 上的二重积分的几何意义是 $z=f(x,y)$ 在 xOy 面上的各个部分区域围成的曲顶柱体的体积的代数和.

2. 二重积分的性质

可积函数的二重积分具有下列性质.

性质 1 被积函数中的常数可以提到二重积分号的外面,即

$$\iint\limits_D kf(x,y)\mathrm{d}\sigma = k\iint\limits_D f(x,y)\mathrm{d}\sigma \quad (k\text{ 为常数}).$$

性质 2 有限个函数的代数和的二重积分等于各个函数的二重积分的代数和,即

$$\iint\limits_D [f(x,y)\pm g(x,y)]\mathrm{d}\sigma = \iint\limits_D f(x,y)\mathrm{d}\sigma \pm \iint\limits_D g(x,y)\mathrm{d}\sigma.$$

性质 3 如果区域 D 被分成两个子区域 D_1 与 D_2,则函数在 D 上的二重积分等于函数在子区域 D_1,D_2 上的二重积分之和,即

$$\iint\limits_D f(x,y)\mathrm{d}\sigma = \iint\limits_{D_1} f(x,y)\mathrm{d}\sigma + \iint\limits_{D_2} f(x,y)\mathrm{d}\sigma.$$

性质 4 如果在 D 上 $f(x,y)=1$,且 D 的面积为 σ,则 $\iint\limits_D \mathrm{d}\sigma = \sigma$.

性质 5 如果在 D 上 $f(x,y)\leqslant g(x,y)$,则

$$\iint\limits_{D} f(x,y)\mathrm{d}\sigma \leqslant \iint\limits_{D} g(x,y)\mathrm{d}\sigma.$$

推论 函数在 D 上的二重积分的绝对值不大于函数绝对值在 D 上的二重积分,即

$$\left|\iint\limits_{D} f(x,y)\mathrm{d}\sigma\right| \leqslant \iint\limits_{D} |f(x,y)|\mathrm{d}\sigma.$$

性质 6 如果 M,m 分别是函数 $f(x,y)$ 在 D 上的最大值与最小值,σ 为区域 D 的面积,则

$$m\sigma \leqslant \iint\limits_{D} f(x,y)\mathrm{d}\sigma \leqslant M\sigma.$$

性质 7 （二重积分中值定理） 设函数 $f(x,y)$ 在有界闭区域 D 上连续,记 σ 是 D 的面积,则在 D 上至少存在一点 (ξ,η),使得

$$\iint\limits_{D} f(x,y)\mathrm{d}\sigma = f(\xi,\eta)\sigma.$$

这些性质与一元函数定积分的性质相似.

二、二重积分的直角坐标计算法

一般来说,用二重积分的定义来计算二重积分不是一种切实可行的方法. 讨论二重积分的计算方法,其基本思想是将二重积分化为两次定积分来计算. 下面讨论二重积分 $\iint\limits_{D} f(x,y)\mathrm{d}\sigma$ 在直角坐标系下的计算问题,在讨论中假定 $f(x,y) \geqslant 0$.

1. 如图 5-45 所示,设区域 D 为 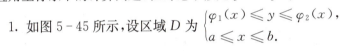 $\begin{cases} \varphi_1(x) \leqslant y \leqslant \varphi_2(x), \\ a \leqslant x \leqslant b. \end{cases}$

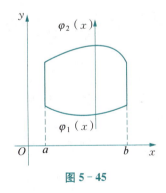

图 5-45

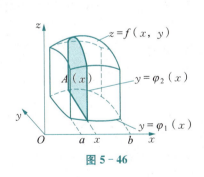

图 5-46

由二重积分的几何意义可知,二重积分 $\iint\limits_{D} f(x,y)\mathrm{d}\sigma$ 表示以 D 为底、曲面 $z=f(x,y)$ 为顶的曲顶柱体的体积,如图 5-46 所示. 下面先计算这个曲顶柱体的体积. 在 x 轴上任意固定点 $x(a \leqslant x \leqslant b)$,过该点用垂直于 x 轴的平面去截曲顶柱体,所得截面是以区间 $[\varphi_1(x),\varphi_2(x)]$ 为底、曲线 $z=f(x,y)$ 为曲边的曲边梯形,如图 5-46 中的阴影部分所示,其面积为

$$A(x) = \int_{\varphi_1(x)}^{\varphi_2(x)} f(x,y)\mathrm{d}y.$$

由计算平行截面面积为已知的立体体积的方法,得到曲顶柱体的体积为

$$V = \int_a^b A(x)dx = \int_a^b \left[\int_{\varphi_1(x)}^{\varphi_2(x)} f(x, y)dy \right] dx.$$

由于这个体积值就是所求二重积分的值，故二重积分可化为二次积分（或叫作累次积分），即

$$\iint_D f(x, y)d\sigma = \int_a^b \left[\int_{\varphi_1(x)}^{\varphi_2(x)} f(x, y)dy \right] dx = \int_a^b dx \int_{\varphi_1(x)}^{\varphi_2(x)} f(x, y)dy. \quad (5-33)$$

它是先对 y 作积分，将 x 看作常数，其积分限为 x 的函数；然后再对 x 作积分，其积分限为常数。

2. 如图 5-47 所示，设区域 D 为 $\begin{cases} \psi_1(y) \leqslant x \leqslant \psi_2(y), \\ c \leqslant y \leqslant d. \end{cases}$

仿照上述方法，用垂直于 y 轴的平面去截曲顶柱体，如图 5-48 所示。类似可得

$$\iint_D f(x, y)d\sigma = \int_c^d \left[\int_{\psi_1(y)}^{\psi_2(y)} f(x, y)dx \right] dy = \int_c^d dy \int_{\psi_1(y)}^{\psi_2(y)} f(x, y)dx. \quad (5-34)$$

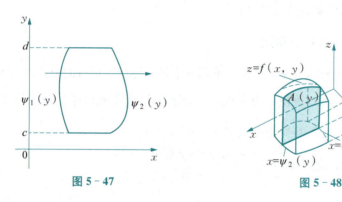

图 5-47　　　　　　　　　　图 5-48

它是先对 x 作积分，将 y 看作常数，其积分限为 y 的函数；然后再对 y 作积分，其积分限为常数。

将二重积分转化为二次积分，关键是把积分区域 D 画出来，看 D 的类型：若 D 能由不等式组 $\begin{cases} \varphi_1(x) \leqslant y \leqslant \varphi_2(x), \\ a \leqslant x \leqslant b \end{cases}$ 表达，称其为 x 型域，应按式(5-33)转化，也称为先对 y、后对 x 的二次积分；若 D 能由不等式组 $\begin{cases} \psi_1(y) \leqslant x \leqslant \psi_2(y), \\ c \leqslant y \leqslant d \end{cases}$ 表达，称其为 y 型域，应按式(5-34)转化，也称为先对 x、后对 y 的二次积分。

解题的步骤如下。

(1) 首先在 xOy 面上画出区域 D，如图 5-49 所示。

(2) 若 D 能由不等式组 $\begin{cases} \varphi_1(x) \leqslant y \leqslant \varphi_2(x), \\ a \leqslant x \leqslant b \end{cases}$ 表达，应转化为先对 y、后对 x 的积分，即

$$\iint_D f(x, y)d\sigma = \int_a^b dx \int_{\varphi_1(x)}^{\varphi_2(x)} f(x, y)dy$$

$$= \int_a^b \left[\int_{\varphi_1(x)}^{\varphi_2(x)} f(x, y)dy \right] dx.$$

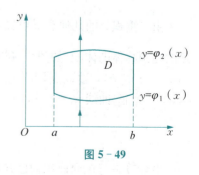

图 5-49

计算时先对 y 作积分,将 x 看作常数,再将运算的结果对 x 作积分.

(3) 若 D 能由不等式组 $\begin{cases} \psi_1(y) \leqslant x \leqslant \psi_2(y), \\ c \leqslant y \leqslant d \end{cases}$ 表达,应转化为先对 x、后对 y 的积分,即

$$\iint_D f(x,y)\mathrm{d}\sigma = \int_c^d \mathrm{d}y \int_{\psi_1(y)}^{\psi_2(y)} f(x,y)\mathrm{d}x$$
$$= \int_c^d \left[\int_{\psi_1(y)}^{\psi_2(y)} f(x,y)\mathrm{d}x\right]\mathrm{d}y.$$

计算时先对 x 作积分,将 y 看作常数,再将运算的结果对 y 作积分.

注意 若区域 D 如图 5-50 所示,则可先将 D 分割成 D_1,D_2,D_3 分别进行计算,然后加起来.

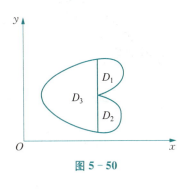

图 5-50

例 1 计算 $\iint_D 2y\mathrm{d}\sigma$,其中,$D$ 是由直线 $y=0$,$x=1$ 和 $y=x$ 所围成的闭区域.

【解】 画出 D 的图形,如图 5-51 所示. 理解为 x 型域,先对 y、后对 x 作积分,即

$$\iint_D 2y\mathrm{d}\sigma = \iint_D 2y\mathrm{d}x\mathrm{d}y = \int_0^1 \left(\int_0^x 2y\mathrm{d}y\right)\mathrm{d}x = \int_0^1 (y^2 \mid_0^x)\mathrm{d}x$$
$$= \int_0^1 x^2 \mathrm{d}x = \frac{x^3}{3}\bigg|_0^1 = \frac{1}{3}.$$

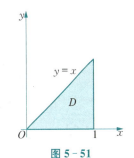

图 5-51

例 2 计算 $\iint_D (x+y)\mathrm{d}\sigma$,其中,$D$ 是由 $y=x$,$x=1$ 以及 x 轴所围成的区域.

【解】 如图 5-52 可以看出,区域 D 既是 x 型区域,也是 y 型区域.

方法 1 若将区域 D 看作 x 型域,先对 y、后对 x 作积分,即

$$\iint_D (x+y)\mathrm{d}\sigma = \int_0^1 \mathrm{d}x \int_0^x (x+y)\mathrm{d}y = \int_0^1 \frac{3x^2}{2}\mathrm{d}x = \frac{x^3}{2}\bigg|_0^1 = \frac{1}{2}.$$

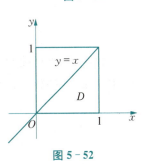

图 5-52

方法 2 若将区域 D 看作 y 型域,先对 x、后对 y 作积分,即

$$\iint_D (x+y)\mathrm{d}\sigma = \int_0^1 \mathrm{d}y \int_y^1 (x+y)\mathrm{d}x = \int_0^1 \left(\frac{1}{2}+y-\frac{3}{2}y^2\right)\mathrm{d}y = \left(\frac{y}{2}+\frac{y^2}{2}-\frac{y^3}{2}\right)\bigg|_0^1 = \frac{1}{2}.$$

例 3 求 $\iint_D \frac{\sin x}{x}\mathrm{d}\sigma$,其中,$D$ 是由 $y=x$ 及 $y=x^2$ 所围成的区域.

【解】 先画出 D 的图形,如图 5-53 所示.

若变形为先对 x、后对 y 的积分,$\int_0^1 \mathrm{d}y \int_y^{\sqrt{y}} \frac{\sin x}{x}\mathrm{d}x$,会遇到积分 $\int \frac{\sin x}{x}\mathrm{d}x$,而 $\frac{\sin x}{x}$ 的原函数不是初等函数,所以先对 x、后对 y 的积分求不出值,故要变换成先对 y、后对 x 的积分.

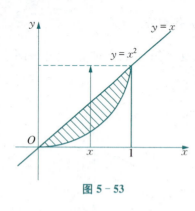

图 5-53

原式 $= \int_0^1 \mathrm{d}x \int_{x^2}^x \dfrac{\sin x}{x} \mathrm{d}y = \int_0^1 (\sin x - x\sin x)\mathrm{d}x = 1 - \sin 1.$

例 4 求 $\iint\limits_D xy\,\mathrm{d}\sigma$，其中，$D$ 是由 $y^2 = x$ 与直线 $y = x - 2$ 所围成的区域.

【解】 **方法 1** 画出 D 的图形，如图 5-54(a)所示. 理解为 y 型域，用先对 x、后对 y 作积分的方法.

联立 $\begin{cases} y^2 = x, \\ y = x - 2, \end{cases}$ 得 $y_1 = -1, y_2 = 2.$

$$\iint\limits_D xy\,\mathrm{d}\sigma = \int_{-1}^2 \mathrm{d}y \int_{y^2}^{y+2} xy\,\mathrm{d}x = \int_{-1}^2 \left[\dfrac{x^2}{2}y\right]_{y^2}^{y+2} \mathrm{d}y$$

$$= \dfrac{1}{2}\int_{-1}^2 [y(y+2)^2 - y^5]\mathrm{d}y = \dfrac{1}{2}\left[\dfrac{y^4}{4} + \dfrac{4}{3}y^3 + 2y^2 - \dfrac{y^6}{6}\right]_{-1}^2 = \dfrac{45}{8}.$$

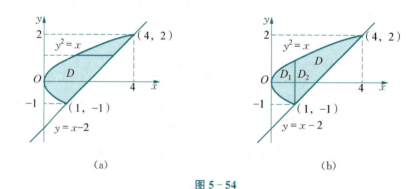

图 5-54

方法 2 将区域 D 看作 x 型域. 由于式(5-33)中 $\varphi_1(x)$ 在 $[0,1]$ 和 $[1,4]$ 上的表达式并不相同，因此需将区域 D 分成 D_1 和 D_2 两个部分，如图 5-54(b)所示. 根据积分区域的可加性，有

$$\iint\limits_D xy\,\mathrm{d}\sigma = \iint\limits_{D_1} xy\,\mathrm{d}\sigma + \iint\limits_{D_2} xy\,\mathrm{d}\sigma$$

$$= \int_0^1 \mathrm{d}x \int_{-\sqrt{x}}^{\sqrt{x}} xy\,\mathrm{d}y + \int_1^4 \mathrm{d}x \int_{x-2}^{\sqrt{x}} xy\,\mathrm{d}y = \dfrac{45}{8}.$$

上述例子说明，对于不同次序的二次积分，计算过程的繁简可能不同. 如何选取积分次序，要综合考虑被积函数 $f(x,y)$ 与积分区域 D 的情况. 正确地选取积分次序可以保证求出积分值，或者使积分计算变得简单.

三、二重积分的极坐标计算法

某些二重积分由于被积函数或积分区域的特征，用极坐标计算法求解较为简便. 下面介绍二重积分的极坐标计算法.

一般地，选取直角坐标系的原点为极点 O、x 轴的正向为极轴，直角坐标与极坐标转化的关系式为

$$\begin{cases} x = r\cos\theta, \\ y = r\sin\theta. \end{cases}$$

下面研究如何用极坐标表示面积元素 $d\sigma$. 因为二重积分的值与区域 D 的划分无关,在直角坐标系中用平行于 x 轴、y 轴的直线划分区域,于是 $d\sigma = dxdy$. 与此相类似,在极坐标系中,用从极点出发的射线和一簇以极点为圆心的同心圆,把 D 分割成许多子域,这些子域除了靠边界曲线的一些子域外,绝大多数都是扇环域,如图 5-56 所示. 子域的面积近似等于长为 $rd\theta$、宽为 dr 的矩形面积,所以在极坐标系中的面积元素为 $d\sigma = rdrd\theta$. 于是

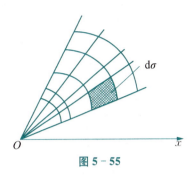

图 5-55

$$\iint\limits_{D} f(x, y) d\sigma = \iint\limits_{D} f(r\cos\theta, r\sin\theta) r dr d\theta.$$

在计算时,一般选择先积 r、后积 θ 的次序进行计算.

(1) 若极点在区域 D 内,边界的方程为 $r = r(\theta)$,如图 5-56 所示,可得 D 为

$$\begin{cases} 0 \leqslant \theta \leqslant 2\pi, \\ 0 \leqslant r \leqslant r(\theta). \end{cases}$$

于是

$$\iint\limits_{D} f(r\cos\theta, r\sin\theta) r dr d\theta = \int_{0}^{2\pi} d\theta \int_{0}^{r(\theta)} f(r\cos\theta, r\sin\theta) r dr. \tag{5-35}$$

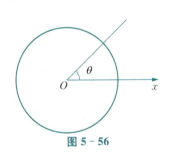

图 5-56

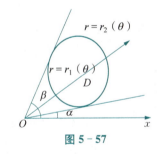

图 5-57

(2) 若极点不在 D 内,如图 5-57 所示.

从极点出发,作区域 D 的边界切线,得到 $\theta \in [\alpha, \beta]$;在 $[\alpha, \beta]$ 内过极点作任一射线与 D 交于两点,其极径的变化范围为 $r \in [r_1(\theta), r_2(\theta)]$. 于是

$$\iint\limits_{D} f(r\cos\theta, r\sin\theta) r dr d\theta = \int_{\alpha}^{\beta} d\theta \int_{r_1(\theta)}^{r_2(\theta)} f(r\cos\theta, r\sin\theta) r dr. \tag{5-36}$$

例 5 计算 $\iint\limits_{D} e^{x^2+y^2} d\sigma$,其中,$D$ 是圆域 $x^2 + y^2 \leqslant 4$.

【解】 画出区域 D 的图形,如图 5-58 所示. 因为被积函数中含有 $x^2 + y^2$,所以采用极坐标计算法方便. 将 $\begin{cases} x = r\cos\theta, \\ y = r\sin\theta \end{cases}$ 代入得 $e^{x^2+y^2} = e^{r^2}$,D 由 $r \leqslant 2$ 围成,则

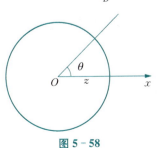

图 5-58

$$\iint\limits_D e^{x^2+y^2} d\sigma = \iint\limits_D e^{r^2} \cdot r dr d\theta = \int_0^{2\pi} d\theta \int_0^2 e^{r^2} r dr$$
$$= \frac{1}{2}\int_0^{2\pi} d\theta \int_0^2 e^{r^2} d(r^2) = \frac{1}{2}\int_0^{2\pi} e^{r^2}\Big|_0^2 d\theta$$
$$= \frac{1}{2}\int_0^{2\pi} (e^4-1) d\theta = \pi(e^4-1).$$

例6 计算 $\iint\limits_D \sin\sqrt{x^2+y^2} d\sigma$，其中，$D$ 为圆域 $\frac{\pi^2}{4} \leqslant x^2+y^2 \leqslant \pi^2$.

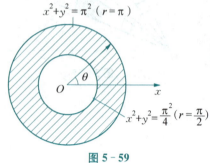

图 5-59

【解】 画出 D 的图形，如图 5-59 所示. 从图中可以看到，极角变化为 $0 \leqslant \theta \leqslant 2\pi$，极径变化为 $\frac{\pi}{2} \leqslant r \leqslant \pi$，所以

$$\iint\limits_D \sin\sqrt{x^2+y^2} d\sigma = \int_0^{2\pi} d\theta \int_{\frac{\pi}{2}}^{\pi} \sin r \cdot r dr = 2\pi \cdot \int_{\frac{\pi}{2}}^{\pi} r d(-\cos r)$$
$$= 2\pi(-r\cos r\Big|_{\frac{\pi}{2}}^{\pi} + \sin r\Big|_{\frac{\pi}{2}}^{\pi}) = 2\pi(\pi-1).$$

任务训练 5-7

1. 根据二重积分的几何意义，说明下列积分值大于零、小于零，还是等于零.

(1) $\iint\limits_{\substack{|x|\leqslant 1 \\ |y|\leqslant 1}} x d\sigma$； (2) $\iint\limits_{x^2+y^2\leqslant 1} x^2 d\sigma$；

(3) $\iint\limits_{\substack{|x|\leqslant 1 \\ |y|\leqslant 1}} (x-1) d\sigma$.

2. 试利用二重积分的几何意义说明下列等式.

(1) $\iint\limits_D k d\sigma = k\sigma$，其中，$\sigma$ 是 D 区域的面积；

(2) $\iint\limits_D \sqrt{R^2-x^2-y^2} d\sigma = \frac{2}{3}\pi R^3$，其中，$D$ 是以原点为中心，R 为半径的圆盘.

3. 计算下列各累次积分.

(1) $\int_0^2 dx \int_0^{\sqrt{x}} dy$； (2) $\int_1^3 dx \int_x^{x^2} \frac{y}{x} dy$.

4. 计算下列二重积分.

(1) $\iint\limits_D \left(1-\frac{x}{3}-\frac{y}{4}\right) d\sigma$，其中，$D$ 是由直线 $x=-1$，$x=1$，$y=-2$，$y=2$ 所围成的区域；

(2) $\iint\limits_D (x^2+y^2) d\sigma$，其中，$D$ 是由 $y=x^2$，$x=1$，$y=0$ 所围成的区域.

(3) $\iint\limits_D \frac{\sin y}{y} d\sigma$，其中，$D$ 是由 $y=x$，$x=0$，$y=\frac{\pi}{2}$，$y=\pi$ 所围成的区域.

5. 用适当的方法求二重积分的值.

(1) $\iint\limits_{D}(4-x-2y)\mathrm{d}\sigma$,其中,$D$ 由 $x^2+y^2\leqslant 1$ 围成;

(2) $\iint\limits_{D}\arctan\dfrac{y}{x}\mathrm{d}\sigma$,其中,$D$ 由 $1\leqslant x^2+y^2\leqslant 4$,$y\geqslant 0$,$y\leqslant x$ 围成;

(3) $\iint\limits_{D}\sqrt{4-x^2-y^2}\mathrm{d}\sigma$,其中,$D$ 由 $x^2+y^2\leqslant 2x$ 围成;

(4) $\iint\limits_{D}\dfrac{x+y}{x^2+y^2}\mathrm{d}\sigma$,其中,$D$ 由 $x^2+y^2\leqslant 1$,$x+y\geqslant 1$ 围成.

知识拓展

多元微积分是微积分的一个重要分支,它主要研究多元函数的极限、连续性、偏导数、全微分等性质及其应用. 多元微积分在许多领域都有广泛的应用,以下是一些主要的应用场景.

(1) **物理学** 在物理学中,多元微积分被用来描述和解决各种复杂的物理现象. 例如,通过使用多元微积分,可以计算出物体在重力作用下的运动轨迹.

(2) **工程学** 在工程学中,多元微积分被用来设计和优化各种系统和设备. 例如,通过使用多元微积分,可以计算出电路中的电流和电压分布,从而优化电路设计.

(3) **经济学** 在经济学中,多元微积分被用来分析和预测经济现象. 例如,通过使用多元微积分,可以建立经济模型,预测未来的经济趋势.

(4) **计算机科学** 在计算机科学中,多元微积分被用来优化算法和数据结构. 例如,通过使用多元微积分,可以优化搜索算法,提高搜索效率.

(5) **生物学** 在生物学中,多元微积分被用来研究和模拟生物过程. 例如,通过使用多元微积分,可以模拟细胞的生长和分裂过程.

(6) **统计学** 在统计学中,多元微积分被用来估计和检验统计模型. 例如,通过使用多元微积分,可以计算样本均值和方差,从而估计总体参数.

项目五模拟题

1. 选择题.

(1) 下列平面方程中,所表示的平面过 y 轴的是(　　).

A. $2x+y+z=1$　　　　　　　　B. $2x+y+z=0$

C. $2x+z=0$　　　　　　　　　D. $2x+z=1$

(2) 直线 $\dfrac{x-1}{2}=\dfrac{y}{1}=\dfrac{z+1}{-1}$ 与平面 $x-y+z=1$ 的位置关系是(　　).

A. 垂直　　　　　　　　　　　B. 平行

C. 夹角为 $\dfrac{\pi}{4}$　　　　　　　　　D. 夹角为 $-\dfrac{\pi}{4}$

(3) 下列极限式子中错误的是(　　).

A. $\lim\limits_{(x,y)\to(0,0)}\sin(x^2-y^2)=0$　　　　B. $\lim\limits_{(x,y)\to(0,1)}(1+xy)^{\frac{1}{x}}=\mathrm{e}$

C. $\lim\limits_{(x,y)\to(0,1)}\dfrac{1-xy}{x^2+y^2}=1$　　　　　　D. $\lim\limits_{(x,y)\to(0,0)}\dfrac{x+y}{x-y}=0$

(4) 已知函数 $f(x,y) = \dfrac{xy}{x^2+y^2}$，则 $f(x,y)$ 在点 $(0,0)$（　　）.

A. 极限存在　　　　B. 连续　　　　C. 极限不存在　　　　D. 可微

(5) 已知 $z = e^{xy}$，则 $\dfrac{\partial z}{\partial y} = $（　　）.

A. ye^{xy}　　　　B. xe^{xy}　　　　C. xye^{xy}　　　　D. e^{xy}

(6) 设 $D: x^2+y^2 \leqslant 1$，则 $\iint\limits_D \mathrm{d}x\mathrm{d}y$ 等于（　　）.

A. $\dfrac{x^3}{3} + C$　　　　B. $\dfrac{y^3}{3} + C$　　　　C. π　　　　D. 2π

2. 填空题.

(1) 以 $A(3,1,2)$，$B(4,-1,3)$，$C(1,2,-1)$ 为顶点的三角形的面积等于_____.

(2) 通过 $(0,0,0)$，$(1,0,1)$ 和 $(2,1,0)$ 这 3 点的平面方程是_____.

(3) 给定函数 $f(x+y, y) = x^2 + y^2$，则 $f(x,y) = $_____.

(4) 函数 $f(x,y)$ 在点 (x,y) 可微是 $f(x,y)$ 在该点连续的_____条件，$f(x,y)$ 在点 (x,y) 的偏导数 $\dfrac{\partial z}{\partial x}$ 及 $\dfrac{\partial z}{\partial y}$ 存在是 $f(x,y)$ 在该点可微的_____条件.

(5) 若函数 $z = x^2 + 2y^2 + 2xy$，则 $\left.\dfrac{\partial z}{\partial x}\right|_{(1,1)} = $_____，$\left.\dfrac{\partial z}{\partial y}\right|_{(1,1)} = $_____.

(6) 设 $z = 2xy$，则 $\mathrm{d}z\big|_{(1,-1)} = $_____.

(7) 交换积分次序：$\int_0^1 \mathrm{d}x \int_0^{1-x} f(x,y)\mathrm{d}y = $_____.

(8) $\iint\limits_D \mathrm{d}\sigma = $_____，$D$ 是以原点为圆心、半径为 3 的圆形区域.

3. 判断题.

(1) $z = x^2 + 3xy + y^2$ 在点 $(1,0)$ 处对 x 和 y 的偏导数分别为 2 和 3.　　（　　）

(2) 对于函数 $f(x,y) = x^2 - y^2$，点 $(0,0)$ 是极小值点.　　（　　）

(3) 若直线的方向向量和平面的法向量的数量积为零，则直线与平面平行或重合.　　（　　）

(4) $\lim\limits_{\substack{x \to 2 \\ y \to 0}} \dfrac{\sin xy}{y} = 2$.　　（　　）

(5) 由二重积分的几何意义，可得 $\iint\limits_{x^2+y^2 \leqslant 1} \sqrt{1-x^2-y^2}\,\mathrm{d}\sigma = \dfrac{\pi}{3}$.　　（　　）

4. 计算题.

(1) 求函数 $z = \ln(y-x) + \dfrac{1}{\sqrt{9-x^2-y^2}}$ 的定义域；

(2) 求函数 $z = e^{xy}$ 在点 $(2,1)$ 处的全微分；

(3) 求 $z = \ln(x + y^2)$ 的一阶和二阶偏导数；

(4) 设直线 L_1 过点 $M(3,-2,6)$，且与直线 $L: \begin{cases} x - 3y + 3 = 0 \\ 3x + y + 6z + 1 = 0 \end{cases}$ 平行，求直线 L_1 的方程；

(5) 求 $\iint\limits_D (x^2 + y)\mathrm{d}\sigma$，其中，$D$ 是由抛物线 $y = x^2$ 和 $x = y^2$ 所围成的区域；

(6) 求 $\iint\limits_D e^{x+y}\mathrm{d}\sigma$，其中，$D$ 是由 $0 \leqslant x \leqslant 1$，$-1 \leqslant y \leqslant 1$ 所围成的区域.

5. 应用题.

一家投递公司只承接长度和围长（截面的周长）之和不超过 270 厘米的长方形包装箱. 求这家公司可以接受的最大容积包装箱的尺寸.

6. 思考题.

进行了项目五的学习之后, 你是否还具有畏难心理？克服难题就如同小马过河一样, 只有当你亲身实践之后才会知道答案.

项目六

数学文化初步

知识图谱

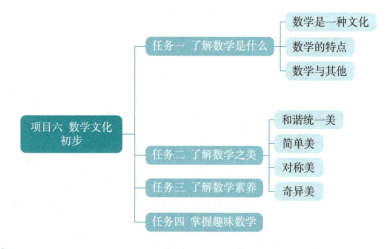

能力与素质

前面我们学习了高等数学的内容. 对于高职院校的学生来说,他们经常会问这样一个问题:学习高等数学有什么用? 教师经常这样回答:主要是掌握数学思想方法. 其实一直以来,从小学一年级到高职一年级,一般要学习 13 年的数学课程. 如果说对数的认识,那就更要提早到幼儿园甚至更早. 但许多人并未因为学习的时间长就掌握了数学的精髓. 在学校学的数学知识,毕业后若没什么机会去用,不到一两年很快就忘掉了,尤其在高职院校数学理论课课时越来越被压缩的情况下. 这其实也无可厚非,毕竟他们需要扎实的专业知识. 然而不管他们从事什么工作,数学的精神、数学的思维方式、数学的研究方法、数学的推理方法和看问题的着眼点等,都深深铭刻在脑海中、随时随地发生作用,使他们终身受益.

想一想 数学有源远流长的光辉历史,你是否了解数学的发展史以及数学对人类社会发展的作用? 通过学习数学的发展史,你是否也具有了精益求精、勇于创新的理想信念?

任务一　了解数学是什么

一、数学是一种文化

恩格斯说,数学是研究现实世界中数量关系与空间形式的一门学科.

据记载,数学起源于东方,大约在公元前两千年,巴比伦人就收集了极其丰富的资料,今天来看这些资料,应属于初等数学的范围.至于数学作为现代意义的一门学科,则是公元前 5 世纪到公元前 4 世纪才在古希腊出现的.

数学是人类生活的工具,数学是人类用于交流的语言,数学能赋予人创造性,数学是一种人类文化.可见数学是人类文明的重要组成部分.数学是一切自然科学的基础,它与哲学、经济、文史、教育、文艺、修养以及我们的生活息息相关.

"文化"一词,一般有广义和狭义的两种解释.广义的文化是与自然相对的概念,它是通过人的活动,对自然状态的变革而创造的成果,即人类物质财富和精神财富的积淀;狭义的文化是指社会意识形态或观念形式,即人的精神生活领域.

目前关于"数学文化"一词,也有狭义和广义的两种解释.狭义的解释,是指数学的思想、精神、方法、观点、语言,以及它们的形成和发展;广义的解释,则是除这些以外,还包含数学史、数学美、数学教育、数学与人文的交叉、数学与各种文化的关系.

一般数学文化中的"文化"是广义的文化解释.正如"企业文化"、"校园文化"、"民族文化"等,用的都是文化的广义解释.

二、数学的特点

数学是人类文化的重要组成部分,但是,它又是一种特殊的文化,有其自身的特点.数学主要有 3 个特点,即抽象性、精确性和应用的广泛性.

(1) **抽象性**　数学以纯粹的量的关系和形式作为自己的对象,它完全舍弃了具体现象的实际内容,而去研究一般的数量关系,它考虑的是抽象的共性,而不管它们对个别具体现象的应用界限.抽象的绝对化是数学所特有的.

例如,数学中研究的数"7"不是"7 匹马"、"7 个西瓜"等具体的物件的数量,而是完全脱离这些具体事物的抽象的"数".再如,极限的概念中"$n \to \infty$"时以及"367 人中至少 2 人出生在同一天"等,也是抽象的.

(2) **精确性**　精确性表现在推理的严格和数学结论的确定两个方面.

例如,"n 边形 n 内角之和 $=180° \times (n-2)$","n 边形 n 外角之和 $=360°$",都是从几何公理和定理经过逻辑推导出来的,是精确的.

(3) **应用的广泛性**　数学的抽象性、精确性决定了应用的广泛性.华罗庚先生曾说,宇宙之大,粒子之微,火箭之速,化工之巧,地球之变,生物之谜,日用之繁,数学无处不在.数学应用于各个学科和领域.

我们不妨从日常生活中看看数学在生活中的应用.

例 1　某物流公司在仓库存储了 20 000 千克小麦,这批小麦以常量每月 2500 千克运走,要用 8 个月的时间.如果存储费是每月每千克 0.01 元,8 个月之后物流公司应向仓库方支付存储费多少元?

【解】 令 $f(t)$ 表示 t 个月后存储小麦的千克数,则

$$f(t) = 20\,000 - 2\,500t.$$

先求存储费用微元,在 t 的变化区间 $[0, 8]$ 内取微小区间 $[t, t+\mathrm{d}t]$,则在该小区间内,每千克存储费用等于每月每千克存储费用与月数 $\mathrm{d}t$ 的乘积,即每千克存储费用 $= 0.01\mathrm{d}t$. 用 E 表示存储费用,则在区间 $[t, t+\mathrm{d}t]$ 上存储费用的近似值为

$$\mathrm{d}E = f(t) \times 0.01\mathrm{d}t.$$

于是所求存储费为

$$E = \int_0^8 \mathrm{d}E = \int_0^8 0.01 f(t)\mathrm{d}t = \int_0^8 0.01 \times (20\,000 - 2\,500t)\mathrm{d}t = 800(\text{元}).$$

例 2 露天水渠的横断面是一个无上底的等腰梯形,如图 6-1 所示. 若水渠中水流横断面的面积等于 S,水深为 h. 问水渠侧边的倾角 α 为多大时,才能使水渠横断面被水浸没的部分为最小?

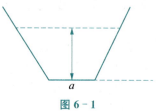

图 6-1

【解】 设水渠底宽为 a,则

$$S = \frac{1}{2}h(2a + 2h\cot\alpha) = h(a + h\cot\alpha),$$

由此解得 $a = \dfrac{S}{h} - h\cot\alpha$.

水渠横断面被水浸没的部分为

$$f(\alpha) = a + 2\frac{h}{\sin\alpha} = \frac{S}{h} - h\cot\alpha + 2\frac{h}{\sin\alpha},$$

$$f'(\alpha) = h\frac{1}{\sin^2\alpha} - \frac{2h\cos\alpha}{\sin^2\alpha} = \frac{h}{\sin^2\alpha}(1 - 2\cos\alpha).$$

令 $f'(x) = 0$,得唯一解 $\alpha = \dfrac{\pi}{3}$.

因为问题存在最小值,而 $\alpha = \dfrac{\pi}{3}$ 又是唯一极值点,所以是最小值点.

三、数学与其他

我们在中学就知道数学与物理、化学、生物、语文等各门学科都有联系. 其实数学几乎与所有领域都有联系. 在这里只简单介绍数学与生活的联系.

1. 数学与语言

生活在这个世界上,我们都要用语言(无论是有声的语言,还是无声的肢体语言)来表达我们的意愿或情感. 语言是人类相互交流的工具. 数学语言是人们进行数学表达和数学交流的工具.

一般的语言是指汉语、英语、法语、日语、韩语等,世界上的语言千千万万,并不包括数学语

言.数学语言是一种特有的语言.

但是数学语言与一般的语言有共同之处,它们都是由符号组成的,只是符号不同而已.它们都用以表达思想、观念;它们都有一定的形成和发展的历史过程,且继续发展变化,只是影响发展的因素不同、变化的性质有所不同;它们都是人类文明进步的象征之一.由于数学本身的特性,数学语言不会变化那么快.而一般的语言则不尽然,随着互联网的迅猛发展,网络语言也如雨后春笋般不断涌现,但网络本身又离不开数学.

人们常说,语文不好数学就好不了,言外之意就是指读不懂题怎么能解题.所以对数学语言的理解必须以一般语言的理解为基础.但是一个一般语言水平很高的人也不一定能掌握好数学语言,它们还是有差别的.就像有些同学或重文轻理或重理轻文就是这个道理.

由于数学语言是由符号组成的,而世界各国又都采用相同的数学符号,这就使得数学语言成为人类文明的共同语言.

例如,数的符号是 0,1,2,3,4,5,6,7,8,9,这些符号是印度人发明的,后又被阿拉伯人传入欧洲,欧洲人称其为阿拉伯数字.所以人们一直以为是阿拉伯人发明的,这是一个误解.现在全世界通用这些数的符号.

再如,$\lim\limits_{x\to\infty}f(x)=A$,只要学过高等数学的人都能理解它是极限的概念,即当$|x|$无限增大时,$f(x)\to A$.

但数学语言也要考虑它的实用性,就像我们到商店买盐不能说买"NaCl"一样,我们也不能说买$\frac{\sqrt{2}}{2}$斤盐.

总之,数学语言是人类语言的组成部分,它与一般语言是相通的.但是数学语言有其独特之处,它不仅是一般语言无法代替的,而且它构成了科学语言的基础.现代物理学离开了数学语言,就无法表达出来.越来越多的学科用数学语言表达,就是因为数学语言的精确及其思想的普遍性与深刻性.数学既推动了语言学的发展,又促进了数学语言自身的发展.

2. 数学与音乐

大家都爱听音乐.感觉愉悦的声音就叫音乐,数学与音乐有着密切的联系.中国古代就把数学与音乐联系在一起,如用数学讲音节、解和声以及使用编钟乐器等.古希腊人把音乐、算术、几何和天文共同列为教育的课程,称为"四艺".

在简谱中,记录音的高低和长短的符号叫作音符.而用来表示这些音的高低的符号,就是7个阿拉伯数字,它们的写法是1 2 3 4 5 6 7,读法为 do re mi fa so la si(多来米发梭拉西).

音符的数字符号1 2 3 4 5 6 7表示不同的音高,从广义上说,音乐里总共就有7个音符.但音乐怎么就和1 2 3 4 5 6 7联系上了呢?据说很久以前,人们就发现了声音的高低中似乎总有一些音听起来就像一模一样,却不在一个音高上,于是人们把这样任意两个音之间的频率作了计算,终于发现按照频率把这样任意两个音之间的频率分成12份,就几乎可以把听到过的音乐都能找出来,人们把这个发现叫作"12平均律".在钢琴键盘上可以很直观地理解音符和音高,其实在钢琴12个键中只有7个使用率很高,于是人们就只给这7个音符起了名字,就有了大家知道的"1 2 3 4 5 6 7".

除了乐谱与数学有明显的联系外,音乐还与比例、指数、曲线、周期函数以及计算机相关联.

公元前6世纪古希腊数学家毕达哥拉斯可谓音乐理论的始祖,他认为音乐是数学的一部分.毕达哥拉斯把音乐解释为宇宙的普遍和谐,并且认为这同样适用于数学.这就是我们将要介绍的数学之美.

任务二　了解数学之美

在学习数学的过程中,有的人对数学没有兴趣,认为数学枯燥乏味;有的人认为数学抽象难懂;有的人甚至对数学产生惧怕心理,把听数学课、解数学题看成最头痛的事.之所以会产生这些情况,其实是没有认识和感受到数学之美.

数学美主要包括和谐统一美、简单美、对称美、奇异美.

一、和谐统一美

和谐的概念最早是由以毕达哥拉斯为代表的毕达哥拉斯学派用数学的观点研究音乐时提出来的,认为音乐是对立因素的和谐统一.毕达哥拉斯学派还认为圆是完美无缺的,是和谐美好的表现,因此在这一学派看来,天上的星体也必定采取圆周运动的形式.

二次曲线也被称为圆锥曲线,用不同的平面去截圆锥所得到的交线可以是圆、椭圆、抛物线和双曲线 4 种不同的曲线,均是圆锥的截线,这是一种和谐统一.

说到和谐不能不提到黄金分割.所谓黄金分割,指的是把长为 L 的线段分为两部分,使其中一部分对于全部之比,等于另一部分对于该部分之比.这样的比值为黄金比.

黄金比的求法如下:令 x 是黄金比,a,b 分别为一条线段被分成黄金比的两部分的长度.这里假设 $a>b$.根据黄金比的定义,有

$$\frac{a}{a+b}=\frac{b}{a}=x,即\frac{a+b}{a}=\frac{a}{b}=\frac{1}{x},$$

解得 $1+x=\dfrac{1}{x}$,$x^2+x-1=0$.

取正根 $x=\dfrac{\sqrt{5}-1}{2}\approx 0.618$,即为黄金比.

黄金分割天然地存在于我们的日常生活中.例如,人体上臂与下臂的比例就是 38% 比 62%,同样的比例还存在于手掌和上臂之间.人体面部各器官也是按照黄金分割比例分布的,我们的眼睛、耳朵、嘴巴和鼻孔之间的分布距离就包含黄金分割比例.就如同大家都认为明星漂亮,其实就是明星的眼睛、耳朵、嘴巴和鼻孔之间的分布距离更接近于黄金分割比.

如图 6-2 所示,达·芬奇的名画《蒙娜丽莎》把黄金分割比运用得淋漓尽致.

如图 6-3 所示,一个贝壳的点 C 分线段 AB 近似于黄金分割,这是多么美妙的图案!

黄金分割比例还体现于斐波那契数列.斐波那契数列就是每个数等于前面两数之和的整数数列,如 1,1,2,3,5,8,13,…,这个数列中两个相邻数的比值接近于黄金分割比例.(1/1=1,2/1=2,3/2=1.5,

图 6-2

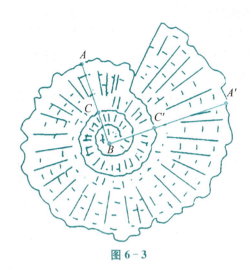

图 6-3

$5/3 \approx 1.667$,$8/5=1.6$,$13/8=1.625$,$21/13 \approx 1.61538$,$\cdots$,依此类推,比值趋近 1.61803,为黄金分割比的倒数)

数学的和谐美还表现在数的系统、数学结构、数学公理体系的相容性. 数与数之间相互联系,相互沟通,紧密联系在一起.

欧拉公式是 $e^{i\pi}+1=0$. 它把 5 个最重要的"数"——$0,1,\pi$(圆周率),e(自然对数的底数),i(虚数单位)联系起来,多么和谐!

所以在追求和谐美的作用下,数学家不断激发灵感,发现新的定理、公式以及新的数学理论.

二、简单美

爱因斯坦说,评价一个理论是不是美,其标准就是原理上的简单性. 数学的简单性主要表现在 5 个方面.

1. 公理的简单性

对于单个公理来说,它必须是"简单的",如"对顶角相等"简单的 5 个字,就能证明出无穷多的结果.

2. 解决问题的简单性

在解数学问题时力求越简单越好,即所谓"美的解答". 正如教师在讲课过程中,总是乐意把最简单明了的解题方法介绍给学生一样.

3. 表达形式的简单性

我们从小学接触数学开始就有"化简"这类问题. 所谓"化简",就是把原题化成最简形式. 以多项式为例,"合并同类项后的多项式就叫最简多项式".

欧拉所发现的公式 $V+F-E=2$(V,F,E 分别表示凸多面体顶点数、凸多面体面数、凸多面体棱数),这个简单的公式就把点、线、面联系了起来.

4. 数学语言的简洁性

数学概念、数学公式都是许许多多现象的高度概括.

例如,在直角三角形中,$c^2=a^2+b^2$(勾股定理)多么简要地把直角三角形的性质呈现在大家面前,如图 6-4 所示.

再如,用文字描述数列极限定义时,如果数列$\{x_n\}$的项数n无限增大时,x_n无限趋近于某个定常数A,则称A是数列$\{x_n\}$的极限.这种描述不够准确.如果改用"$\varepsilon-N$"这种数学语言来描述不但非常简洁,而且严格准确.

又如,在概率分布中"0-1"分布可以说是最简洁的分布.它把众多随机变量的概率问题简单化,即把复杂问题简单化.

5. 数学符号简单化

数学符号是数学文字的主要形式,因而也是构成数学语言的基本部分. 1,2,3,4,5,6,7,8,9,0,这10个符号是全世界普遍采用的符号,用它们表示全部的数,书写简单、运算灵便. 还有用"∞"表示无穷大、"$\sum$"表示和式、"$\prod$"表示连乘、"△"表示三角形、"⊙"表示圆等. 数学符号的简单化为我们解决问题带来很多方便.

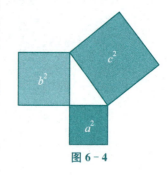

图6-4

三、对称美

对称是能给人以美感的一种形式,它被数学家看成数学美的一个基本内容.

对称是指图形或物体对某个点、直线或平面而言,在大小、形状和排列上具有一一对应关系.

数学中的对称主要是一种思想,它着重追求的是数学对象乃至整个数学体系的合理、匀称与协调.数学概念、数学公式、数学运算、数学方程式、数学结论甚至数学方法中都蕴含着奇妙的对称性.如椭圆、抛物线、双曲线、椭球面、柱面、圆锥面等,都是关于某中心(点)、某轴(直线)、某平面的对称图形.许多数学定理、公式也具有对称性.如$(a+b)^2=a^2+2ab+b^2$中a与b就是对称的.在复数中z与$\bar{z}$在复平面上表示的是对称的两点,对偶命题也是对称的.从命题角度来看,正定理与逆定理、否定理、逆否定理等也存在对称关系.

毕达哥拉斯学派认为:一切立体图形中最完美的是球形,一切平面图形中最完美的是圆形.这是因为从对称性来看,圆和球这两种形体在各方面都是对称的.

还有很多对称的数学式美轮美奂,如

$123\times 642=246\times 321$,$12\times 84=48\times 21$,$13\times 93=39\times 31$,

$1\times 1=1$,

$11\times 11=121$,

$111\times 111=12\,321$,

$1\,111\times 1\,111=1\,234\,321$,

$11\,111\times 11\,111=123\,454\,321$,

$111\,111\times 111\,111=12\,345\,654\,321$,

$1\,111\,111\times 1\,111\,111=1\,234\,567\,654\,321$,

$11\,111\,111\times 11\,111\,111=123\,456\,787\,654\,321$,

$111\,111\,111\times 111\,111\,111=12\,345\,678\,987\,654\,321$.

对于具有对称性的定理或命题,我们只需证明出一部分内容,再通过"同理可知"、"同理可证"来解决.

在解题时我们利用图形和数学式的对称性,往往可以收到事半功倍的效果.

例 1 设 $u = e^{xy}(x+y)$，求 u'_x 和 u'_y.

【解】 $u'_x = y e^{xy}(x+y) + e^{xy}$. 利用对称性，$x$ 与 y 对称，则

$$u'_y = x e^{xy}(x+y) + e^{xy}.$$

例 2 计算 $\int_{-2}^{2} x^7 \sin^8 x \, dx$.

【解】 如果采取直接积分的方法，我们很难计算出结果．但如果我们考虑图形的对称性，由奇函数在对称区间上的性质得知，原式＝0.

由上述可知，数学中的对称性不但给我们带来美的效果，还带来美妙的方法，使复杂问题简单化了．

四、奇异美

奇异美是数学美的另一个基本内容．它显示出客观世界的多样性，是数学思想的独创性和数学方法新颖性的具体表现．英国哲人培根说过："没有一个极美的东西不是在调和中有着某些奇异."他甚至还说："美在于独特而令人惊异."

奇异就是奇怪不寻常．它包含新颖与异常两个方面特征．在数学中，一方面表现出令人意外的结果、公式、方法、思想等，另一方面也表示突破原来的思想、观点，或者与原来的思想、观点相矛盾的新思想、新方法、新理论．

人人都有求新求异的心理，新颖或奇异的事物往往能引起人们愉悦的心理感受．数学的奇异美就是数学发展过程中求新求异的表现．数学奇异美在解题方法上的应用有很多，表现在逆向思维、反证法、变更思路、变量替换、构造反例、用不等式证明等式等方面．在数学中，许多奇异对象的出现，一方面打破了旧的统一，另一方面又为在更高层次上建立新的统一奠定基础．

前面介绍了黄金比 $x = \dfrac{\sqrt{5}-1}{2}$，它是方程 $x^2 + x - 1 = 0$ 的正根，但还可以表示为下面的奇异形式：

$$x = \cfrac{1}{1 + \cfrac{1}{1 + \cfrac{1}{1 + \cfrac{1}{1 + \cdots}}}},$$

显然 $x > 0$，则 $x = \dfrac{1}{1+x}$，故有 $x^2 + x - 1 = 0$. 所以 $x = \dfrac{\sqrt{5}-1}{2}$.

数学中的奇异美，常表现在数学的结果和数学的方法等各个方面．

例如，$1963 \times 4 = 7852$，$1738 \times 4 = 6952$ 是多么奇妙！这两个数学式把 1～9 这 9 个数不重复、不遗漏地展现出来．

不管是在学习数学过程中，还是在生活中，同学们都要学会善于发现、善于总结、善于创新，才能更好更快地发现美、学习美、生活美．

数学方法的奇异性一般表现为构思奇巧、方法独特，具有新颖性和开创性等特征．

例如，数学中对于 $\sqrt{2}$ 是无理数的论证，体现出来的就是一种富有奇异美的数学方法．要证明 $\sqrt{2}$ 是无理数，如果从正面去证明，就要通过对 2 开方，计算出它的确是一个无限不循环小数．实际上这是不可能做到的，你可以计算到小数点后万位、百万位、亿位，但永远也算不到无

限.可是它可以从"反面"来证明,即用反证法.假设$\sqrt{2}$是有理数,根据有理数都可以表示为既约分数q/p(既约分数总是可以事先做到的,因而可假定),然后得出矛盾,奇妙的证明给出了正确的结论.

奇异也往往伴随数学方法的出现而出现.例如,数学中的一些反例往往给人以奇异感.

勾股定理$X^2+Y^2=Z^2$,有非零的正数解3,4,5;5,12,13;….

其一般解为$X=a^2-b^2$,$Y=2ab$,$Z=a^2+b^2$,其中,$a>b$为一奇一偶的正整数.那么3次不定方程$X^3+Y^3=Z^3$有没有非零的正整数解?费马认为它没有非零的正整数解,这就是著名的费马猜想.费马认为不定方程$X^n+Y^n=Z^n$,当$n\geqslant 3$时没有正整数解!

费马在一本书的书边上写道,他已经解决了这个问题,但是没有留下证明.在此后300年这一直是个悬念.18世纪最伟大的数学家欧拉证明了$n=3,4$时费马猜想成立,后来有人证明当$n<10^5$时猜想成立,20世纪80年代以来取得了突破性的进展.1995年英国数学家安德鲁·怀尔斯论证了费马猜想,他于1996年荣获沃尔夫奖,于1998年荣获菲尔兹特别奖.

许多人之所以会对数学产生浓厚的兴趣与广泛的关注,归根到底还是因为数学的奇妙,更进一步地说是因为数学方法的巧妙和推陈出新.如果在解决某一数学问题的过程中,用一种绝妙的思想方法把它解决,会给人一种美的享受,同时给人以成就感.数学的发展是人们对于数学美的追求的结晶.

任务三　了解数学素养

以提高人才数学科学方面的素质作为重要内容和目的的数学科学方面的素质,一般称为数学素养.

数学素养的通俗说法是把所学的数学知识都排除或忘掉后剩下的东西,包括:从数学角度看问题的出发点;有条理地理性思维、严密地思考、求证,简洁、清晰、准确地表达;在解决问题、总结工作时,逻辑推理的意识和能力;对所事的工作,合理地量化和简化,周到地运筹帷幄.

数学素养的专业说法是主动探寻并善于抓住数学问题的背景和本质的素养,包括:熟练地用准确、简明、规范的数学语言表达自己数学思想的素养;具有良好的科学态度和创新精神,合理地提出新思想、新概念、新方法的素养;对各种问题以"数学方式"的理性思维,从多角度探寻解决问题的方法的素养;善于对现实世界中的现象和过程进行合理的简化和量化,建立数学模型的素养.

先天素质(又称遗传素质)是人的心理发展的生理条件,但不能决定人的心理内容和发展水平;先天素质既然是生来具有的某些解剖生理特点,自然就无所谓后天教育与培养.后天素质是后天养成的,是可以培养和提高的,也是知识内化和升华的结果;对于这种后天养成的比较稳定的身心发展的心理品质,我们称之为"素养".

数学素养属于认识论和方法论的综合性思维形式,它具有概念化、抽象化、模式化的认识特征.具有数学素养的人善于把数学中的概念结论和处理方法推广应用于认识一切客观事物.

作为一名高职学生,通过十余年的数学学习使自己更聪明,并且各方面都有了长足的进步.你可以利用数学去解化学方程式、解电学方程式,并利用数学去获取其他知识.例如,生化专业的学生在学习生物学时,学过种群生长全过程的S形曲线称为逻辑斯蒂曲线,它的数学公式是

$$dN/dt = rN(K-N)/K,$$

其中，r 为增长率，N 为某一时间原有的个体数，K 为负荷能力或满载量，即环境所能接受的种群量，$K-N$ 为种群在某一时间的数量与满载量之差．将 $rN(K-N)/K$ 求导，并令导数等于 0，可得 $N=K/2$ 时曲线斜率最大．这也是数学给你带来的收获．

在高职院校开展的各种技能大赛中，就不乏数学知识的应用．在全国高职院校机器人大赛中获奖的选手在谈到获奖感言时，无不赞许数学知识在比赛中的运用．在高职院校开展的数学建模大赛及各项技能大赛中，都或多或少地体现了数学思想的智慧闪光．

大学生毕业后面临就业．在众多的公务员考试中都加入大量的数学试题，这已经成为一个不争的事实．在企业招聘过程中也增加了数学元素．下面是两道企业招工试题．

引例 1　（某外企招考员工的一道试题）　有 3 个筐，一个筐装着柑子，一个筐装着苹果，一个筐混装柑子和苹果．装完后封好筐．然后做了"柑子"、"苹果"、"混装"3 个标签，分别贴在上述 3 个筐上．由于马虎，结果标签全都贴错了．请你想一个办法，只许从某一个筐中拿出一个水果查看，就能够纠正所有的标签．（解答见本项目任务四例 7）

引例 2　（某外企招考员工的一道面试题）　一个屋子里面有 50 个人，每个人领着一条狗，而这些狗中有一部分病狗．

假定有如下条件：① 狗的病不会传染，也不会不治而愈；② 狗的主人不能直接看出自己的狗是否有病，只能靠看别人的狗和推理来发现自己的狗是否有病；③ 一旦主人发现自己的狗是一条病狗，就会在当天开枪打死这条狗；④ 狗只能由他的主人开枪打死．如果他们在一起，第一天没有枪声，第二天没有枪声……第十天发出了一片枪声，问有几条狗被打死？（不是"脑筋急转弯"！）（解答见本项目任务四例 8）

学好数学不只是增长知识、增长智慧，而且可以改善人的心理素质，可以帮助我们学会做人．学习的作用主要如下．

(1) 贴近自然，贴近社会．数学源于自然，而人是属于自然界的，数学作为一个人了解自然的工具，只要学好数学，提高了自身的数学修养，人的整体素质也就提高了．有一句话说得好：在当今社会，人不识字能凑活过，但人不识数将寸步难行．

(2) 勤于探索．天才在于勤奋，前面提到的数学家安德鲁·怀尔斯，为了证明费马猜想花费了近十年的时间．很多数学家都是如此．数学的这种执着的求实、求真精神是其他学科无法比拟的．它不可避免地影响到学习数学的每一个人．不能说学习数学、研究数学的人个个都会品德高尚，但是对数学的深入学习、数学素养的加强，一般是有利于人格完善的，有利于人在其他方面的修养．

(3) 情感陶冶．学习数学是需要情感投入的，因而数学学习肯定能陶冶情操．当然学习数学是需要兴趣的，如果说数学处在自己的兴趣中心，那么更广泛的兴趣有利于提高数学素养．

数学学科并不是一系列的解题技巧和解题方法，这只是其中很少的一部分．技巧和方法是将数学的激情、推理、美和深刻的内涵剥落后的产物．

在学习数学的过程中仅仅把数学公式与定理弄明白并不太难，但要真正喜欢它、欣赏它，并从中获得美的感受以至运用到工作和生活中就有相当的难度了．

数学素养不是与生俱来的，是在学习和实践中培养的．学生在数学学习中，不但要理解数学知识，更要体会数学知识中蕴含的数学文化，了解"数学方式的理性思维"，提高自己的数学素养．

数学是一种文化．从某种意义上说，数学教育就是数学文化的教育．数学教育家 G. 波利亚看到以下事实:只有1%的学生将来会研究数学,29%的学生将来会使用数学,70%的人在离开学校后不会再用小学以上的数学知识.因此他认为数学教育的意义就是要培养学生的思维习惯,这是一种数学文化修养.

实际上,高职院校的学生毕业后走入社会,大多不在与数学相关的领域工作,他们学过的具体的数学定理、公式和解题方法可能大多用不上,以至很快就会忘记.所以说一名高职学生,虽然以后不一定成为一名数学家,但可以成为一名有较高数学素养的人,成为一名数学文化的传播者.

任务四　掌握趣味数学

生活中有很多趣味数学题,这些题目能够帮助我们启迪思维,激发学习数学的兴趣、体会数学之美.

例1　(水手分椰子)　5名水手带着一只猴子,船靠岸时来到荒岛上休息,突然发现一堆椰子.由于劳累全躺下睡觉了.第一名水手醒来,将椰子平均分成5堆后,还余一个椰子给了猴子,自己藏起一堆,又躺下睡觉.第二名水手醒来,将剩下的4堆椰子混在一起,又重新平均分成5堆,恰巧又剩下一个椰子也给了猴子,自己也藏起一堆.第三、四、五名水手依次醒来,也都如此处理.真巧!每次分后都多出一个椰子给猴子吃.第二天5名水手一起醒来时,发现椰子已经不多了,他们都心照不宣,为了表示"公平",将剩下的椰子混在一起,又平均分成5堆,每人一堆,恰巧又剩下一个,给了早已饱尝口福的猴子.请问原来这堆椰子至少有多少个?

【解】　根据题意,5个人每次平均分成5堆,次日又分一次,共分6次,每次分后都多余一个给了猴子.

令 n 是第二天早晨5人平分时每人所得数,则第二天早晨还剩 $5n+1$ 个.夜里最后一个人分时,所藏数为 $\dfrac{5n+1}{4}$ 个,此人未分时还剩 $5 \times \dfrac{5n+1}{4} + 1 = \dfrac{25n+9}{4}$ (个).倒数第二人藏数为 $\dfrac{1}{4} \times \dfrac{25n+9}{4}$ 个,未藏时还剩 $5 \times \dfrac{1}{4} \times \dfrac{25n+9}{4} + 1 = \dfrac{125n+61}{16}$ (个).同理,倒数第三人藏数为 $\dfrac{1}{4} \times \dfrac{125n+61}{16}$ 个,未藏时还剩 $5 \times \dfrac{1}{4} \times \dfrac{125n+61}{16} + 1 = \dfrac{625n+369}{64}$ (个).

倒数第四人藏数为 $\dfrac{1}{4} \times \dfrac{625n+369}{64}$ 个,未藏时还剩 $5 \times \dfrac{1}{4} \times \dfrac{625n+369}{64} + 1 = \dfrac{3\,125n+2\,101}{256}$ (个).第一个人藏数为 $\dfrac{1}{4} \times \dfrac{3\,125n+2\,101}{256}$ 个,未藏时还剩 $5 \times \dfrac{1}{4} \times \dfrac{3\,125n+2\,101}{256} + 1 = \dfrac{15\,625n+11\,529}{1\,024}$ (个).原有数为 $N = \dfrac{15\,625n+11\,529}{1\,024} = 15n + 11 + \dfrac{265(n+1)}{1\,024}$ (个).因 N 必为正整数,即 $265(n+1)$ 必须可被1024整除,n 的最小值为1023,故 $N = 15 \times 1023 + 11 + 265 = 15\,621$ (个),即原有椰子总数至少应有15621个.

例2　(谁去破案)　某侦察队长接到一项紧急任务,要他在代号为 A, B, C, D, E, F 的6个队员中挑选出若干人去侦破一件案子,人选的配备要求必须注意下列6点.

(1) A, B 二人中至少去一人;

(2) A,D 不能一起去;

(3) A,E,F 这 3 人中要派两人去;

(4) B,C 两人中都去或都不去;

(5) C,D 两人中去一人;

(6) 若 D 不去,则 E 也不去.

请问应该让谁去? 为什么?

【解】根据条件(1)提出 3 种方案逐一推算. ①A 去 B 不去;②B 去 A 不去;③A,B 都去.

由方案①推算:C,D 不能去[由条件(2)和(4)可知]. 但条件(5)要求 C,D 两人中去一人,说明此方案不行.

从方案②推算:按条件(4),(5)和(6)规定 D,E 不去,如此则不能满足条件(3).

只有方案③能顺利推算,解法如下.

A,B 都去. 从条件(4)和(5)得知,B 去 C 去,C 去则 D 不去. 从条件(6)可知,"若 D 不去,则 E 也不去". 从条件(3)"A,E,F 这 3 人中要派两人去"这一点分析,A 去 E 不去,所以 F 必定去.

答案应是 A,B,C,F 这 4 人去.

例3 (抓球) 假设排列着 100 个乒乓球,由两个人轮流拿球装入口袋,能拿到第 100 个乒乓球的人为胜利者. 条件是:每次拿球者至少要拿 1 个球,但最多不能超过 5 个球. 问:如果你是最先拿球的人,你应该拿几个? 以后怎么拿才能保证你能得到第 100 个乒乓球?

【解】(1) 不妨逆向推理. 如果只剩 6 个乒乓球,让对方先拿球,你一定能拿到第 6 个乒乓球. 理由如下:如果他拿 1 个,你拿 5 个;如果他拿 2 个,你拿 4 个;如果他拿 3 个,你拿 3 个;如果他拿 4 个,你拿 2 个;如果他拿 5 个,你拿 1 个.

(2) 再把 100 个乒乓球从后向前按组分开,6 个乒乓球一组. 100 不能被 6 整除,这样就分成 17 组;第 1 组 4 个,后 16 组每组 6 个.

(3) 这样先把第 1 组 4 个拿完,后 16 组每组都让对方先拿球,自己拿完剩下的. 这样你就能拿到第 17 组的最后一个,即第 100 个乒乓球.

先拿 4 个,他拿 n 个,你拿 $6-n$ 个,依此类推,保证你能得到第 100 个乒乓球. ($1 \leqslant n \leqslant 5$)

例4 (百鸡问题) 今有鸡翁一,值钱伍;鸡母一,值钱三;鸡雏三,值钱一. 凡百钱买鸡百只,问鸡翁、母、雏各几何?

此题是中国古代算书《张丘建算经》中的一道著名的"百鸡问题".(译文:公鸡每只值 5 文钱,母鸡每只值 3 文钱,而 3 只幼鸡值 1 文钱. 现在用 100 文钱买回 100 只鸡,问:这 100 只鸡中,公鸡、母鸡和幼鸡各有多少只?

【解】这是一个求不定方程整数解的问题.

设公鸡、母鸡、幼鸡分别为 x,y,z 只,由题意得

$$x+y+z=100, \qquad ①$$

$$5x+3y+\frac{1}{3}z=100. \qquad ②$$

有 2 个方程、3 个未知量,该不定方程组有多种解.

令 ②×3－① 得 $7x+4y=100$,所以

$$y = \frac{100-7x}{4} = 25 - 2x + \frac{x}{4}. \qquad ③$$

令 $\frac{x}{4} = t$（t 为整数），所以 $x = 4t$. 把 $x = 4t$ 代入③，得到 $y = 25 - 7t$. 易得 $z = 75 + 3t$，所以 $x = 4t$，$y = 25 - 7t$，$z = 75 + 3t$.

因为 x，y，z 均大于等于零，所以 $4t \geq 0$，$25 - 7t \geq 0$，$75 + 3t \geq 0$，解得 $0 \leq t \leq \frac{25}{7}$.

又因为 t 为整数，所以 $t = 0, 1, 2, 3$（这里不要忘记 t 有等于 0 的可能）.

当 $t = 0$ 时，
$$x = 0, y = 25, z = 75;$$

当 $t = 1$ 时，
$$x = 4, y = 18, z = 78;$$

当 $t = 2$ 时，
$$x = 8, y = 11, z = 81;$$

当 $t = 3$ 时，
$$x = 12, y = 4, z = 84.$$

所以不定方程组共有 4 组解.

例 5 （狼、羊、白菜摆渡过河） 猎人把一只狼、一只羊和一筐白菜从河的左岸带到右岸，可是船太小，每次他只能带一样东西过河. 如果他不在，狼要吃羊，羊要吃白菜. 所以狼和羊、羊和白菜不能在无人监视的情况下相处. 请问：他应该如何摆渡，才能安全地把 3 样东西带过河？

【解】 第一次猎人把羊带至右岸.

第二次猎人单身回左岸，把白菜至右岸，此时右岸有猎人、羊和白菜.

第三次猎人再把羊带左岸，放下羊，把狼带到右岸，此时右岸有猎人、狼和白菜.

第四次猎人单身回到左岸，最后把羊带到右岸，便完成了渡河任务.

例 6 （任务三引例 1 解答） 有 3 个筐，一个筐装着柑子，一个筐装着苹果，一个筐混装柑子和苹果. 装完后封好筐. 然后做了"柑子"、"苹果"、"混装"3 个标签，分别贴在上述三个筐上. 由于马虎，结果标签全都贴错了. 请你想一个办法，只许从某一个筐中拿出一个水果查看，就能够纠正所有的标签.

【解】 从贴有"混装"标签的筐里拿出一个水果. 如果是苹果，则该筐里全是苹果，贴有"苹果"的标签的筐里装的全是柑子，贴有"柑子"标签的筐里混装着柑子和苹果.

例 7 （任务三引例 2 解答） 一个屋子里面有 50 个人，每个人领着一条狗，而这些狗中有一部分病狗.

假定有如下条件：①狗的病不会传染，也不会不治而愈；②狗的主人不能直接看出自己的狗是否有病，只能靠看别人的狗和推理来发现自己的狗是否有病；③一旦主人发现自己的狗是一条病狗，就会在当天开枪打死这条狗；④狗只能由他的主人开枪打死. 如果他们在一起，第一天没有枪声，第二天没有枪声……第十天发出了一片枪声，问有几条狗被打死？

【解】 从第一天没有枪声可以推出病狗不止一条,用反证法.假设病狗只有一条,那么病狗的主人将看到其余 49 条狗都不是病狗,而题目说"这些狗中有一部分病狗",所以只有可能自己的狗是病狗.题目又说"一旦主人发现自己的狗是一条病狗,就会在当天开枪打死这条狗",但"第一天没有枪声",因此病狗不止一条.

第一天没有枪声,第二天没有枪声……第十天发出了一片枪声,则有 10 条狗被打死.

项目六模拟题

1. 什么是数学文化?
2. 如何理解数学之美?美在哪里?
3. 学习数学与人的修养有何关系?
4. 有 3 个人去住旅馆,住 3 间房,每间房 10 美元,于是他们一共付给老板 30 美元.第二天,老板觉得 3 间房只需要 25 美元就够了,于是叫小弟退回 5 美元给 3 位客人.谁知小弟贪心,只退回每人 1 美元,自己偷偷拿了 2 美元,这样一来便等于那 3 位客人每人各花了 9 美元,于是 3 个人一共花了 27 美元,再加上小弟独吞了 2 美元,总共是 29 美元.可是当初他们 3 个人一共付出 30 美元,那么还有 1 美元呢?
5. 两个盲人各自买了两对黑袜和两对白袜,8 对袜子的布质、大小完全相同,且每对袜子都由一张商标纸连起来.两个盲人不小心将 8 对袜子混在一起,他们怎样才能取回各两对黑袜和白袜?
6. 思考题.

学习了项目六之后,你对数学的看法有哪些改变?而数学又对你有哪些新的启发?

参考文献

［1］朱贵凤.高等数学［M］.北京：北京理工大学出版社，2020.

［2］李华平，薛颖，游诗远.高等数学［M］.沈阳：东北大学出版社，2022.

［3］吴洁，胡农.高等数学（第二版下）［M］.北京：高等教育出版社，2011.

［4］李志荣，白静.高等数学［M］.北京：北京理工大学出版社，2018.

［5］张绪绪，高汝林.应用数学［M］.北京：北京理工大学出版社，2013.

［6］［美］R.柯朗，H.罗宾，I.斯图尔特.什么是数学［M］.左平，张饴慈，译.上海：复旦大学出版社，2005.

［7］郑航信，王宪昌，蔡仲.数学文化学［M］.成都：四川教育出版社，2001.

［8］胡炳生，陈克胜.数学文化概论［M］.合肥：安徽人民出版社，2006.

［9］张楚廷.数学文化［M］.北京：高等教育出版社，2006.

［10］顾沛.数学文化［M］.北京：高等教育出版社，2008.

图书在版编目(CIP)数据

高等数学/陈琳,朱贵凤主编. -- 上海：复旦大学出版社,2024.12. -- ISBN 978-7-309-17519-6
Ⅰ.O13
中国国家版本馆 CIP 数据核字第 2024B6H618 号

高等数学
陈　琳　朱贵凤　主编
责任编辑/梁　玲

复旦大学出版社有限公司出版发行
上海市国权路 579 号　邮编：200433
网址：fupnet@ fudanpress.com　http://www.fudanpress.com
门市零售：86-21-65102580　团体订购：86-21-65104505
出版部电话：86-21-65642845
上海盛通时代印刷有限公司

开本 787 毫米×1092 毫米　1/16　印张 13　字数 333 千字
2024 年 12 月第 1 版第 1 次印刷

ISBN 978-7-309-17519-6/O・748
定价：42.00 元

如有印装质量问题，请向复旦大学出版社有限公司出版部调换。
版权所有　　侵权必究